DIE
ARZNEIMITTEL

DER

ORGANISCHEN CHEMIE.

FÜR

ÄRZTE, APOTHEKER UND CHEMIKER

BEARBEITET VON

Dr. HERMANN THOMS,

PRIVATDOZENT AN DER UNIVERSITÄT BERLIN.

ZWEITE VERMEHRTE AUFLAGE.

BERLIN.

VERLAG VON JULIUS SPRINGER.

1897.

ISBN-13: 978-3-642-47307-4   e-ISBN-13: 978-3-642-47756-0
DOI: 10.1007/978-3-642-47756-0

Softcover reprint of the hardcover 2nd edition 1897

Alle Rechte, insbesondere das der Übersetzung in fremde Sprachen vorbehalten.

Vorrede zur ersten Auflage.

Der wissenschaftliche Ausbau der Organischen Chemie, welcher besonders in den letzten Jahrzehnten sich vollzogen, hat auch unsere Kenntnis von der chemischen Natur der organischen Bestandteile der Drogen ausserordentlich gefördert. Es gelang dem Chemiker, die Einzelbestandteile der pflanzlichen und tierischen Arzneistoffe aufzufinden und zu isolieren, und der Pharmakologe konnte in Untersuchungen über die therapeutische Wirksamkeit dieser Körper eintreten und feststellen, welchem der Einzelbestandteile die spezifische Wirkung einer Droge zugeschrieben werden musste. Die medizinisch verwendeten ätherischen Öle, Kampherarten, Alkaloide, Glykoside, Eiweissstoffe, Fermente, organischen Säuren u. s. w. gehören dieser Periode der Entwicklung der Arzneimittellehre an.

Wurde nun dadurch, dass an Stelle der bis dahin gebräuchlichen Abkochungen, Tinkturen und Extrakte von Drogen deren wirksame Bestandteile in reiner Form mehr und mehr traten, eine nicht unwesentliche Vereinfachung der Arzneiverordnungslehre erzielt, so erfuhr doch auf der anderen Seite der Arzneischatz eine bedeutsame Erweiterung dadurch, dass die Fortschritte in der synthetischen Darstellung organischer Körper auch das Gebiet der Arzneimittel sich unterwarfen.

Auf rein synthetischem Wege wurden Körper gewonnen, welche die Pharmakologen als heilkräftig kennen lehrten. Zwar hatten schon frühzeitig das Chloroform und vereinzelte andere organisch-chemische Körper in dem Arzneimittelschatz Fuss gefasst, doch wurde die neue Ära recht eigentlich erst mit dem Chloralhydrat eröffnet, dem bald die Salicylsäure und die ersten Ersatzmittel des Chinins: das Kaïrin und Antipyrin folgten. Und heute ist das Gebiet der auf synthetischem Wege dargestellten organisch-chemischen Arzneimittel zu einer Bedeutung und Ausdehnung herangewachsen, die noch vor wenigen Jahren nicht vorausgesehen werden konnte.

Die Arzneimittelfabrikation ist ein wichtiger Zweig der chemischen Grossindustrie geworden. Dass bei dem Wettstreit der chemischen Fabriken, die Apotheken und Krankenhäuser stetig mit Neuheiten zu füllen, und bei der Hast, etwas Besseres an die Stelle des Alten und Erprobten zu setzen, manche Eintagsfliegen erzeugt wurden, ist nicht verwunderlich. So hat sich denn — auch dank der Willfährigkeit mancher Ärzte, welche den neuen synthetischen Körpern eine Daseinsberechtigung im Arzneischatz vorbereiten — das Heer dieser Heilmittel zu einer erstaunlichen Mächtigkeit entfaltet. Es ist heutzutage für den Arzt und Apotheker schwer, sich unter all den vielen wunderlichen Bezeichnungen, welche die synthetischen Arzneikörper erhalten haben, zurechtzufinden. Diesem Übelstande abzuhelfen, verdankt das vorliegende Buch seine Entstehung. Dasselbe enthält eine übersichtliche, kurz gefasste Zusammenstellung nicht nur der heute gebräuchlichen, sondern auch einer grösseren Anzahl der für eine therapeutische Anwendung in Aussicht genommenen Arzneimittel der organischen Chemie.

Die Arzneimittel sind nach ihrer handelsüblichen Bezeichnung alphabetisch geordnet, doch sind auch die wissenschaftlichen Namen und sonstigen Synonyme als Hinweise mit in das Alphabet aufgenommen. Die Zusammensetzung der Körper ist, soweit angängig, durch die chemische Constitutionsformel ausgedrückt, und im Anschluss an die Beschreibung der Eigenschaften haben die für die Aufbewahrung der Arzneimittel in den Apotheken gültigen Bestimmungen Aufnahme gefunden. Die Anordnung des Stoffes und die Art der Behandlung sind eine solche, dass eine schnelle Orientierung über die Dosierung dem ordinierenden Arzte ermöglicht ist, und dem Apotheker über die Zusammensetzung, Darstellung und Beschaffenheit des betreffenden Arzneikörpers schnell eine hinreichende Auskunft erteilt wird.

Es lag ursprünglich in der Absicht des Verfassers, nur diejenigen Körper zu bearbeiten, welche als chemisch gut charakterisiert, also als chemische Verbindungen zu betrachten sind. Dieser Plan musste aber nach zwei Richtungen hin erweitert werden. Es konnten erstens eine Anzahl Arzneigemische, die, mit hochtrabenden Namen versehen in die Therapie eingeführt sind und den Schein erwecken, als wären sie chemische Individua, nicht unberücksichtigt bleiben und mussten als das bezeichnet werden, was sie wirklich sind. Zweitens tauchten eine grössere Anzahl Arzneikörper auf, die zu den organisch-chemischen Verbindungen gerechnet werden müssen, wenngleich für sie der einheitliche Charakter einer chemischen Verbindung nicht feststeht. Hierher gehören Ichthyol, Thiol, Tumenol, Lanolin u. a. Von der Aufführung der vielen Drogen des Arzneischatzes konnte Abstand genommen werden, hingegen wurden ihre chemischen Bestandteile berücksichtigt, die medizinische Verwendung finden.

Für die Durchsicht des therapeutischen Teiles vorliegenden Buches bin ich Herrn Privatdozent Dr. med. A. Langgaard zu grossem Danke verpflichtet.

Berlin, Anfang Dezember 1893.

H. Thoms.

Vorrede zur zweiten Auflage.

Überblicken wir, was an wissenschaftlicher Arbeit auf dem Gebiete der Erfindung bez. Entdeckung neuer Arzneimittel seit dem Erscheinen der ersten Auflage dieses Buches geleistet worden ist, so ist das Ergebnis trotz des abermaligen ungeheuren Anwachsens des Arzneischatzes doch ein recht bescheidenes. Meist bewegt sich der Erfindungsgedanke in alten ausgetretenen Geleisen. Es sei hier z. B. an die Sucht erinnert, organische Atomcomplexe mit Jod zu verketten und so Ersatzmittel für das Jodoform zu schaffen. Das p-Phenetidin, in welchem man einen heilkräftigen Körper kennen gelernt hatte, wurde abermals zu verschiedenen neuen Verkettungen benutzt, doch erscheint es in diesen meist immer wieder als Antipyreticum und Antineuralgicum. Eine Ausnahme macht hier das Täuber'sche Holocaïn, welches, durch Kondensation von p-Phenetidin mit Phenacetin entstanden, ein Anaestheticum darstellt und dazu berufen sein soll, dem Cocaïn Concurrenz zu machen. Übrigens sind Versuche, synthetisch dargestellte Ersatzmittel für das Cocaïn zu schaffen, häufig gemacht worden. Eine erfolgreiche Arbeit auf diesem Gebiete liegt in dem Merling'schen Eucaïn vor.

Das bedauerliche Bestreben, alle möglichen Arzneimittel zu combinieren und diese Gemische mit hochtönenden neuen Namen zu versehen, die den Anschein erwecken sollen, als lägen neue chemische Verbindungen vor, hat weitere Fortschritte gemacht. Genährt wurde dieses Bestreben durch das „Gesetz zum Schutze der Waarenbezeichnungen vom 12. Mai 1894".

Zahlreich sind die Combinationen, zu welchen der Formaldehyd zufolge seiner grossen Reaktionsfähigkeit Anlass geboten hat. Auch ist das Bestreben, Alkaloide in chemischer Umformung — durch Oxydation, Einführung von Alkylgruppen oder anderen Radikalen u. s. w. — im Arzneischatz einzubürgern, in der Neuzeit bemerkenswert hervorgetreten. Einen breiten Raum nehmen in der heutigen Therapie geeignete Nährmittel ein, und sind daher solche auch in der vorliegenden zweiten Auflage in grösserer Zahl vertreten.

Die Therapie der letzten Jahre stand jedoch vorwiegend unter dem Einfluss der Errungenschaften, welche die Behandlung von Krankheiten, besonders der Diphtherie, durch Sera gezeitigt hat. Zu welcher Ausdehnung die durch Behring inaugurierte Heilserumtherapie noch gelangen wird, ist zur Zeit nicht abzusehen, ebenso wenig, ob die Organtherapie, welche dem Arzneischatz eine Menge neuer Heilmittel zugeführt hat, sich von dauerndem Bestande erweisen wird, oder ob die heilkräftigen Bestandteile der Organteile diese einmal wieder verdrängen werden, wozu durch die Baumann'sche Entdeckung des Jodothyrins in der Schilddrüse der Anfang gemacht zu sein scheint.

Bei der Bearbeitung dieser zweiten Auflage habe ich dieselben Grundsätze zur Durchführung gebracht, die mich bei der Abfassung der ersten Auflage geleitet haben. Die zweite

Auflage erscheint in grösserem Format, was sich durch äussere Gründe als zweckmässig erwies. Von Vorteil für das schnellere Verständnis der chemischen Konstitution der betreffenden Verbindungen dürfte die abgekürzte Formulierung für Benzol ⬡, für Naphtalin ⬡⬡, für Pyridin ⬡(N) u. s. w. sein.

Eine vielleicht nicht unwillkommene Ergänzung der früheren Auflage wird in der Aufnahme der Nummern und der Jahreszahl der deutschen Patente, sowie der Firmen, denen die Verfahren der Darstellung der betreffenden Arzneikörper geschützt sind, erblickt werden. Für die freundliche Überlassung der entsprechenden Daten bin ich einer Reihe von Firmen dankbar verbunden.

Einige dieser Firmen sind bei den Arzneimittelnamen in Cursivschrift mit Abkürzungen verzeichnet. Es bedeuten:

A. G. f. Anilinfabr.	= *Aktiengesellschaft für Anilinfabrikation in Berlin.*
Bayer	= *Farbenfabriken vorm. Fried. Bayer & Co. in Elberfeld.*
Böhringer	= *C. F. Böhringer & Söhne, Fabrik chem. Produkte, Waldhof b. Mannheim.*
v. Heyden	= *Chemische Fabrik von Heyden, Gesellschaft mit beschränkter Haftung in Radebeul bei Dresden.*
Höchst	= *Farbwerke vorm. Meister, Lucius & Brüning in Höchst a/M.*
Jaffé	= *Benno Jaffé & Darmstädter, Lanolinfabrik, Martinikenfelde bei Berlin.*
Kalle	= *Kalle & Comp., Chem. Fabrik, Biebrich a/Rhein.*
Knoll	= *Knoll & Comp., Chem. Fabrik, Ludwigshafen a/Rhein.*
Marquart	= *Dr. L. C. Marquart, Chemische Fabrik, Beuel b. Bonn a/Rhein.*
Merck	= *Chemische Fabrik E. Merck in Darmstadt.*
Rhenania	= *Chem. Fabrik Rhenania in Aachen.*
Riedel	= *Chem. Fabrik J. D. Riedel in Berlin.*
Schering	= *Chem. Fabrik a. Aktien vorm. E. Schering in Berlin.*
Trommsdorff	= *Chem. Fabrik H. Trommsdorff in Erfurt.*
Zimmer	= *Vereinigte Chininfabriken Zimmer & Comp., Ges. m. beschränkter Haftung in Frankfurt a/M.*

Möge die zweite Auflage dieses Buches die gleiche freundliche Aufnahme finden, deren sich die erste Auflage erfreuen durfte.

Berlin, im Juni 1897.

H. Thoms.

Name und Formel.	Darstellung.	Eigenschaften.	Anwendung.
Abrastol = Asaprol.			
Absinthin $C_{40}H_{56}O_8 + H_2O$ (Kromeyer) oder $C_{16}H_{20}O_4 + H_2O$ (Luck)	Das bitter schmeckende Prinzip des Wermuts, welches durch Fällen einer Auskochung des Krautes mit Gerbsäure, Zerlegen des Tannates mit Bleiglätte und Extraction mit Alkohol gewonnen wird.	Amorphes, gelbliches Pulver oder farblose prismatische Krystalle von sehr bitterem Geschmack. Löslichkeit in Wasser 1:1000, leicht löslich in Alkohol und Chloroform, weniger in Äther.	Bei Anorexie und Verstopfung für Chlorotische. Dosis: 0,1—0,25 g zweimal täglich eine Viertelstunde vor den Mahlzeiten.
Acetal Aethylidendiäthyläther. Diaethylacetal. $CH_3-CH{<}^{OC_2H_5}_{OC_2H_5}$	Entsteht bei Vereinigung von Acetaldehyd mit Aethylalkohol unter Abspaltung von Wasser.	Farblose, ätherisch riechende, bei 104—106° siedende Flüssigkeit, die in 28 Teilen Wasser, leichter in Alkohol löslich ist. Spez. Gewicht 0,821.	Als Sedativum und Hypnoticum. Dosis: 6—12 g. Am besten in Form von Emulsionen gereicht.
Acetamidoaethylsalicylsäure = Benzacetin.			
p-Acetamidophenetol = Phenacetin.			
Acetanilid Antifebrin. Phenylacetamid. $C_6H_5 . NH . COCH_3 =$ ⬡ $NH . COCH_3$	Durch längere Zeit andauerndes Erhitzen von Anilin mit Essigsäure und Umkrystallisieren des Reaktionskörpers aus Wasser.	Farb- und geruchlose Blättchen oder rhombische Tafeln vom Schmelzpunkte 114°. Löslich in 194 Teilen Wasser von 15° C., in 18 Teilen siedenden Wassers, in 3,5 Teilen Weingeist, leicht in Äther und Chloroform. Vorsichtig aufzubewahren!	Meist in Pulverform angewendet als Antipyreticum, Antirheumaticum, mit Agaricin zusammen bei den mit Nachtschweissen verbundenen Fieberzuständen der Phthisiker. Die Anwendung bei Fiebernden erfordert Vorsicht, da zuweilen schon nach kleinen Dosen Collaps eintritt. Bei Neuralgieen und schmerzhaften Leiden überhaupt wird es zu 0,25—0,5 g erfolgreich angewendet. Grösste Einzelgabe 0,5 g! Grösste Tagesgabe 4 g!
Acetocaustin	50 prozentige Trichloressigsäure.		
Acetolsalicylsäureäther = Salacetol.			
Aceton Dimethylketon. $CH_3 - CO - CH_3$	Entsteht bei der trockenen Destillation essigsaurer Salze.	Farblose, ätherisch riechende Flüssigkeit vom Siedepunkte 56—58°. Spez. Gewicht 0,800—0,810. Mischt sich mit Wasser, Alkohol, Äther, Chloroform und fetten Ölen.	Als Nervinum bei Rheumatismus und Neurosen. Dosis: 5—15 gtt in Wasser oder 10—15 g in 150 g Infus. Valerian. esslöffelweise.
Acetono-Resorcin $C_6H_4{<}^{O}_{O}{>}C{<}^{CH_3}_{CH_3}$	Gleiche Moleküle von Resorcin und Aceton werden mit Hilfe rauchender Salzsäure bei höherer Temperatur kondensiert.	Kleine prismat. Krystalle, unlöslich in Wasser, schwer löslich in Alkohol, Äther, Chloroform, leicht löslich in Alkalien.	Indikation wie die des Resorcins.
Acetophenon = Hypnon.			
Acetophenonacetylparamidophenoläther = Hypnoacetin.			
Acetophenonphenetidid = Malarin.			

Thoms, Arzneimittel. 2. Aufl.

Name und Formel.	Darstellung.	Eigenschaften.	Anwendung.
Acet-Ortho-Toluid Ortho-Tolylacetamid. $C_6H_4(CH_3)NH.COCH_3 =$ ⌬ CH$_3$ / NH.COCH$_3$	Durch längere Zeit andauerndes Erhitzen von Ortho-Toluidin mit Essigsäure und Umkrystallisieren des Reaktionskörpers aus Wasser.	Farblose, in heissem Wasser leicht, in kaltem Wasser schwer lösliche Nadeln, löslich in Alkohol und Äther. Schmelzpunkt 107^0, Siedepunkt 296^0. Vorsichtig aufzubewahren!	Als Antipyreticum von Barbarini benutzt. Es setzt die Temperatur in stärkerem Grade herab als Acetanilid und Methylacetanilid und soll dabei weniger giftig sein als diese. Grösste Einzelgabe 0,5 g! Grösste Tagesgabe 4,0 g!

Acetparamidophenolsalicylsäureester = Salophen.

Acetparamidosalol = Salophen.

Acet-Para-Toluid Para-Tolylacetamid. $C_6H_4(CH_3)NH.COCH_3 =$ CH$_3$ ⌬ NH.COCH$_3$	Durch längere Zeit andauerndes Erhitzen von Para-Toluidin mit Essigsäure und Umkrystallisieren des Reaktionskörpers aus Wasser.	Farblose Krystalle vom Schmelzpunkte 149^0. In Wasser schwer, in Alkohol leichter löslich. Vorsichtig aufzubewahren!	War als Antipyreticum zeitweise in Gebrauch. Dosis: 1—2 g.

p-Acetphenetidin = Phenacetin.

Acetum = Acidum aceticum dilutum.

Acetylaethoxyphenylurethan = Thermodin.

Acetylphenylhydrazid = Hydracetin.

Acetyltannin = Tannigen.

Acidum aceticum Essigsäure. $CH_3.COOH$	Durch Destillation essigsaurer Salze mit conc. Schwefelsäure.	Die wasserfreie Essigsäure ist unter 16^0 eine weisse, eisartige Krystallmasse (Eisessig), die bei $16,7^0$ zu einer farblosen, stechend sauer riechenden Flüssigkeit schmilzt und bei 118^0 siedet. Die verdünnte Essigsäure (Acetum concentratum) ist eine klare, farblose Flüssigkeit mit einem Gehalt von 30 p.Ct. reiner Essigsäure. Spez. Gew. 1,0412 bei 15^0.	Als Ätzmittel, um Horngewebe zu zerstören, bei Callositäten und Hühneraugen. Als Reizmittel (Olfactorium bei Ohnmachts-Anfällen, Krämpfen, Scheintod). In Verdünnung als Stypticum (bei Nasenbluten); als Antisepticum zu Räucherungen im Krankenzimmer; als Antidot bei Vergiftungen mit kaustischen Alkalien. Als kühlendes Mittel, besonders äusserlich, zu Umschlägen und Waschungen.

Acidum agaricinicum = Agaricin.

Acidum anisicum Anissäure. Paramethoxybenzoësäure. $C_6H_4(OCH_3)COOH =$ OCH$_3$ ⌬ COOH	Aus Anisaldehyd, Anethol oder p-Kresolmethyläther durch Oxydation erhalten.	Farblose prismatische Krystalle vom Schmelzpunkte 185^0. Siedepunkt 280^0. In kaltem Wasser sehr schwer löslich, leicht löslich in Alkohol.	Antisepticum. Äusserlich angewendet zur Behandlung von Wunden, innerlich als Antipyreticum in gleicher Dosis wie Salicylsäure.

Name und Formel.	Darstellung.	Eigenschaften.	Anwendung.
Acidum aseptinicum Aseptinsäure. Borcresolwasserstoff-superoxyd.	Eine Lösung von 3 g Salicylsäure (neuerdings Kresotinsäure), 5 g Borsäure auf 1000 g Wasserstoffsuperoxyd mit circa 1,5 p.Ct. H_2O_2-Gehalt.	Farblose Flüssigkeit.	Als Antisepticum und als Blutstillungsmittel angewendet.
Acidum benzoicum Benzoësäure. $C_6H_5 \cdot COOH =$ ⬡–COOH	Durch Sublimation aus Siambenzoë gewonnen. Diese mit empyreumatischen Stoffen durchsetzte Säure soll medicinische Verwendung finden. Künstlich wird sie erhalten durch Oxydation des Toluols, durch Erhitzen von Benzotrichlorid mit Wasser unter Druck u. s. w.	Weissliche oder gelbliche bis bräunlich gelbe Blättchen oder nadelförmige, seidenglänzende Krystalle. Löslich in c. 370 Teil. kalten Wassers, reichlich in siedendem Wasser, sowie in Weingeist, Äther und Chloroform und mit Wasserdämpfen flüchtig.	Als Expectorans innerlich in Pulver- oder Pillenform zu 0,1 g bis 0,5 g, als Antipyreticum zu 0,5 bis 1 g 1 bis 3 stündlich. Bei Cystitis 1 g bis 6 g pro die in Gummischleim. In der Wundbehandlung wie Salicylsäure und Carbolsäure. Findet ferner Verwendung als Zusatz zu Tinctura Opii benzoica, worin gegen 2 Prozent Benzoësäure enthalten sind.
Acidum camphoricum Kamphersäure, Rechts-. $C_8H_{14}(COOH)_2$	Wird beim Behandeln von Kampher mit heisser Salpetersäure vom spez. Gew. 1,37 erhalten.	Farblose, in Lösung die Ebene des polarisierten Lichtes rechts drehende Krystallblättchen. Schmelzpunkt 186,5°. Löslich in 200 Teil. kalten, in 10 Teil. kochenden Wassers, leicht löslich in Alkohol.	Gegen die Nachtschweisse der Phthisiker. Die Dosis (1—1,5 g) muss abends auf einmal gegeben werden und zwar nicht länger als zwei Stunden vor dem gewöhnlichen Eintritt des Schweisses. Zu Ausspülungen bei Cystitis; als Adstringens bei Erkrankungen des Pharynx, Larynx und der Nase; bei Geschwüren, Pusteln, Acne rosacea. Auch bei Diarrhoë der Phthisiker empfohlen. Für äusserliche Zwecke werden 1—4 prozentige Lösungen benutzt. (Wood, Reichert, Fürbringer, Niesel.)
Acidum carbazoticum = Acidum picronitricum.			
Acidum carbolicum Acidum phenylicum. Carbolsäure. Monooxybenzol. Phenol. Phenylsäure. $C_6H_5 \cdot OH =$ ⬡–OH	Ein Destillationsprodukt des Steinkohlentheers, welches besonders in den zwischen 160° und 200° siedenden Anteilen des sog. Schweröls enthalten ist.	Farblose, dünne, lange, zugespitzte Krystalle oder weisse krystallinische Masse, die zwischen 40 und 42° zu einer stark lichtbrechenden Flüssigkeit schmilzt und zwischen 182 bis 183° siedet. Löst sich in 15 Teil. Wasser, reichlich in Weingeist, Äther, Chloroform, Glycerin, Schwefelkohlenstoff und auch Natronlauge. Vorsichtig aufzubewahren!	Als Desinfectionsmittel bei der Wundbehandlung in 2 bis 3 prozent. wässeriger Lösung. Zu Subcutan-Injektionen 0,15 g auf einmal in 2—3 prozentiger Lösung. Zu Inhalationen dienen bei Lungengangrän 1—2 proz., bei Keuchhusten $1/2$—1 proz., bei Phthisis $1/5$—$1/4$ proz. Lösungen. Zum inneren Gebrauch empfiehlt sich Pillen- oder Emulsionsform. Grösste Einzelgabe 0,1 g! Grösste Tagesgabe 0,5 g!

Name und Formel.	Darstellung.	Eigenschaften.	Anwendung.
Acidum cathartinicum Cathartinsäure.	Der durch Eindampfen konzentrierte wässerige Auszug der Sennesblätter wird mit dem gleichen Volum Alkohol versetzt, aus der vom abgeschiedenen Schleim sodann durch Filtration erhaltenen Lösung durch Zusatz weiterer Mengen absoluten Alkohols die Cathartinsäure gefällt. (Dragendorff und Kubly.)	Schwarzer, amorpher Körper von zusammenziehendem Geschmack. Leicht löslich in verdünntem Alkohol, in Wasser, absolutem Alkohol, Äther unlöslich. Von Alkalien wird die Säure gelöst und durch Mineralsäuren daraus wieder niedergeschlagen.	Die Cathartinsäure wirkt stark abführend. Dosis bisher nicht festgestellt.
Acidum chrysophanicum Chrysophansäure. Dioxymethylanthrachinon. Parietinsäure. Rheïn. Rumicin. $C_6H_2 \cdot CH_3 \cdot OH <^{CO}_{CO}> C_6H_3 \cdot OH$	Kommt in verschiedenen Rumex- und Rheumarten (Rhabarber-Rhizom) vor und wird praktisch aus dem Chrysarobin (s. dort) in der Weise gewonnen, dass man in die alkalische Lösung desselben einen Luftstrom einleitet. Ist vollständige Lösung erfolgt, wird mit einer Mineralsäure die Chr. gefällt.	Gelbe, nadelförmige Krystalle vom Schmelzpunkt 162^0. (Nach (Lilienthal bei 153^0, nach Hesse bei 178^0.) Unlöslich in Wasser, schwerlöslich in Alkohol, leichter in Chloroform und Benzol. Von Alkalien wird Chrysophansäure mit dunkelroter Farbe aufgenommen.	Indikation bei Hautkrankheiten (Psoriasis u. A.) wie Chrysarobin.
Acidum cinnamylicum Zimtsäure. β-Phenylacrylsäure. $C_6H_5CH = CH \cdot COOH =$ ⌬$CH = CH - COOH$	Kommt im Styrax, im Peru- und Tolubalsam, in der Sumatrabenzoë teils frei, teils in Form zusammengesetzter Äther vor. Wird synthetisch erhalten durch Einwirkung von Natrium und Kohlensäureanhydrid auf Bromstyrol oder beim Erhitzen von Benzaldehyd mit Acetylchlorid in geschlossenem Rohr.	Farblose oder gelbliche, matt glänzende, alkohollösliche Krystallblättchen vom Schmelzpunkte 133^0 und Siedepunkte 300^0 unter teilweiser Zersetzung. In kaltem Wasser schwer, in kochendem Wasser leicht löslich, ebenso in Alkohol.	Bei Tuberkulose angewendet, besonders in Form folgender Emulsion: Rp. Acid. cinnamylici 5,0 Ol. Amygdal. dulc. 10,0 Vitelli Ovi No. I Solut. Natrii chlorati (0,7%) q. s. Misce ut fiat emulsio. D. S. zur Injektion. Vor dem Gebrauch wird die Emulsion mit 25 prozentiger Kalilauge schwach alkalisch gemacht. Dosis der Injektionsflüssigkeit 0,1—1 ccm wöchentlich 2 mal. In Lupusknötchen injiziert man 1—2 Tropfen folgender Lösung: Rp. Acid. cinnamylici Cocaïn. muriatici ān 1,0 Spiritus vini 18,0 D. S. zur Injektion. In einer Sitzung bis zu 10 Einspritzungen. (Landerer.)

Name und Formel.	Darstellung.	Eigenschaften.	Anwendung.
Acidum citricum Citronensäure. Oxytricarballylsäure. $C_6H_8O_7 + H_2O =$ $CH_2 . COOH$ $\|$ $C . (OH) . COOH + H_2O$ $\|$ $CH_2 . COOH$	Aus dem Safte der nicht völlig reifen Citronen gewonnen, worin die Säure gegen 7 p.Ct. enthalten ist. Neuerdings aus dem Traubenzucker durch die Thätigkeit gewisser Spaltpilze (Citromycetes glaber und C. Pfefferianus) fabrikatorisch gewonnen.	Farblose, luftbeständige Krystalle, welche bei geringer Wärme verwittern. Löslich in 0,54 Teilen Wasser, 1 Teil Weingeist, 50 Teil. Äther.	In Wasser gelöst in Form von Limonaden bei fieberhaften Krankheiten als kühlendes Mittel zu 0,5—1,0 g pro dosi. Zur Bereitung von Pastillen werden 0,05 g mit 1,25 g Zucker vermischt. Äusserlich in Lösung zu schmerzlindernden Umschlägen bei Krebsgeschwüren, zu Bepinselungen (1 + 9) und Gurgelwässern (1 + 49) bei Diphtheritis, gegen Gonorrhoë u. s. w. benutzt.
Acidum coffeïnosulfuricum = Symphorol.			
Acidum cresylicum = Kresol.			
Acidum cubebicum Cubebensäure.	Aus den Früchten von Piper Cubeba s. Cubeba officinalis, indem man den alkoholischen Auszug verdampft, den Rückstand mit verd. Kalilauge behandelt und mit Salzsäure die Säure niederschlägt. Man extrahiert mit Ammoniak und fällt aus dem Filtrate mit Chlorcalcium die Cubebensäure als Calciumsalz.	Weisse oder gelbliche, amorphe, bei 56° schmelzende Masse. Unlöslich in Wasser, leicht löslich in Alkohol, Äther und Chloroform, ebenso in Ammoniak und ätzenden Alkalien.	Gegen Gonorrhoë. Dosis 0,15—1 g.
Acidum dichloraceticum Dichloressigsäure. $CHCl_2 - COOH$	Durch Einwirkung von Chlor auf Essigsäure oder aus Chloral und Kaliumcyanid dargestellt.	Farblose, bei 190° siedende Flüssigkeit. Vorsichtig aufzubewahren!	Ätzmittel: zum Kauterisieren von Warzen, Hühneraugen, Lupus u. s. w.
Acidum dijodoparaphenolsulfuricum = Acidum sozojodolicum.			
Acidum dijodosalicylicum Dijodsalicylsäure. $C_6H_2J_2(OH) . COOH$	Bildet sich bei der Einwirkung von Jod und Jodsäure auf Salicylsäure in alkoholischer Lösung.	Weisses, kleinkrystallinisches, zwischen 220° und 230° unter Zersetzung schmelzendes Pulver von süsslichem, nicht ätzendem Geschmack. Löst sich in 1500 Teil. kalten, 660 Teil. heissen Wassers, leicht löslich in Alkohol und Äther. Vorsichtig aufzubewahren!	Als Analgeticum, Antithermicum und Antipyreticum angewendet, wie Salicylsäure. Dosis 1—3 g pro die.
Acidum dithiosalicylicum $S - C_6H_3(OH) COOH$ $\|$ $S - C_6H_3(OH) - COOH$ *D. R. P. v. Heyden.* *No. 46 413.*	Durch Zerlegung des Natriumsalzes mit Salzsäure. Vergl. Natrium dithiosalicylicum.	Gelbliches, amorphes Pulver, unlöslich in Wasser, leicht löslich in Alkohol und ätzenden Alkalien.	Antisepticum u. Antirheumaticum. Dosis 1—1,5 g pro die.
Acidum embelicum Embeliasäure. $C_9H_{14}O_2$	Aus den Früchten von Embelia Ribes Burm. (Myrsinaceae) gewonnen.	Kleine orangenrote Krystallschüppchen, die unlöslich in Wasser, leicht löslich in Alkohol sind. Schmelzpunkt 140°.	Als Taenifugum besonders in Form des Ammoniumsalzes. s. Ammonium embelicum.

Name und Formel.	Darstellung.	Eigenschaften.	Anwendung.
Acidum ergotinicum Acidum sclerotinicum. Ergotinsäure. Sclerotinsäure.	Mutterkorn wird mit Äther-Alkohol erschöpft, sodann mit Wasser ausgezogen, der Auszug mit Bleiacetat gefällt, die Ergotinsäure durch ammoniakalischen Bleiessig gefällt und die Bleiverbindung durch Schwefelwasserstoff zerlegt.	Gelblichweisses, hygroskopisches Pulver, dessen wässerige Lösung sauer reagiert.	Eine erst nach verhältnismässig grossen Dosen beobachtete Wirkung besteht nach Kobert in einer Lähmung des Rückenmarkes und Gehirns. Auf die schwangere oder nichtschwangere Gebärmutter haben E. und ihr Natriumsalz keinen Einfluss.
Acidum filicicum amorph. Filixsäure, amorphe. $C_{35}H_{42}O_{13}$	Aus dem Wurzelstock von Aspidium Filix mas Sw. gewonnen. Der krystallisierten Filixsäure kommt die Formel $C_{14}H_{16}O_5$ zu.	Amorphes, leichtes, weisses, geruch- und geschmackloses Pulver, das sich in kaltem Alkohol löst und von Alkalien und fetten Ölen sehr leicht aufgenommen wird. Schmelzpunkt 125°. Vorsichtig aufzubewahren!	Neben dem ätherischen Öl der wirksame Bestandteil des Extractum filicis maris aethereum. Der krystallinischen Filixsäure, dem Filicin des Handels, kommt nach Poulsson keine physiologische Wirkung zu. Dosis der amorphen Säure = 0,5—1,0 g. Man gibt gleichzeitig ein Abführmittel (zweckmässig Calomel oder Calomel und Jalappenpulver).
Acidum formicicum Ameisensäure. Formylsäure. H — COOH	Die verdünnte Säure wird meist durch Einwirkung von Glycerin auf Oxalsäure in der Hitze gewonnen.	Die 25 p.Ct. haltende Ameisensäure ist als Acidum formicicum officinell und bildet eine klare, farblose, flüchtige Flüssigkeit vom spez. Gewicht 1,060 bis 1,063.	Dient zur Herstellung des Ameisenspiritus, Spiritus formicarum: 35 Teile Weingeist, 13 ,, Wasser, 2 ,, Ameisensäure.
Acidum gallicum Gallussäure. Trioxybenzoësäure. $C_6H_2\begin{cases}-OH\\-OH\\-OH\\-COOH\end{cases} + H_2O$	Kommt in verschiedenen Pflanzen vor, im chinesischen Thee, im Sumach, in den Divi-Divischoten, in den Galläpfeln u. s. w. Sie entsteht beim Kochen der Gallusgerbsäure mit verdünnten Säuren oder Alkalien, sowie beim Gähren der wässerigen Lösung der Gallusgerbsäure.	Farblose oder gelbliche, seidenglänzende Nadeln, wasserfrei schmelzend bei 200°. Löslich in 130 T. kalten und 3 T. siedenden Wassers. Leicht in Alkohol, schwerer in Äther löslich. Vor Licht geschützt aufzubewahren!	Bei Haemoptoë, Uterinblutungen und Haematurie, Albuminurie und Nachtschweissen. Dosis: 0,5—1,5 g dreimal täglich. In Form von Mundwässern 1:50, als Collyrien 1:300—500, als Injektionen 1:100—200. (Bayes.)
Acidum gallotannicum = Acidum tannicum.			
Acidum gymnemicum Gymnemasäure.	Aus den Blättern von Gymnema silvestris (Asclepiadeae) gewonnen.	Grünlich weisses, herb säuerlich schmeckendes Pulver. Löst sich nur wenig in Wasser, schwer in Äther, leicht in Alkohol.	Die G. erzeugt eine temporäre Ageusie für süsse und bittere Stoffe; der Geschmack für saure, salzige, zusammenziehend und stechend schmeckende Substanzen wird nicht beeinflusst. Eine mit Alkoholzusatz hergestellte 12 proz. wässerige Lösung wird zum Ausspülen des Mundes benutzt vor dem Einnehmen von bitteren Arzneien. (v. Oefele.)
Acidum hydrocinnamylicum = Acidum phenylopropionicum.			

Name und Formel.	Darstellung.	Eigenschaften.	Anwendung.
Acidum jodosalicylicum Jodsalicylsäure. $C_6H_4J(OH)COOH$	Durch Einwirkung von Jod bei Gegenwart von Jodsäure auf Salicylsäure. Nebenher entstehen Di- und Trijodsalicylsäure.	In Alkohol und Äther lösliches krystallinisches Pulver. Vorsichtig aufzubewahren!	Analgeticum, Antisepticum. Therapeutisch wird das Natriumsalz verwendet.
Acidum jodosobenzoicum Jodosobenzoësäure. $C_6H_4(OJ)COOH =$ ⟨OJ COOH	Jodbenzoësäure wird in rauchender Salpetersäure gelöst, die Lösung aufgekocht und nach dem Erkalten mit Wasser versetzt, worauf sich die Jodosobenzoësäure ausscheidet. Durch Umkrystallisieren und Wasser wird sie gereinigt.	Farblose, bei 209° schmelzende Krystalle. Vorsichtig aufzubewahren!	An Stelle des Jodoforms und wie dieses verwendet.
Acidum lacticum Aethylidenmilchsäure, optisch inactive. Milchsäure. $CH_3 - CH(OH) - COOH$	Man gewinnt die Milchsäure durch die sogenannte Milchsäure-Gährung des Zuckers, welche durch Mikroorganismen (Bacillus acidi lactici) veranlasst wird.	Das deutsche Arzneibuch schreibt eine Milchsäure vom spez. Gewicht 1,21—1,22 vor, welches einer Säure von gegen 75 p.Ct. Milchsäuregehalt entspricht. Klare, farblose, sirupdicke, rein sauer schmeckende Flüssigkeit, in jedem Verhältnis mit Wasser, Alkohol, Äther mischbar.	Als Ätzmittel bei fungösen Erkrankungen der Weichteile in Form einer mit Kieselsäure bereiteten Pasta. Bei tuberkulösen Kehlkopfgeschwüren in 50—80 proz. Lösung. Bei Croup u. Diphtheritis halb- bis stündliche Inhalationen von Lösungen, die durch Mischen von 15 Tropfen Milchsäure mit 15 g Wasser hergestellt sind. Innerlich u. a. gegen grüne Durchfälle der Kinder. Dosis: 5—10 g am zweckmässigsten als Limonade.
Acidum malicum Äpfelsäure. Oxybernsteinsäure. $C_4H_6O_5 =$ $CH_2 - COOH$ $CH(OH) - COOH$	Aus dem Safte der unreifen Vogelbeeren (Sorbus Aucuparia) durch Absättigen mit Kalkmilch, Überführung des Kalksalzes in das Bleisalz und Zerlegen desselben mit Schwefelwasserstoff.	Farblose, glänzende Nadeln oder büschelförmig oder kugelig vereinigte Krystalle, die an feuchter Luft zerfliessen, leicht in Wasser und Alkohol, weniger leicht in Äther löslich sind. Schmelzp. 100°.	Äusserlich bei Croup und Diphtheritis in Form 5 prozentiger Lösungen zum Inhalieren.
Acidum monochloraceticum Monochloressigsäure. $CH_2Cl - COOH$	Wird durch Chlorieren der Essigsäure erhalten.	Farblose, leicht zerfliessliche rhombische Tafeln oder weisse, aus feinen Nadeln bestehende Krystallmasse vom Schmelzpunkte 62,5—63,2°. Siedepunkt 185—187°. Spez. Gew. 1,3947 bei 78° C. In Wasser, Alkohol und Äther löslich. Vorsichtig aufzubewahren!	Als Ätzmittel wie Acid. trichloraceticum (s. dort).

Acidum naphtolocarbolicum = Acidum α-oxynaphtoicum.

Name und Formel.	Darstellung.	Eigenschaften.	Anwendung.
Acidum orthoamido-salicylicum Orthoamidosalicylsäure. $C_6H_3(NH_2)(OH)COOH =$ [Benzolring mit OH, COOH, NH$_2$]	Durch Reduktion von Orthonitrosalicylsäure mit Zinn und Salzsäure erhalten.	Grauweisses, amorphes, nahezu geruchloses Pulver von schwach süsslichem Geschmack. Unlöslich in Wasser, Alkohol und Äther. **Vorsichtig aufzubewahren!**	Gegen subakuten Gelenkrheumatismus. Dosis: 0,25—0,5 g mehrmals täglich. (R. Neisser.)
Acidum α-oxynaphtoïcum Acidum naphtolocarbolicum. α-Naphtolcarbonsäure. α-Oxynaphtoësäure. $C_{10}H_6(OH)\cdot COOH =$ [Naphthalinring mit OH, COOH]	Durch Einwirkung von Kohlensäure auf α-Naphtolnatrium bei 120—140° unter Druck und Zerlegung des Natriumsalzes der α-Oxynaphtoësäure mit Mineralsäure.	Weisses oder gelbliches Krystallpulver v. Schmelzpunkte 186°. Löst sich gut in Alkohol, Äther und Chloroform, schwer in kaltem Wasser. Mit Boraxlösung können mehrprozentige Lösungen der α = Oxynaphtoësäure hergestellt werden. **Vorsichtig aufzubewahren!**	Antisepticum und Antizymoticum. Bei Krankheiten des Darmkanals innerlich mit Vorsicht anzuwenden! Gegen Nasenkatarrh unter der Bezeichnung „Sternutament" als Riechmittel benutzt. In 10 prozentiger Salbe gegen Scabies. (Lübbert, Helbig.)

Acidum phenylicum = Acidum carbolicum.

Name und Formel.	Darstellung.	Eigenschaften.	Anwendung.
Acidum phenylo-aceticum Phenylessigsäure. α-Toluylsäure. $C_6H_5 - CH_2 - COOH =$ [Benzolring mit CH$_2$—COOH]	Durch Kochen von Benzylcyanid mit Kalilauge.	Farblose, glänzende Krystallblättchen v. Schmelzpunkte 76,5° und Siedepunkte 262°. In kaltem Wasser wenig, in kochendem reichlich löslich, leicht löslich in Alkohol und Äther.	Bei Phthisikern 10 Tropfen der alkoholischen Lösung (1 + 5) in 30 g Wasser 3 mal täglich in grosser Verdünnung mit Wasser. Bei Typhus 2—6 g pro die. (Williams, Alivia.)
Acidum phenylo-boricum Phenylborsäure. $C_6H_5 - B(OH)_2 =$ [Benzolring mit B(OH)$_2$]	Entsteht bei der Einwirkung von Phosphoroxychlorid auf ein Gemisch aequimolekularer Mengen von Borsäure und Phenol.	Weisses, in kaltem Wasser schwer lösliches Pulver. **Vorsichtig aufzubewahren!**	Zufolge seiner antiseptischen Eigenschaften als Verbandmittel auf Wunden und venerische Geschwüre. Phenylborsäure soll weniger giftig als Carbolsäure sein. Die Fäulnis wird schon durch 0,75 prozentige Lösung, die ammoniakalische Harngährung durch 1 prozentige Lösung verhindert. (Molinari.)
Acidum phenylo-propionicum Acidum hydrocinnamylicum. Hydrozimtsäure. β-Phenylpropionsäure. $C_6H_5 - CH_2 - CH_2 - COOH =$ [Benzolring mit CH$_2$—CH$_2$—COOH]	Entsteht bei der Reduktion von Zimtsäure (durch Behandeln mit Quecksilberamalgam).	Farblose Krystalle, schwer löslich in kaltem, leicht in heissem Wasser und Alkohol. Schmelzpunkt 47,5°, Siedepunkt 280°.	Innerlich bei Phthisis 3 mal täglich 10 Tropfen einer alkoholischen Lösung 1 + 5. (Williams.)

Name und Formel.	Darstellung.	Eigenschaften.	Anwendung.
Acid. phenylo-salicylicum o-Oxydiphenylcarbonsäure. $C_6H_3(OH)(C_6H_5)COOH =$ OH COOH	Bei der trockenen Destillation eines Gemisches gleicher Moleküle Calciumbenzoat und Calciumsalicylat entsteht Oxydiphenylketon, welches mit Kaliumhydroxyd geschmolzen Orthooxydiphenylcarbonsäure liefert.	Weisses, in Wasser nur schwer lösliches Pulver, leichter löslich in Alkohol, Äther und Glycerin.	Als Wundantisepticum, besonders als Streupulver. (F. Bock.)
Acidum picronitricum Acidum carbazoticum. Pikrinsäure. Trinitrophenol. $C_6H_2(NO_2)_3 OH =$ OH NO_2 NO_2 NO_2	Durch Einwirkung von Salpetersäure auf Phenol (Carbolsäure).	Gelbliche, glänzende Krystallblättchen, in kaltem Wasser schwer (1:86), leicht in heissem löslich. Ebenso leicht löslich in Alkohol und Äther. Schm. 122,5°. Vorsichtig aufzubewahren!	Bei Eingeweide-Würmern, als Intermittens, bei Keuchhusten, Rheumatismus. Dosis: 0,1 — 0,2 g in Pillen oder Lösung. Äusserlich gegen Brandwunden in 0,5 prozentiger alkoholisch-wässeriger Lösung. Gegen Ekzeme, Frostbeulen, Fissuren der Brustwarzen, gegen Schweissfuss in 0,3 bis 0,6 prozentiger wässeriger Lösung. (Thiéry u. a.)
Acidum salicylicum Orthooxybenzoësäure. Salicylsäure. Spirsäure. $C_6H_4(OH).COOH =$ OH COOH *D. R. P. v. Heyden* *No. 29 939 u. No. 38 742.*	1. Durch Einwirkung von Kohlensäure auf Phenolnatrium unter gleichzeitigem Erhitzen auf gegen 200° und Zerlegen des gebildeten Dinatriumsalicylats mit Mineralsäure. (Kolbe.) 2. Bei der Einwirkung von Kohlensäure auf trockenes Phenolnatrium im Autoklaven und unter Druck entsteht phenolkohlensaures Natrium, das beim Erhitzen auf 120° bis 130° in Natriumsalicylat übergeht. (Schmitt.)	Farblose, nadelförmige Krystalle oder weisses, lockeres krystallinisches Pulver von süsslichsaurem, kratzendem Geschmack. Schmelzpunkt 156,86°. Löst sich in 500 T. kalten, 15 T. siedenden Wassers, leicht in Alkohol, Äther.	Als Antisepticum äusserlich in Form von Lösungen, Salben, Streupulvern, u. s. w. bei der Wundbehandlung, bei Haut-, Mund- und Zahnkrankheiten. Innerlich gegen akuten Gelenkrheumatismus und Hemicranie, als Antipyreticum. Als Tagesgabe ist zur Erzielung antipyretischer Effekte die Menge von 3—4 g Salicylsäure, in kleinen Mengen in 20—30 Minuten dauernden Zwischenräumen zu verabreichen; bei Magenkatarrhen und bei Cystitis werden Einzelgaben von 0,05—1,0 mehrmals täglich gegeben. Bei Typhus als Antifebrile 2—4 g morgens und abends. Für den innerlichen Gebrauch zieht man meist das Natriumsalz vor, bei Magenkatarrhen und bei Pleuritis jedoch die Säure in Tagesdosen von 5—6 g.

Acidum sclerotinicum = Acidum ergotinicum.

Name und Formel.	Darstellung.	Eigenschaften.	Anwendung.
Acidum sozojodolicum Acidum dijodopara-phenolsulfuricum. Dijodparaphenolsulfonsäure. Sozojodol. Sozojodolsäure. $C_6H_2J_2(OH)SO_3H =$ OH J—⌬—J SO$_3$H *D. R. P. Trommsdorff No. 45226. — 1887.*	Paraphenolsulfonsaures Kalium wird in überschüssiger, etwas verdünnter Salzsäure gelöst und eine Lösung von Kaliumjodid und jodsaurem Kalium ($KJO_3 + 5KJ$) oder Chlorjod unter Umrühren hinzugefügt. Das sich ausscheidende saure Kaliumsalz wird mit der gerade hinreichenden Menge Schwefelsäure zerlegt.	Krystallisiert aus Wasser mit 3 Mol. Wasser in Form nadelförmiger Prismen. Leicht löslich in Wasser, Alkohol und in Glycerin. **Vorsichtig aufzubewahren!**	Bei der Wundbehandlung in 2—3 prozentiger Lösung.
Acidum sozolicum = Aseptol.			
Acidum sphacelinicum Ergotin, Wiggers'sches. Sphacelinsäure.	Die Darstellung aus dem Mutterkorn gründet sich auf die Unlöslichkeit der freien Säure in Wasser und ihre Löslichkeit in Alkohol.	Kommt in Extraktform oder als weisses, amorphes Pulver in den Handel. In Wasser und verdünnten Mineralsäuren unlöslich, etwas löslich in Äther, Chloroform, Schwefelkohlenstoff, fetten Ölen, besser löslich in alkoholischem Äther, leicht löslich in heissem Alkohol. **Vorsichtig aufzubewahren!**	S. ist nach Kobert die Ursache der typhösen Form der Mutterkornvergiftung und des Mutterkornbrandes. Ob S. therapeutisch benutzbar ist, ist noch nicht festgestellt. Nach Kobert wirkt sie im nativen Mutterkorn unbedingt mit, und zwar ohne zu schaden.
Acidum succinicum Aethylenbernsteinsäure. Bernsteinsäure. $CH_2 - COOH$ | $CH_2 - COOH$	Kommt fertig gebildet im Bernstein vor. Synthetisch wurde sie zuerst 1861 aus Äthylen durch Überführen in Äthylencyanid, das beim Erhitzen mit Kalilauge oder Mineralsäure in Bernsteinsäure übergeht, dargestellt.	Monokline Prismen oder Tafeln mit schwachsaurem Geschmack, bei 185° schmelzend und bei 235° destillierend, wobei sie in Wasser und Bernsteinsäureanhydrid zerfällt. Wasserlöslich.	Meist in Form des Ammoniumsalzes (Liquor Ammonii succinici) als Excitans und krampfwidriges Mittel. Dosis: 20—30 Tropfen.
Acidum sulfanilicum Sulfanilsäure. p-Amidobenzolsulfonsäure. $C_6H_4(NH_2)SO_2OH + H_2O =$ NH$_2$ ⌬ + H_2O SO$_2$OH	Beim Sulfurieren von Anilin bei 180° mit rauchender Schwefelsäure (8—10 pCt. SO$_3$ haltend).	Die 1 Mol. Wasser enthaltende Sulfanilsäure krystallisiert in rhombischen Tafeln, die an der Luft verwittern. Sie löst sich in 112 Teilen Wasser von 15°.	Bei chronischen Katarrhen. Dosis: 2—4 g täglich. M. Valentin.
Acidum sulfoichthyolicum s. Ichthyol.			
Acidum sulfotumenolicum = Tumenol.			

Name und Formel.	Darstellung.	Eigenschaften.	Anwendung.
Acidum tannicum Acidum tannicum. Gallusgerbsäure. Gerbsäure. Tannin. $C_6H_2(OH)_3 CO$ $?$ O $C_6H_2(OH)_2 COOH$	Findet sich in den kleinasiatischen Galläpfeln (Gallae turticae) zu 50—60 p. Ct., in den chinesischen Galläpfeln (Gallae chinenses) zu 60—75 pCt. Wird meist aus den chinesischen Galläpfeln dargestellt. Dieselben werden grob zerstossen und mit einem Alkohol-Äther-Gemisch ausgezogen, letzteres mit Wasser geschüttelt und die alkoholisch wässerige Lösung im Vacuum abgedunstet.	Schwach gelbliches Pulver oder glänzende, wenig gefärbte, lockere Masse, die mit 1 Teil Wasser, sowie mit 2 Teilen Alkohol eine klare, eigentümlich riechende, sauer reagierende und zusammenziehend schmekkende Lösung giebt. In reinem Äther ist Gerbsäure unlöslich, löslich in 8 Teilen Glycerin.	Als Adstringens, Tonicum und Stypticum. Zur Beschränkung von Hypersekretion zugänglicher Körperteile, insbesondere bei Fluor albus und Gonorrhoë, bei chronischen Lungen- und Luftröhrenkatarrhen, bei chronischen Augenentzündungen und Blenorrhoën, bei Diarrhoën, als Antidot bei Vergiftungen mit Alkaloiden.
Acidum tartaricum Dioxybernsteinsäure. Rechtsweinsäure. Weinsäure. Weinsteinsäure. $C_2H_2(OH)_2(COOH)_2 =$ $CH(OH) - COOH$ $\vert$ $CH(OH) - COOH$	Kommt teils frei, teils an Kalium oder Calcium gebunden in Früchten, Wurzeln, Blättern u. s. w. vor. Die Weinbeeren und Tamarinden sind besonders reich an Weinsäure und dienen auch zur Darstellung derselben.	Farblose, luftbeständige, monokline Prismen, welche in 0,8 T. Wasser und 2,5 T. Weingeist löslich sind.	Als kühlendes und erfrischendes Mittel zu 0,2—1,0 mehrmals täglich in Pulverform (mit 20—40 g Zucker oder Citronenölzucker); zur Darstellung der Brausepulver und zu Saturationen. Bei foetiden Fussschweissen in die Strümpfe gestreut.
Acidum tetrathiodichlorosalicylicum Tetrathiodichlordisalicylsäure. $S_2 = C_6H \diagdown^{Cl}_{OH}$ $\diagdown COOH$ $\vert$ $S_2 = C_6H \diagdown^{Cl}_{OH}$ $\diagdown COOH$	26,7 Teile Salicylsäure werden mit 55 T. Chlorschwefel langsam unter Rühren auf 120° und schliesslich auf 140° erhitzt, bis keine Salzsäure mehr entweicht. Die Masse wird in Soda gelöst und mit Säure gefällt.	Rotgelbes Pulver, das bei 150° erweicht und bei 160° völlig schmilzt. Vorsichtig aufzubewahren!	Als Antisepticum in Form von Streupulver.
Acidum thiolinicum Thiolin. Thiolinsäure.	Das durch Kochen von Leinöl mit Schwefel bereitete Oleum Lini sulfuratum wird der Einwirkung konzentrierter Schwefelsäure ausgesetzt und das sulfonisierte Produkt mit Natriumhydroxyd in Lösung gebracht	Krümelige, dunkelgrüne, in der Wärme extraktförmige Masse von eigentümlichem Geruch. Der Gehalt an Schwefel beträgt 14—15 pCt. Thiolinsäure ist unlöslich in Wasser, löslich in Alkohol. Zur medizinischen Verwendung soll das Natriumsalz kommen.	Über den therapeutischen Wert dieses Schwefelpräparates liegen Erfahrungen bisher nicht vor.
Acidum thymicum = Thymol.			
Acidum trichloraceticum Trichloressigsäure. $CCl_3 - COOH$	Entsteht bei der Einwirkung von Chlor auf Essigsäure im Sonnenlicht und wird meist dargestellt durch Oxydation von wasserfreiem Chloral mittelst rauchender Salpetersäure.	Farblose, leicht zerfliessliche rhomboëdrische Krystalle von schwach stechendem Geruch und stark saurer Reaktion, in Wasser, Alkohol und Äther löslich, bei etwa 55° schmelzend und bei etwa 195° siedend. Vorsichtig aufzubewahren!	Als Ätzmittel besonders bei Nasen- und Rachenkrankheiten, in 1 prozentiger Lösung als Adstringens. — Bei Ozaena wird die erkrankte Schleimhaut mit 10—50 prozentiger Lösung bepinselt. (Bronner, Ehrmann.)

Name und Formel.	Darstellung.	Eigenschaften.	Anwendung.
Acidum valerianicum Baldriansäure. Isovaleriansäure. Valeriansäure. $\begin{array}{l}H_3C\\H_3C\end{array}\!\!>\!CH-CH_2-COOH$	Aus dem ätherischen Baldrianöl oder durch Oxydation von Gährungsamylalkohol = Isobutylcarbinol = $\begin{array}{l}H_3C\\H_3C\end{array}\!\!>\!CH-CH_2-CH_2OH$	Offizinell ist das Hydrat: Farblose, ölige, eigentümlich riechende Flüssigkeit vom spez. Gewicht 0,940—0,950.	Bei Hysterie, Epilepsie. Dosis: 2—6 Tropfen in schleimigem Vehikel. (Pierlot.)
Aconitin $C_{33}H_{43}NO_{12}$	Findet sich an Aconitsäure gebunden neben anderen Alkaloiden besonders in dem Kraut und den Knollen von Aconitum Napellus.	Farblose, säulen- oder tafelförmige, gegen 184°, nach Ehrenberg und Purfürst bei 194°, nach Freund bei 197° schmelzende Krystalle. In Wasser nur sehr wenig, leichter in Alkohol, Äther und Chloroform löslich. Sehr vorsichtig aufzubewahren!	Als Antineuralgicum äusserlich und innerlich. Grösste Einzelgabe 0,000125 g! Grösste Tagesgabe 0,0005 g!
Aconitinum nitricum Aconitin, salpetersaures. $C_{33}H_{43}NO_{12} \cdot HNO_3$	Durch Sättigen des Aconitins mit Salpetersäure.	Farblose, in Wasser schwer lösliche Krystalle. Sehr vorsichtig aufzubewahren!	Als Antineuralgicum, besonders äusserlich in Salbenform mit 1 pCt. Alkaloidsalz.
Actol Argentum lacticum. Milchsaures Silber. Silberlactat. $CH_3-CH(OH)-COO\,Ag + H_2O$	Durch Erwärmen von Silbercarbonat mit verdünnter Milchsäure erhalten.	Weisses, geruchloses, fast geschmackloses Pulver. In Wasser löslich, ca. 1 : 20, leicht löslich in heissem Alkohol. Vorsichtig und vor Licht geschützt aufzubewahren!	Als Antisepticum zu Gurgelwässern und Spülungen in wässeriger Lösung 1+49, von welcher Lösung 1 Theelöffel voll auf 1 Glas Wasser genommen wird. Bei der Wundbehandlung in subcutaner Injektion 0,01 g pro dosi. (Crede.)
Adeps Lanae Agnin. Alapurin. Agnolin. Lanaïn. Lanesin. Lanichol.	Gereinigtes Wollfett, aus den Fettsäureestern des Cholesterins und Isocholesterins bestehend.	Mattgelbe, etwas durchscheinende, neutrale, bei 36° schmelzende fettige Masse. In Benzin, Chloroform, Äther, Aceton leicht, in kaltem Alkohol schwer löslich.	Dient als Salbengrundlage, sowie zur Herstellung von Pomaden, Creams, Seifen, Balsamen u. s. w. Vergl. Lanolin
Adhaesol	Ein Gemisch aus 350 T. Copalharz, 30 T. Benzoë, 30 T. Tolubalsam, 20 T. Thymianöl, 3 Teilen α-Naphtol, 1000 T. Äther.		Verwendung wie Steresol.
Adipatum	Amerikanische Salbengrundlage. Besteht aus 35 Teilen Wollfett, 53 Teil. Vaselin, 7 Teil. Paraffin und 5 Teil. Wasser.		
Adonidin Zusammensetzung bisher nicht sicher bekannt.	Glykosid aus Adonis vernalis.	Amorphes, gelbliches, hygroskopisches Pulver, in Wasser löslich, leicht löslich in Alkohol. Vorsichtig aufzubewahren!	Digitalis-Ersatz. Dosis: 0,01—0,05 mehrmals täglich. (Oliveri.)

Name und Formel.	Darstellung.	Eigenschaften.	Anwendung.
Aepfelsäure = Acidum malicum.			
Aescorcein $C_9H_8O_4$	Derivat des Aesculetins, eines Spaltungsproduktes des in der Rinde der Rosskastanie vorkommenden Aesculins.	Weisses, wasserlösliches Pulver. **Vorsichtig aufzubewahren!**	Zur Diagnostik von Hornhautdefekten und Epithelverlusten der Bindehaut, da beim Aufträufeln eines Tropfens einer 10–20 %igen Lösung in diesem Falle Rotfärbung eintritt. (Fröhlich.)
Aether Aether sulfuricus. Aethyläther. Schwefeläther. $\begin{array}{cc} H_3C & CH_3 \\ \vert & \vert \\ H_2C & CH_2 \\ & \diagdown O \diagup \end{array}$	9 T. conc. Schwefelsäure und 5 T. Aethylalkohol (von 96 pCt.) werden gemischt, die gebildete Aethyl-Schwefelsäure auf 140–145° erhitzt und zu der siedenden Flüssigkeit Aethylalkohol hinzufliessen gelassen, ohne dass das Sieden unterbrochen wird. Ein zu Narkosen benutzter Äther wird zweckmässig über metallisch. Natrium destilliert.	Klare, farblose, leicht bewegliche, eigentümlich riechende u. schmeckende, leicht flüchtige, bei 35° siedende, in jedem Verhältnis mit Weingeist und fetten Ölen mischbare Flüssigkeit vom spez. Gewicht 0,720. **Der zu Narkosen gebrauchte Äther ist zweckmässig in kleinen, ganz gefüllten, vor Licht geschützten Flaschen aufzubewahren!**	Als örtlich schmerzstillendes Mittel bei Algieen, Rheumatismus, schmerzhaften Geschwüren, hysterischem Kopfweh (aufgeträufelt), bei Otalgie, Zahnschmerz u. s. w. Als Antiphlogisticum träufelt man Äther auf Furunkel; als Stypticum bei Nasenbluten. Von Finkelstein und Ettinger werden Ätherberieselungen gegen eingeklemmte Hernien empfohlen. Wichtig als Inhalationsästheticum. (Feuergefährlich.) Innerlich zu 10–30 Tr. (selbst kaffeelöffelweise bei apoplektischen Lähmungen). Eine Mischung von 1 Teil Ä. und 3 T. Weingeist führt den Namen Spiritus aethereus, Ätherweingeist, Hoffmannstropfen, und wird als Analepticum und Antispasmodicum zu 20 bis 60 Tr. intern benutzt, namentlich bei Magenkrampf und Kolikschmerzen.
Aether aceticus Aethylacetat. Essigäther. Essigsäure-Aethyläther. $CH_3.CO.OC_2H_5$	Man versetzt entwässertes Natriumacetat mit der berechneten Menge Aethylschwefelsäure, überlässt einige Zeit sich selbst und unterwirft sodann im Wasserbade der Destillation.	Klare, farblose, flüchtige Flüssigkeit von eigentümlichem, angenehm erfrischendem Geruch, mit Weingeist und Äther in jedem Verhältnis mischbar, bei 74–76° siedend. Spez. Gew. 0,900–0,905.	Innerlich zu 10–30 Tr. und als Riechmittel bei Ohnmachten und Collaps, bei Hustenreiz und Erbrechen, sowie bei hysterischen und hypochondrischen Zuständen. Subcutan als erregendes Mittel an Stelle von Äther.
Aether anaestheticus	Mischung aus 1 Volumteil wasser- und alkoholfreien Äthers und 4 Volumteilen Petroleumäther.	Farblose Flüssigkeit.	Zur Hervorrufung lokaler Anästhesieen von Kölliker empfohlen. **Feuergefährlich!**
Aether bromatus Aethylbromid. Bromäthyl. Monobromaethan. $C_2H_5.Br$	Durch Destillation eines Gemisches von Aethylalkohol, Schwefelsäure und Kaliumbromid. Das Destillat wird zwecks besserer Haltbarkeit mit 1 pCt. Alkohol versetzt.	Klare, farblose, flüchtige, stark lichtbrechende, angenehm ätherisch riechende, neutrale, in Wasser unlösliche, in Weingeist und Äther lösliche, bei 38–40° siedende Flüssigkeit vom spez. Gewicht 1,445–1,450. **Vor Licht geschützt aufzubewahren!**	Als lokales Anaestheticum. Für eine Narkose genügen meist 10–15 g. **Man hüte sich vor Verwechslung mit dem bei Inhalationen giftigen Aethylenum bromatum!**

Name und Formel.	Darstellung.	Eigenschaften.	Anwendung.
Aether chloratus Aethylchlorid. Chelen. Chloräthyl. Kelen. Monochloraethan. $C_2H_5 \cdot Cl$	Durch Einwirkung von trockenem Salzsäuregas auf gut gekühlten absoluten Alkohol.	Bei gewöhnlicher Temperatur gasförmig, kann aber leicht kondensiert werden und bildet dann eine farblose Flüssigkeit von angenehm ätherischem Geruch. Spez. Gewicht 0,921 bei 0°. Siedepunkt 10—12°. Vor Licht geschützt aufzubewahren!	Lokales Anästheticum. Kommt in Glasröhren eingeschlossen in den Handel; man bricht die Spitze des Röhrchens ab oder löst die dasselbe verschliessende Kapsel; die Handwärme bewirkt dann ein Verdampfen des A. 10 g genügen zur Erzeugung von Empfindungslosigkeit an schmerzenden oder zu operierenden Stellen. Da A. leicht entzündbar ist, darf man nicht in der Nähe von Gasflammen die Röhrchen öffnen!
Aether formicicus Aethylium formicicum. Ameisensäure-Aethyläther. $H \cdot COOC_2H_5$	Aus Ameisensäure, Alkohol und Salzsäure oder aus Natriumformiat und äthylschwefelsaurem Natrium.	Klare, farblose, leicht entzündbare Flüssigkeit von angenehm ätherartigem Geruch, in Wasser nur wenig löslich (1 + 9), in jedem Verhältnis mit Weingeist mischbar. Spez. Gew. 0,918. Siedepunkt 54—55°.	Eingeatmet gegen Erkrankungen der oberen Luftwege. Wird auch zur Bereitung von künstlichem Rum und Arrac benutzt.
Aether jodatus Aethyljodid. Jodaethyl. Monojodaethan. $C_2H_5 \cdot J$	Durch allmähliches Eintragen von 10 T. Jod in ein abgekühltes Gemisch von 1 T. amorphen Phosphors und 5 T. absoluten Alkohols. Nach 24 Stunden wird der Äther aus dem Wasserbade abdestilliert.	Farblose Flüssigkeit, vom spez. Gewicht 1,97. Siedepunkt 71°. Mischbar mit Weingeist und Äther, nicht mit Wasser. Vorsichtig und vor Licht geschützt aufzubewahren!	0,3—1 g als Antisyphiliticum, zu Inhalationen bei Bronchitis, Dyspnoë u. s. w. Äusserlich zu Salben.
Aether Petrolei Petroleumäther. Petroleumbenzin.	Besteht im Wesentlichen aus den Kohlenwasserstoffen Pentan C_5H_{12} und Hexan C_6H_{14}; durch fraktionierte Destillation des Rohpetroleums gewonnen.	Farblose, leicht bewegliche und leicht entzündbare Flüssigkeit von ätherischem Geruch. Mit absolutem Alkohol, Äther, Schwefelkohlenstoff, Chloroform, fetten und ätherischen Ölen mischbar. Spez. Gew. 0,660—0,670.	Als lokales Anaestheticum in Mischung mit Äther siehe Aether anaestheticus. Zum Einreiben gegen Rheumatismus. Innerlich gegen Trichinosis. Dosis: 0,1—0,5 g. Grösste Tagesgabe 5 g! Feuergefährlich!

Aether sulfuricus = Aether.

Aether valerianicus Baldriansäureäther. Isobaldriansäureaethylester. $\begin{matrix}H_3C\\H_3C\end{matrix}\!\!>\!\!CH-CH_2-COOC_2H_5$	100 T. trockenen Natriumisovalerianats werden mit 85 T. conc. Schwefelsäure und 50 T. 96 proz. Alkohols destilliert, das Destillat entsäuert, entwässert und nochmals rektifiziert.	Farblose, leicht bewegliche, nach Baldrian riechende Flüssigkeit v. Siedepunkt 133—134°. Spez. Gew. 0,871. Mit Weingeist in allen Verhältnissen mischbar, in Wasser nur wenig löslich.	Bei Asthma nervosum und anderen mit Krampfzuständen verbundenen Leiden angewendet. Dosis: 2 Tr. bei jedem Anfalle. (Christman.)

Aetherweingeist s. Aether.

Aethoxy-ana-Benzoylamidochinolin = Analgen.

Name und Formel.	Darstellung.	Eigenschaften.	Anwendung.
Aethoxycoffeïn. $C_8H_9(OC_2H_5)N_4O_2 =$ $$\begin{array}{c} H_3C.N-CO \\ | \quad | \\ CO \quad C-N.CH_3 \\ | \quad || \\ H_3C.N-C-N \end{array} \!\!\!>\!\! C(OC_2H_5)$$	Monobromcoffeïn wird mit überschüssiger alkoholischer Kalilauge gekocht, oder in eine alkoholische Lösung von Monobromcoffeïn die zur Bindung des Broms erforderliche Menge metallischen Natriums eingetragen.	Farblose, kleine Krystalle, die in Alkohol und Wasser löslich sind und bei 138—138,5° schmelzen. Vorsichtig aufzubewahren!	Bei Neuralgia faciei 0,5 bis 1,0 pro die. Bei Migräne 0,25 g pro dosi. Nach 0,5 g des A. sind nicht nur Magenstörungen, wie Krampf und Nausea, sondern auch Schwindelgefühl und Collaps beobachtet worden. (Dujardin-Beaumetz.)

p-Aethoxyphenylaethylurethan = Thermodin.
p-Aethoxyphenylsuccinimid = Pyrantin.
Aethylacetat = Aether aceticus.
Aethyläther = Aether.
Aethylalkohol = Spiritus.
Aethylbromid = Aether bromatus.
Aethylchlorid = Aether chloratus.
Aethylenäthenyldiamin = Lysidin.
Aethylenbernsteinsäure = Bernsteinsäure.
Aethylenbromid = Aethylenum bromatum.
Aethylenchlorid = Aethylenum chloratum.
Aethylendiamin-Silberphosphat = Argentamin.
Aethylendiamin-Trikresol = Trikresolamin.
Aethylenguajacol = Guajacolum aethylenatum.
Aethylenimin = Piperazin.

Name und Formel.	Darstellung.	Eigenschaften.	Anwendung.
Aethylenum bromatum Aethylenbromid. Bromaethylen. $C_2H_4Br_2 =$ $$\begin{array}{c} \diagup Br \\ C=H_2 \\ | \\ C=H_2 \\ \diagdown Br \end{array}$$	Durch Einwirkung von Brom auf Aethylen.	Farblose, chloroformähnlich riechende Flüssigkeit. Siedepunkt 131°, spez. Gew. 2,163. Unlöslich in Wasser, mit Alkohol in jedem Verhältnis klar mischbar, löst sich auch klar in fetten Ölen. Vorsichtig und vor Licht geschützt aufzubewahren!	Anti-Epilepticum. Innerlich angewendet in öligen Emulsionen. Dosis: 0,1—0,3 g zwei- bis dreimal täglich. Auch in Gelatinekapseln, welche 3 Tr. auf 6 Tr. süsses Mandelöl enthalten; zwei- bis dreimal täglich 2—4 Stück. (Donath.)
Aethylenum chloratum Aethylenchlorid. Chloraethylen. Elaylchlorür. Elaylum chloratum. Liquor hollandicus. $C_2H_4Cl_2 =$ $$\begin{array}{c} \diagup Cl \\ C=H_2 \\ | \\ C=H_2 \\ \diagdown Cl \end{array}$$	Durch Einwirkung von Chlor auf Aethylen.	Farblose, ätherisch riechende, bei 85° siedende Flüssigkeit von süsslichem Geschmack. Spez. Gew. 1,2545 bei 15°. Vorsichtig und vor Licht geschützt aufzubewahren!	Als örtlich schmerzstillendes Mittel bei rheumatischen Schmerzen und Neuralgieen in Form von Einreibung; auch als Inhalationsanaestheticum früher häufig in Gebrauch.

Name und Formel.	Darstellung.	Eigenschaften.	Anwendung.
Aethylidenchlorid = Aethylidenum chloratum. **Aethylidendiäthyläther** = Acetal. **Aethylidendimethyläther** = Dimethylacetal. **Aethylidenmilchsäure** = Acidum lacticum.			
Aethylidenum chloratum Aethylidenchlorid. Chloraethyliden. Chloriden. $CH_3 . CHCl_2$	Aus Aethylchlorid und Chlor oder aus Acetaldehyd und Phosphorpentachlorid.	Farblose, angenehm obstartig riechende Flüssigkeit vom spez. Gewicht 1,18. Siedepunkt 58—59°. Vorsichtig und vor Licht geschützt aufzubewahren!	Als Anaestheticum f kleinere Operationen. Es bewirkt rasche und ruhige N... kose von kurzer Dauer. (Liebreich)
Aethyljodid = Aether jodatus. **Aethylium formicicum** = Aether formicicus. **Aethyl-Kaïrin** = Kaïrin. **Aethylnatrium** = Natrium aethylicum.			
Agaricin Acidum agaricinicum. Agaricinsäure. $C_{14}H_{27}(OH){<}{COOH \atop COOH}+H_2O$	Wird aus dem Lärchenschwamm (Agaricus albus oder Polyporus officinalis Fries) durch Extraktion mit Alkohol gewonnen.	Krystallinisches Pulver von schwachem Geruch und Geschmack, bei 140° schmelzend. Wenig löslich in kaltem Wasser, in heissem Wasser aufquellend und beim Sieden sich zu einer stark schäumenden Flüssigkeit lösend. Löslich in 130 T. kalten und 10 T. heissen Weingeistes, leicht löslich in heisser Essigsäure. Vorsichtig aufzubewahren!	Besonders gegen die Nachtschweisse der Phthisiker angewendet. Dosis 0,01 g, steigend bis zu 0,05 g pro die. Grösste Einzelgabe 0,1 g. (Young, Seifert, Hofmeister.)
Agaricinsäure = Agaricin.			
Agathin Salicyl- α-Methylphenylhydrazon. $C_6H_5(CH_3)N-N{:}CH . C_6H_4 . OH =$ ⬡–N=N=C–⬡ CH_3 H OH D. R. P. Höchst No. 68176. 1891.	Gleiche Moleküle Salicylaldehyd und asymmetrischen Methylphenylhydrazins werden direkt oder in einem Lösungsmittel (Methylalkohol, Aethylalkohol) zusammengebracht, wobei unter Erwärmung Wasseraustritt stattfindet.	Aus Alkohol krystallisiert farblose, geruch- und geschmacklose, krystallinische Blättchen, die bei 74° schmelzen, in Wasser unlöslich sind, sich aber in Alkohol, Äther, Benzol, Ligroin lösen. Vorsichtig und vor Licht geschützt aufzubewahren!	In Dosen von 0,12—0,5 g zwei- bis dreimal täglich bei rheumatischen Affektionen u. Neuralgieen. Die Wirkung soll nicht unmittelbar, sondern nach einigen Tagen eintreten, wenn im Ganzen 4—6 g des Mittels genommen sind. (Rosenbaum.) Nach Gerhard und Bad besitzt A. gefährliche Nebenwirkungen.
Agavose $C_{12}H_{22}O_{11}$	Eine aus Agave americana gewonnene Zuckerart.		
Agnin = Adeps Lanae. **Agnolin** = Adeps Lanae.			
Agopyrin	Tabletten, deren jede aus 0,25 g Salicin, 0,025 g Ammoniumchlorid und 0,025 g Chinchoninsulfat besteht.		Von Prof. Thurner in London als Mittel gegen Influenza gerühmt.

Name und Formel.	Darstellung.	Eigenschaften.	Anwendung.
Agucarina = Saccharin.			
Aïodin	Aus der Schilddrüse mittelst alkalischer Kochsalzlösung hergestelltes Präparat. 1 g desselben = 10 g frischer Schilddrüse.	Lockeres, geruch- und geschmackloses, in Wasser unlösliches Pulver, enthaltend 0,39 — 0,42 % Jod.	Bei Myxödem.
Airol Wismutoxyjodidgallat. $C_6H_2\begin{smallmatrix}OH\\OH\\OH\\COOBi<^{OH}_J\end{smallmatrix}$ (Lüdy) D. R. P. *Hoffmann, Traub & Co.* No. 80399.	Beim Behandeln von Gallussäure mit Wismutoxyjodid.	Graugrünes, feines, voluminöses, geruch- und geschmackloses Pulver, in den gewöhnlichen Lösungsmitteln unlöslich, durch längeres Behandeln mit viel kaltem Wasser wird es zersetzt und geht in ein rotes Pulver von geringerem Jodgehalt über; leicht löslich in Natronlauge. **Vorsichtig aufzubewahren!**	Bei Unterschenkelgeschwüren, Brandwunden, Quetschungen, frischen Wunden. (Howald, Fahm, Rauch, Widmer.) Als Antigonorrhoicum in 10 prozentiger Glycerin-Emulsion in die vorher gereinigte Urethra eingespritzt. (Leguen, L. Levy, Epstein.)
Ajakol Brenzkatechinmonoaethylester. Guaethol. Thanatol. $C_6H_4(OH)OC_2H_5 =$ OH / OC$_2$H$_5$ D. R. P. Merck. No. 78882 vom 9. März 1894.	Durch Monaethylieren des Brenzcatechins.	Ölige Flüssigkeit, in der Kälte zu farblosen Krystallen erstarrend. Schm. 26—28°. Löslich in Alkohol und Äther. Siedep. 215°.	An Stelle und zu gleichem Zweck wie das Guajacol verwendet. (v. Mering.)
Alangin	In der Wurzel, dem Stamme und der Rinde von Alangium Lamarkii (Cornaceae) vorkommendes Alkaloid.	Sehr bitter schmeckendes, in Wasser unlösliches, in Alkohol, Äther und Chloroform lösliches, amorphes, weisses Pulver. **Vorsichtig aufzubewahren!**	Von Mohideen Scheriff als Emeticum und Antidysentericum angewendet. Dosis bis 3 g (?).
Alantkampher = Helenin.			
Alantol $C_{10}H_{16}O$	Wird aus der Alantwurzel (Inula Helenium L.) gewonnen.	Aromatisch, pfefferminzartig riechende, bei 200° siedende Flüssigkeit.	Als Antisepticum. Wird gleichzeitig mit erhitzter Luft inhaliert. (Marpmann.) Eine alkoholische Lösung des A. ist als Alantolessenz, ein mit Alantol versetzter Leberthran als Pinguin im Handel.
Alapurin = Adeps lanae.			
Alazaringelb Marke C = Gallacetophenon.			
Alexine	Ist die Gesamtbezeichnung für die sog. „schützenden Eiweissstoffe". So ist z. B. das Tuberkulocidin das Alexin TC. (Klebs.)		

Thoms, Arzneimittel. 2. Aufl.

Name und Formel.	Darstellung.	Eigenschaften.	Anwendung.
Alkasal	Doppelsalz aus Aluminium- und Kaliumsalicylat.		
Alkohol = Spiritus.			
Alligatorin	Das aus dem Fette des Alligator missisippiensis abgeschiedene Fettsäuregemisch wird mit Baumwollensamenöl gemischt.		Von Hyatt in Cincinnatti als Salbengrundlage empfohlen.
p-Allylphenylmethyläther = Anethol.			
Allylsenföl = Oleum Sinapis.			
Allylsulfocarbamid = Thiosinamin.			
Allylthioharnstoff = Thiosinamin.			
Allylum sulfuratum Allylsulfid. $(C_3H_5)_2S$	Bildet den Hauptbestandteil des Knoblauchöles. Künstlich durch Erwärmen von Allyljodid mit Schwefelkalium in alkoholischer Lösung.	Stark nach Knoblauch riechende Flüssigkeit, die sich nur wenig in Wasser löst. Siedepunkt 140^0.	In $1/2\ ^0/_0$ Lösung in sterilisiertem Olivenöl zur subkutanen Injektion gegen Phthisis und Lupus. Gegen Cholera in Form von Darmirrigationen 3 mal täglich mit einer auf 36^0 erwärmten $1\ ^0/_{00}$ igen wässerigen Lösung. (Angyan.)
Allylum tribromatum Allyltribromid. Tribromhydrin. $CH_2Br - CHBr - CH_2Br$	Durch Einwirkung von Brom auf Allyljodid.	Farblose, in der Kälte krystallinisch erstarrende Flüssigkeit vom spez. Gewicht 2,436. Siedep. 219^0.	Als sedatives und schmerzstillendes Mittel bei Asthma, Keuchhusten, Hysterie. Dosis: 2—3 Tropfen in 1 ccm Äther subkutan. Innerlich 5 Tropf. 2—3 mal täglich. (Fleury.)
Aloin	Bitterstoff der Aloë. Man bezeichnet die Aloine verschiedener Abstammung als Barbaloin, Nataloin, Socaloin u.s.w. Sie werden als Glieder einer homologen Reihe aufgefasst. Ihre Zusammensetzung ist noch nicht mit voller Sicherheit festgestellt. Sie sind Abkömmlinge des Anthracens.	Blassgelbe, kleine prismatische, zu Büscheln vereinigte Nadeln, die sehr bitter schmecken, schwer in kaltem und leicht in heissem Wasser löslich sind. Schmelzp. 147^0. Vorsichtig aufzubewahren!	Als Purgans 0,1—0,3 g pro die, auch subkutan 0,1 bis 0,2 g. (Fronmüller, Hiller.)
Aloïnformal Formal-Aloïn. $CH_2 = C_{17}H_{16}O_7$ *D. R. P. Merck. No. 86449 vom 27. Aug. 1895.*	Durch Erwärmen einer Lösung von 1 Teil Aloin und 2 Teilen Wasser mit 1 Teil Formaldehydlösung von $40\ ^0/_0$ und 1 T. conc. Schwefelsäure.	Gelbes, amorphes, geschmackloses Pulver. Unlöslich in Wasser, sehr schwer löslich in Alkohol.	An Stelle des Aloins. Dosierung steht noch nicht fest.
Alopecin = Theerhaltiges Präparat.			Gegen Schuppen.
Alpha-Guajacol = Guajacolum crystallisatum.			
Alpha-Kreosot	Ein $25\ ^0/_0$ Guajacol enthaltendes Kreosot.		

Name und Formel.	Darstellung.	Eigenschaften.	Anwendung.
Alphol α-Naphtolsalicylat, Salicylsäure-α-Naphtyläther. $C_{10}H_7.O.CO.C_6H_4.OH =$	Ein Gemisch von α-Naphtolnatrium, Natriumsalicylat und Phosphoroxychlorid wird auf 120 bis 130° erhitzt. Das Reaktionsprodukt wird mit Wasser gewaschen und durch Umkrystallisieren aus Alkohol gereinigt.	Weisses, in Wasser schwer, in Alkohol, Äther und fetten Ölen leichter lösliches Pulver. Schmelzpunkt 83°. Vorsichtig aufzubewahren!	Als Antisepticum und Antineuralgicum. Es wird vom Pankreassaft und von den Fermenten der Darmschleimhaut in Salicylsäure und α-Naphtol gespalten. Besonders gute Erfolge sind mit dem Mittel bei gonorrhoischer Cystitis und acutem Gelenkrheumatismus erzielt. Dosis: 0,5—1,0 g. Grösste Tagesgabe 2 g.
Alsol = Aluminium acetico-tartaricum.			
Alstonin	Alkaloid aus der Rinde von Alstonia constricta (Apocynaceae).	Farblose, seidenglänzende Krystalle, welche in Alkohol, Äther u. Chloroform leicht löslich sind. Von kaltem Wasser werden sie nicht gelöst, heissem Wasser erteilen sie bitteren Geschmack.	Als Stimulans; gegen Typhus zur Anwendung empfohlen. Dosierung bisher nicht genau festgestellt.
Aluminium acetico-tartaricum Alsol. Essig-weinsaure Thonerde.	Durch Eindampfen von basisch-essigsaurer Thonerde mit Weinsäurelösung. Das Präparat enthält 23,60 % Thonerde.	Weisse, glänzende, gummiartige Stücke von säuerlich-zusammenziehendem Geschmack. In gleichem Teil kalten Wassers löslich.	An Stelle des Liquor Aluminii acetici als Mund- und Gurgelwasser in 1—2 proz. Lösung, zur Wundbehandlung in 1—3 proz. Lösung.
Aluminium, basisch-gallussaures = Gallal.			
Aluminium, basisch-gerbsaures = Tannal.			
Aluminium borico-formicicum Borameisensaure Thonerde.	Durch Lösen von Thonerde in einer Lösung von 2 T. Ameisensäure und 1 T. Borsäure und Eindampfen bis zur Krystallisation.	Perlmutterglänzende, in Wasser langsam, aber vollständig lösliche Krystallschuppen.	Anwendung wie Aluminium acetico-tartaricum.
Aluminium borico-tannicum = Cutol.			
Aluminium borico-tartaricum = Boral.			
Aluminium, naphtolsulfonsaures = Alumnol.			
Aluminium, paraphenolsulfonsaures = Sozal.			
Aluminium-Kalium, paraphenolsulfonsaures = Aluminium-Kalium sulfophenolicum.			
Aluminium-Kalium sulfophenolicum Aluminium-Kalium, paraphenolsulfonsaures. $Al_2K_2(C_6H_4(OH)SO_3)_8$	Wird durch Sättigen der Paraphenolsulfonsäure mit einer Lösung von Kaliumaluminat erhalten.	Farblose, in Wasser lösliche Krystalle. Vorsichtig aufzubewahren!	Wirkt antiseptisch, adstringierend und styptisch und ist daher bei Krebsgeschwüren, Knochenfisteln und übelriechenden Geschwüren, sowie als Collutorium bei übelriechendem Atem angewendet worden. In 5—20 proz. Lösung äusserlich. (Tarozzi.)
Aluminiumsalicylat = Salumin.			

Name und Formel.	Darstellung.	Eigenschaften.	Anwendung.
Alumnol Aluminium, naphtolsulfonsaures. $[(C_{10}H_5(OH)(SO_3)_2]_3 Al_2$ $C_{10}H_5\!\!<\!\!\begin{array}{l}OH\\SO_3\\SO_3\end{array}\!\!>\!\!Al$ $C_{10}H_5\!\!<\!\!\begin{array}{l}OH\\SO_3\\SO_3\end{array}$ $C_{10}H_5\!\!<\!\!\begin{array}{l}OH\\SO_3\\SO_3\end{array}\!\!>\!\!Al$ D. R. P. Höchst No. 74209. 1892.	β-Naphtol wird mit 3 T. Schwefelsäure auf 110° erhitzt, die Sulfosäure in das Baryumsalz übergeführt und letzteres mit Aluminiumsulfat umgesetzt.	Weisses, nicht hygroskopisches Pulver, leicht löslich in kaltem Wasser und in Glycerin, wenig löslich in Alkohol, unlöslich in Äther.	Antisepticum, Adstringens, Antigonorrhoicum; zu Injektionen 5prozentige Lösung, als Streupulver (20 pCt.) mit Talcum gemischt. (Heintz und Liebrecht, Chotzen.) Für Vaginalausspülungen 1- bis 2prozentige Lösungen. (Gottschalk.)
Ameisenaldehyd = Formalin.			
Ameisensäure = Acidum formicicum.			
Ameisensäure-Aethylaether = Aether formicicus.			
Amidoacetphenetidin = Phenocoll.			
p-Amidobenzolsulfonsäure = Acidum sulfanilicum.			
Amidobernsteinsäureamid = Asparagin.			
Amidotriacinsulfosaures Natrium = Glucin.			
Aminol	Bei der Einwirkung von Kalk auf Amine bildet sich ein Aminol genanntes Gas (?)	In wässeriger Lösung bildet es eine alkalisch reagierende, unangenehm riechende Flüssigkeit; enthält in 1 L. 1,52 g Calciumoxyd, 3,516 g Natriumchlorid und 0,289 g Trimethylamin.	Als geruchzerstörendes Mittel, sowie als Antisepticum angewendet.
Ammonium benzoicum $C_6H_5 . COONH_4 =$ (Benzolring mit COONH₄)	Benzoësäure wird in Salmiakgeist gelöst und die Lösung unter Vorwalten von Ammoniak auf dem Wasserbade eingedunstet.	Farblose, wasser- und weingeistlösliche Krystalle.	Als Expectorans bei Katarrhen älterer Leute, als Antispasmodicum, Diaphoreticum und Diureticum. Dosis: 0,5—2,0 in Lösung.
Ammonium embelicum Ammonium, embeliasaures. $C_9H_{13}O_2 . NH_4$	Die Embeliasäure wird aus den Früchten von Embelia Ribes Burm. (Myrsinaceae) gewonnen.	Krapprotes Pulver, welches von Wasser und verdünntem Alkohol mit schön roter Farbe gelöst wird.	Als Taenifugum. Für Kinder 0,18 g, für Erwachsene 0,36 g in Honig oder Sirup zu geben. (Warden und Coronedi, Durand.)
Ammonium picronitricum Pikrinsaures Ammon. $C_6H_2(NO_2)_3ONH_4 =$ (Benzolring mit ONH₄, O₂N, NO₂, NO₂)	Trinitrophenol wird in Salmiakgeist gelöst und die Lösung vorsichtig auf dem Wasserbade eingedunstet.	Hellgelbe, wasserlösliche Blättchen, schwer löslich in Alkohol. Explodiert leicht durch Schlag oder Stoss! Vorsichtig aufzubewahren!	Gegen Malariafieber. Dosis: 0,01—0,05 g drei- bis fünfmal täglich in Pillen. (Clark, Schellong.)

Name und Formel.	Darstellung.	Eigenschaften.	Anwendung.
Ammonium salicylicum Ammonium, salicylsaures. $C_6H_4(OH)COONH_4 =$ ◯$\substack{OH \\ COONH_4}$	Durch Sättigen von Ammoniumcarbonat mit Salicylsäure und Eindampfen zur Krystallisation.	Weisses krystallinisches Pulver oder feine nadelförmige Krystalle, welche sich leicht in Wasser, schwieriger in Weingeist lösen.	Als Expectorans empfohlen. Dosis wie die der übrigen salicylsauren Salze. (Goll.)

Ammonium sulfo-ichthyolicum = Ichthyol.

Ammonium sulfoleïnicum, unter dem Namen Polysolve bekannt. Vergl. Polysolve.

Ammonium valerianicum Baldriansaur. Ammon. Valeriansaur. Ammon. $\substack{H_3C \\ H_3C}>CH-CH_2-COONH_4$	Durch Neutralisieren von Baldriansäure mit Ammoniumcarbonat oder Ammoniak.	Farblose, glänzende, wasser- und weingeistlösliche Krystalle.	Bei Neuralgieen, Hysterie, Epilepsie, Singultus. Äusserlich als Klystier, (0,1—0,2 : 200), innerlich in Pillen oder Lösung 0,05 bis 0,2 g mehrmals täglich.
Ammonol Ammoniumphenylacetamid (?). $C_6H_5 . CH_2CONH_2$ (?)	Zusammensetzung und Darstellung unbekannt.		Analgeticum und Antipyreticum. Dosis: 0,3—1,0 g.

Amylalkohol, tertiärer = Amylenum hydratum.

Amylen = Pental.

Amygdophenin Mandelsäurephenetidin. Phenylglycolyl-p-Phenetidin. $C_6H_5 . CH . OH . CO-NH . C_6H_4 OC_2H_5 =$ ◯$CH.OH.CO.NH$ ◯OC_2H_5	Beim Behandeln von p-Phenetidin mit Mandelsäure bei Gegenwart wasserentziehender Mittel.	Krystallinisches Pulver, in Wasser schwer löslich. Vorsichtig aufzubewahren!	Als Antineuralgicum und bei Gelenkrheumatismus. Dosis: 1 g; pro die 6 g.
Amylenum hydratum Dimethylaethylcarbinol. Amylalkohol, teritärer. CH_3 | CH_2 | $H_3C-C-CH_3$ | OH	Die zwischen 25° und 40° siedenden Anteile des käuflichen Amylens werden mit conc. Schwefelsäure in einer Kältemischung behandelt, und die gebildete Amylschwefelsäure wird mit Kali- oder Natronlauge der Destillation unterworfen.	Amylenhydrat bildet eine farblose, ölige Flüssigkeit von eigenartigem, an Pfefferminze erinnerndem Geruch. Spez. Gew. 0,815 bis 8,20 bei 15°, Siedepunkt zwischen 99 und 103°. Löslich in 8 T. Wasser; mit Weingeist, Äther, Chloroform, Glycerin und fetten Ölen klar mischbar. Vorsichtig und vor Licht geschützt aufzubewahren!	Als Hypnoticum in Dosen von 2—4 g in Bier, Wein, oder in wässeriger Lösung mit Zusatz von Sirupus cort. Aurantii und Extr. Glycyrrhizae. Auch im Klystier wirkt es hypnotisch. Grösste Einzelgabe 4 g! Grösste Tagesgabe 8 g! (v. Mering, Wildermuth.)

Name und Formel.	Darstellung.	Eigenschaften.	Anwendung.
Amylium nitrosum Amylnitrit. Salpetrigsäure-Amyläther. Salpetrigsäure-Isoamyläther. $\frac{CH_3}{CH_3}$>CH — CH$_2$ — C$<^{H_2}_{O-N=O}$	Durch Einleiten von salpetriger Säure in Gährungsamylalkohol bei gegen 100°.	Klare, gelbliche, flüchtige Flüssigkeit von fruchtartigem Geruch, von brennendem, gewürzhaftem Geschmack. Löst sich kaum in Wasser, ist in allen Verhältnissen mit Weingeist und Äther mischbar, siedet bei 97—99°. Spez. Gew. 0,87—0,88. Vorsichtig und vor Licht geschützt aufzubewahren!	Bei Angina pectoris, Hemicrania angiospastica, ebenso bei anderen, auf Anämie oder Gefässkrampf beruhenden Neuralgieen (Gesichtsschmerz, Cardialgie, Menstrualkolik), ferner bei Epilepsie, bei drohender Herzparalyse u. s. w. In Form von Inhalationen: 1—5 Tropfen auf Löschpapier, Watte oder auf ein Tuch gegossen; ist auch in Lymphröhrchen im Handel. Die Einatmung geschieht in aufrechter Stellung, unter gehöriger Beobachtung des Kranken.
Amylium valerianicum Amylvalerianat. Balderiansäure-Amyläther. Isoamylvalerianat. $\frac{CH_3}{CH_3}$>CH — CH$_2$ — COO — CH$_2$ — CH$_2$ — CH<$^{CH_3}_{CH_3}$	Durch Einwirkung von baldriansaurem Natrium auf Isoamylschwefelsäure.	Ätherisch riechende, bei 194° siedende Flüssigkeit.	Gegen Gallensteinkolik in Kapseln von 0,25—0,5 g $^1/_2$-stündlich.
Amylnitrit = Amylium nitrosum.			
Amylocarbol	Gemisch aus 9 T. roher Carbolsäure, 150 T. grüner Seife, 160 T. Amylalkohol und Wasser ad 1000 T.		Als Desinficiens.
Amyloform *D. R. P. a. Rhenania vom 26. Sept. 1896.*	Chemische Verbindung von Formaldehyd mit Stärke.	Geruchloses weisses Pulver, unlöslich in den bekannten Lösungsmitteln. Beim Erwärmen mit verdünnten Mineralsäuren Formaldehyd abgebend. Zersetzt sich für sich erst bei 180°.	Wird durch Sekrete und Gewebe unter Abspaltung von Formaldehyd zersetzt, deshalb in der Wundbehandlung gebräuchlich. Amyloformgaze, sterilisierbar ohne Zersetzung bis 180° C. (Krabbel.) Nach Schleich verschmiert das A. zufolge seines Stärkegehaltes die Wunden.
Amylojodoform	Verbindung von Formaldehyd, Stärke und Jod.	Schwarzblaues Pulver.	
Amylum jodatum Jodstärke.	2 p.Ct. Jod gebunden haltende Stärke.	Blauschwarzes, in Wasser unlösliches Pulver. Vorsichtig aufzubewahren!	Bei putriden Erkrankungen des Darmtractus, bei verdächtigen Diarrhoëen und als Wundheilmittel. Äusserlich an Stelle von Jodtinkturpinselungen. (Werbitzky, Majewski, Trzebicky, Oefele.)
Anaesthyle Anestyle.	Mischung von 1 Teil Methylchlorid und 5 Teilen Aethylchlorid.	Farblose Flüssigkeit.	Zur lokalen Anaesthesie empfohlen.
Anagyrinum hydrobromicum $C_{14}H_{18}N_2O_2 \cdot HBr$ (?)	Aus dem Samen von Anagyris foetida erhaltenes Alkaloid.	Farblose, glänzende, in Wasser und Weingeist lösliche Schuppen. Sehr vorsichtig aufzubewahren!	Wirkt lähmend auf die Muskelthätigkeit.

Name und Formel.	Darstellung.	Eigenschaften.	Anwendung.
Anal	Zusammensetzung unbekannt.		Mittel gegen Hämorrhoiden und Intertrigo.
Analgen Aethoxy-ana-Benzoylamidochinolin. Benzanalgen. Labordin. Ortho-Aethoxy-ana-Monobenzoylamidochinolin. $C_9H_5(OC_2H_5)(NHCOC_6H_5)N =$ NH.CO H_5C_2O N *D. R. P. Bayer. No. 60 308 und dessen Zusätze 1891.*	Zur Darstellung wird Oxychinolin $C_9H_6(OH)N$ mit Ätznatron und Bromäthyl in alkoholischer Lösung gekocht, der gebildete o-Oxychinolinaethyläther nitriert, darauf reduziert und das o-Oxaethylamidochinolin mit Benzoylchlorid behandelt.	Weisses, geschmackloses Pulver vom Schmelzpunkt 208°, leicht in heissem Alkohol löslich, in Wasser unlöslich. Vorsichtig aufzubewahren!	Als Nervinum. Dosis 0,5—1 g, bis 3 g pro die. Bei Rheumatismus articulorum. Dosis 0,5 g, pro die 3,0 g. (Loebell, Vis, Jolly u. Knust, Krulle, Schollkow, Caminer, Spiegelberg.) Als Spezificum gegen Malaria in Dosen von 1 g 3 bis 4 mal täglich. (Raimondi.)
Analgesin = Antipyrin.			
Anarkotin = Narkotin.			
Anaspalin	Ein aus Lanolin und Vaselin bestehendes Salbengemisch.		
Anemonin $C_{10}H_8O_4$	Der wirksame Bestandteil des Krautes von Anemone pulsatilla L., A. pratensis L. und Ranunculus acer L. (Ranunculaceae).	Farblose, bei 152° schmelzende, tafelförmige Krystalle. Wenig löslich in kaltem Wasser und Alkohol, leichter in den heissen Flüssigkeiten, ebenso in Chloroform, fetten Ölen, nicht in Äther. Vorsichtig aufzubewahren!	Bei Asthma, Bronchitis, Dysmenorrhoë empfohlen. Dosis 0,06—0,1 g auf zweimalige Gabe verteilt.
Anestyle = Anaestyle.			
Anethol p-Allylphenylmethyläther. Aniskampher. $C_6H_4(OCH_3)C_3H_5 =$ OCH_3 $CH_2-CH=CH_2$	Hauptbestandteil des Anisöls.	Farblose Krystalle vom Schmelzp. 21—22°, Siedepunkt 234°, spez. Gew. 0,985 bei 25°. In Weingeist klar löslich, in Wasser schwer löslich.	Als Antisepticum. — In fetten Ölen gelöst äusserlich gegen Epizoën (auch als Hautreizmittel). Ist ein Bestandteil des Liquor Ammonii anisatus und der Tinctura Opii benzoica.
Angioneurosin = Nitroglycerin.			
Anhalin $C_{10}H_{17}NO$	Ein von Heffter aus einer Cactee, Anhalonium fissuratum, gewonnenes Alkaloid.		
Anhalonin	Nach Lewin das Alkaloid der Cactee Anhalonicum Lewinii Hennings.		

Name und Formel.	Darstellung.	Eigenschaften.	Anwendung.
Anhydrogluco-Chloral = Chloralose.			
Anilinum sulfuricum Anilin, schwefelsaures. $(C_6H_5NH_2)_2 \, H_2SO_4$	Durch Sättigen von Anilin mit verdünnter Schwefelsäure und Umkrystallisieren aus verdünntem Alkohol.	Farblose Krystalle, die in Wasser und verdünntem Alkohol löslich sind. Vorsichtig aufzubewahren!	Als Nervinum, besonders bei Veitstanz, Epilepsie. Als desodorisierendes und schmerzstillendss Mittel bei Krebs. (Fay). Grösste Einzelgabe 0,1 g! Grösste Tagesgabe 0,3 g!
Anilin, schwefelsaures = Anilinum sulfuricum.			
Anisidincitronensäuren OCH$_3$ u. $(CH_3OC_6H_4NH)_2(CO)_2C_4H_6O_3$ NH . CO . C$_5$H$_7$O$_5$	Conf. Darstellung der p-Phenetidincitronensäuren.	Weisses Krystallpulver.	Als Analgeticum.
Aniskampher = Anethol.			
Anissäure = Acidum anisicum.			
Annidalin = Aristol.			
Anodynin = Antipyrin.			
Antacedin Calciumsaccharat. $C_{12}H_{22}O_{11} \cdot 3CaO$	Scheidet sich beim Kochen einer mit Calciumhydroxyd gesättigten Rohrzuckerlösung ab.	Amorphes, weisses Pulver.	Als Gegenmittel bei Vergiftungen mit Mineralsäuren.
Anthrarobin Dioxyanthranol. Leuko-Alizarin. $C_6H_4 {<}{\genfrac{}{}{0pt}{}{C(OH)}{CH}}{>} C_6H_2(OH)_2$	Durch Reduktion von Alizarin erhalten. Man trägt in eine bis zum Sieden erwärmte Lösung von käuflichem Alizarin in Ammoniak allmählich Zinkstaub ein, bis die violette Färbung verschwunden u. in Gelb übergegangen ist. Die Lösung wird sodann in verdünnte Salzsäure filtriert und der Niederschlag nach dem Abwaschen bei 100° getrocknet.	Gelblich weisses Pulver, das von Wasser und verdünnten Säuren kaum gelöst, wohl aber von verdünnten, wässerigen Alkalien mit grosser Leichtigkeit aufgenommen wird. Die alkalischen Lösungen färben sich durch den Sauerstoff der Luft bald grün, dann blau: es wird Alizarin zurückgebildet.	Als reduzierendes Mittel findet A. Anwendung bei verschiedenen Hautkrankheiten (Psoriasis, Herpes tonsurans, Erythrema u. s. w.). Anwendungsform: 10 bis 20 prozentige Salben oder in alkoholischer Lösung. (Behrend, Weil.)
Anti-Bacillare	Mischung aus Kreosot, Tolubalsam, Glycerin, Codein und Natriumarsenit.		Mittel gegen Phthise, von Garofalo in Palermo empfohlen.
Antibakterian	Eisenhaltige Ortho-Borsäure-Aethylverbindung. (V. Wachter.) Gemisch aus Borsäure 6,25 g, Eisenchloridflüssigkeit 1,5 g Spiritus Aetheris chlorati ad 100 g. (Aufrecht.)	Schwach grünlich gefärbte Flüssigkeit.	Bei Lungentuberkulose in Form von Inhalationen. Täglich 10—120 Einatmungen.

Name und Formel.	Darstellung.	Eigenschaften.	Anwendung.
Antibakterin	Gemenge von rohem Aluminiumsulfat u. Russ.		
Anticancrin Krebsserum.	Das Serum von mit Erysipelkulturen behandelten Schafen.		Gegen Krebs und Sarkom empfohlen.
Antichlorin	Gemisch aus Traubenzucker, basisch-ameisensaurem Wismut und Natriumcarbonat.	Weisses Pulver, in Wasser nicht löslich.	Mittel gegen Bleichsucht.
Anticholerin	Stoffwechselprodukt der Cholerabazillen (nach Klebs.)		
Anticontaginon	Lanolinhaltige Klebsalbe.		
Antidiabetinum	Mischung aus Mandelöl und Saccharin. Auch ist eine Mischung von Mannit mit Saccharin unter diesem Namen bekannt.		Gegen Diabetes mellitus. Wird in drei Stärken abgegeben, welche, mit 70, 10 und 1 bezeichnet, den Süsswert des Mittels gegenüber dem Zucker ausdrücken.
Antidiphterin	Von Klebs aus Kulturen der Diphtheriebazillen auf flüssigem Nährboden gewonnen.	Klare, bräunliche Flüssigkeit, welche ausser dem Antidiphtherin noch 0,2% Orthokresol und etwas Glycerin enthält. Vorsichtig aufzubewahren!	In zwei Konzentrationen im Handel, welche der zwei- und vierfachen Konzentration der ursprünglichen Kulturflüssigkeit entsprechen. Die stärkere dient zum Aufpinseln auf die erkrankten Stellen des Gaumens und Rachens (2—3 mal täglich zu pinseln). Die schwächere Lösung wird zum Einspritzen (je $1/2$ ccm) benutzt, wenn die Membranbildungen auf den Kehlkopf und in die Luftröhre bereits übergegangen sind.
Antidysentericum	100 Pillen aus 0,1 Pelletierin, 7,5 Myrobalan. indic., 1,5 Extr. granator., 1,5 Extr. rosar. q. s.		Gegen Dysenterie empfohlen.
Antifebrin = Acetanilid.			
Antihemicranin	Gemisch aus 1 Teil Coffeïn, 1 T. Antipyrin und 2 Teilen Zucker.	Weisses, in Wasser lösliches Pulver. Vorsichtig aufzubewahren!	Gegen Hemicranie. Dosis: 0,5—1,0—2,0 g.
Antikamnia	Amerikanisches Geheimmittel. Gemisch aus Acetanilid, Natriumbicarbonat und Coffeïn.	Weisses, krystallinisches Pulver.	Als Antifebrile und Antineuralgicum. Dosis: 0,3—0,6 g.
Antikol	Gemisch aus 75 Teilen Acetanilid, 17,5 T. Natriumbicarbonat, 7,5 Teilen Weinsäure.	Weisses, mit Wasser aufbrausendes Pulver. Vorsichtig aufzubewahren!	Als Antineuralgicum. Dosis: 0,3—0,6 g.

Name und Formel.	Darstellung.	Eigenschaften.	Anwendung.
Antimonylkaliumtartrat = Tartarus stibiatus.			
Antinervin Salbromalid.	Gemisch aus 50 T. Acetanilid, 25 T. Ammoniumbromid, 25 T. Salicylsäure.	Weisses Pulver, das sich teilweise in kaltem Wasser löst. Vorsichtig aufzubewahren!	Als Antinervinum und Antipyreticum. Die Dosis von 0,5 g 4—5 mal täglich entspricht im Durchschnitt einem Temperaturabfall von 1,5° C. (Drobner.) Bei Rheumatismus articulorum 0,5 g pro dosi, 5—6 bis 8 g pro die. (Sior.)
Antinosin $C_6H_4\!\!<\!\!\genfrac{}{}{0pt}{}{C<\genfrac{}{}{0pt}{}{C_6H_2I_2ONa}{C_6H_2I_2ONa}}{CO.O}$ *D. R. P.* siehe Nosophen.	Natriumsalz des Nosophens; durch Sättigen des letzteren mit Natriumhydroxyd erhalten.	Amorphes, blaues Pulver, in Alkohol und Wasser leicht löslich. Bei längerem Liegen an der Luft zersetzt es sich in Nosophen und Natriumcarbonat. Vorsichtig aufzubewahren!	Anwendung wie die des Nosophens in Form von Streupulver oder Lösung (0,1 bis 0,2 %). Ferner zu Ausspülungen bei akuten Affektionen der Mund- und Rachenschleimhaut. Zu Ausspülungen der Blase (Lösung 0,1—0,25 %). In 5% Lösung als antiseptisches Mund- u. Gurgelwasser. (Lieven, Posner, Frank.)
Antiphthisin Tuberculocidin. Sozalbumose.	Stoffwechselprodukt der Tuberkelbazillen. Nach Klebs: Eine Bouillonkultur von Tuberkelbazillen wird mit $^1\!/_2$ % Kresol versetzt und filtriert.		
Antipyrin Analgesin. Anodynin. Metozin. Oxydimethylchinizin. Parodyn. Phenazon. Phenyldimethylpyrazolon. Phenylon. Pyrazolin. $C_{11}H_{12}N_2O =$ $\begin{array}{c}C_6H_5\\|\\N\\\diagup\;\diagdown\\H_3C.N\quad CO\\|\qquad\;\;|\\H_3C.C=CH\end{array}$ *D. R. P. Höchst No. 26 429.* *1883.*	Das bei der Einwirkung von Acetessigester auf Phenylhydrazin unter Wasser und Alkoholabspaltung entstehende Phenylmethylpyrazolon wird unter Druck bei 140° methyliert.	Kleine, farblose, bei 112—113° schmelzende Krystalle, die sich schon in weniger als 1 T. kalten Wassers, ferner in 1 Teil Alkohol, 1 T. Chloroform und in 50 T. Äther lösen.	Kräftig wirkendes Antipyreticum. Setzt in Dosen von 4—6 g die Temperatur um 1,5—3° herab. Mit Erfolg auch bei Gelenkrheumatismus, als Antineuralgicum, bei Kinderdiarrhöen u. s. w. in Anwendung. Äusserlich zeigt es fäulnishemmende, hämostatische und anästhetische Eigenschaften. Dosis: 1—2 g 3—4 mal täglich für Erwachsene. 0,2—0,5—0,8 3—4 mal täglich für Kinder. (Filehne u. a.)
Antipyrinamygdalat = Tussol.			
Antipyrinsalicylat = Salipyrin.			
Antipyrinsalol	Gleiche Teile Antipyrin und Salol werden zusammengeschmolzen.	Bräunliche Flüssigkeit.	Als Hämostaticum in Form von Tampons bei Uterinblutungen.

Name und Formel.	Darstellung.	Eigenschaften.	Anwendung.
Antirheumaticum $C_6H_4(OH)COONa + N\begin{cases} C_6H_3 <^{N(CH_3)_2}_S \\ C_6H_3 < \\ N(CH_3)_2 \\ \backslash Cl \end{cases}$	Verbindung (?) von Natriumsalicylat u. Methylenblau. (Kamm.)	Dunkelblaue, prismatische Krystalle von etwas bitterem Geschmack.	Als Antirheumaticum von Fischer empfohlen. Dosis: 0,06—0,10 g in Pillenform mehrmals täglich.
Antisepsin, α- Asepsin. p-Bromacetanilid. p-Monobromphenylacetamid. $C_6H_4BrNH.COCH_3$ = Br—C$_6$H$_4$—NH.COCH$_3$	Man trägt in eine Lösung von Acetanilid in Eisessig unter Abkühlung nach und nach die berechnete Menge Brom ein und krystallisiert den entstehenden weissen Niederschlag aus Alkohol um.	Farblose, monokline Prismen, die zwischen 165 und 166° schmelzen, sich in Wasser kaum lösen und von heissem Alkohol leicht aufgenommen werden. **Vorsichtig aufzubewahren!**	Antipyreticum und Sedativum. Dosis innerlich bei Neuralgieen 0,02—0,05—0,1 g. Auch als Antisepticum in Anwendung.
Antisepsin, β-	Flüssigkeit, welche aus dem Blutserum der mit Jodtrichlorid behandelten Tiere besteht.		
Antiseptin	Gemenge von Zinkjodid, Zinksulfat, Borsäure und Thymol.	Weisses Pulver. **Vorsichtig aufzubewahren!**	Antisepticum.
Antiseptol Cinchonin-Herapathit. Cinchoninjodosulfat. Cinchoninum jodosulfuricum. Von wechselnder Zusammensetzung.	Zur Darstellung des Körpers versetzt man eine Lösung von 25 T. Cinchoninsulfat in 2000 T. Wasser mit einer Lösung von 10 T. Jod und 10 T. Kaliumjodid in Wasser. Der Niederschlag wird mit Wasser abgewaschen und bei mässiger Wärme getrocknet.	Leichtes, rotbraunes Pulver, welches in Wasser unlöslich, dagegen von Alkohol und Chloroform leicht aufgenommen wird. Es enthält gegen 50 pCt. Jod. **Vorsichtig aufzubewahren!**	Als Ersatzmittel des Jodoforms empfohlen und in gleicher Form wie dieses angewendet.
Antispasmin Narceïnnatrium-Natriumsalicylat. $C_{23}H_{26}NO_8Na + 3 C_6H_4(OH)COONa$	Narceïn wird in Natronlauge gelöst und mit soviel Natriumsalicylat eingedampft, dass auf 1 Mol. Narceïnnatrium 3 Mol. Natriumsalicylat kommen.	Weissliches, schwach hygroskopisches Pulver, das sich in Wasser sehr leicht zu einer schwach gelb gefärbten Flüssigkeit löst. Die Verbindung reagiert alkalisch und enthält gegen 50 pCt. Narceïn. **Vorsichtig und vor Feuchtigkeit und Luft geschützt aufzubewahren!**	Als Hypnoticum und Sedativum bei schmerzhaften Leiden, besonders aber bei mit Schmerzen verbundenen Krampfzuständen in der Kinderpraxis. Dosis: 0,01—0,1—0,2 g. (Demme.)

Name und Formel.	Darstellung.	Eigenschaften.	Anwendung.
Antistreptococcin Marmorekin.	Serumpräparat, das aus dem Blut der gegen Erysipel mittelst des Toxins aus den Erysipel-Streptokokken immunisierter Tiere gewonnen wird.	Trübliche Flüssigkeit.	Von Marmorek gegen Erysipel empfohlen.
Antisudorin	Gemisch aus Salicylsäure, Borsäure, Citronensäure, Glycerin, verdünntem Alkohol und einigen Ätherarten.		Mittel gegen Fussschweiss.
Antitetraïzin	Zusammensetzung und Darstellung unbekannt.		Mittel gegen Influenza, rheumatische und neuralgische Schmerzen. Dosis: 0,2—0,25 g. (Zambeletti.)
Antithermin Phenylhydrazinlävulinsäure C_6H_5-N-H $\vert$ $N=C<^{CH_3}_{CH_2-CH_2-COOH}$	Durch Vermischen der essigsauren Lösung des Phenylhydrazins mit Lävulinsäure und Umkrystallisieren des entstandenen Niederschlags aus heissem Wasser erhalten.	Farblose, harte, fast geschmacklose Krystalle v. Schmelzpunkt 108°. Schwer löslich in kaltem, leichter in heissem Wasser, leicht in heissem Alkohol. Vorsichtig aufzubewahren!	Angewendet bei Phthisis pulmonum u. Morbus Brightii. Bei geschwächten Individuen hat die Anwendung mit Vorsicht zu geschehen. Dosis: 0,2 g 3mal täglich. Als unangenehme Nebenwirkungen sind Blässe des Gesichtes, Benommenheit des Kopfes, Schweissausbruch beobachtet worden. (Nicot, Drobner.)
Antitoxinum diphthericum = Heilserum.			
Antivenin	Zusammensetzung und Darstellung unbekannt.		Mittel gegen Schlangenbiss.
Anusol Jodresorcinsulfonsaures Wismut (?).	Darstellung unbekannt.		Gegen Hämorrhoidalleiden. Kommt in Form von Suppositorien in den Handel.
Anysin	In Alkohol lösliche Bestandteile der durch Einwirkung von Schwefelsäure auf Mineralöle, Harzöle u. s. w. erhaltenen Produkte.		
Anytol	Ein mit Alkohol gereinigtes Ichthyol.		
Apallagin	Quecksilbersalz des Tetrajodphenolphtaleïns (s. Nosophen).		

Name und Formel.	Darstellung.	Eigenschaften.	Anwendung.
Apiol Petersilienkampher. $C_{12}H_{14}O_4$	Das Stearopten des ätherischen Petersilienöles (von Petroselinum sativum Hoffm.).	Lange farblose Nadeln von schwachem Petersiliengeruch. Schmelzp. 32°, Siedepunkt 294°. In Wasser nahezu unlöslich, leicht löslich in Alkohol und Äther, ebenso in ätherischen und fetten Ölen. Vorsichtig aufzubewahren!	Als Febrifugum 0,25 pro die bei Wechselfieber. Grössere Gaben von 2—4 g rufen unangenehme Nebenwirkungen: Trunkenheit, Störungen des Sehvermögens, Schwindel, Ohrensausen u. s. w. hervor. Grösste Einzelgabe 0,25 g! Grösste Tagesgabe 1 g!
Apiolin	Aus dem ungereinigten ätherischen Öle der Petersilienfrüchte durch Verseifung und Destillation.	Neutrale gelbliche Flüssigkeit, löslich in Alkohol. Spez. Gew. 1,135, Siedepunkt 280—300°.	Bei menostatischen Beschwerden, um die Regelung der Menstruation herbeizuführen. Dosis: 0,2 g in Gelatinekapseln zwei- bis dreimal täglich.
Apocodeïnum hydrochloricum Apocodeïn, chlorwasserstoffsaures. $C_{18}H_{19}NO_2 . HCl$	Aus dem Codeïn in analoger Weise, wie das Apomorphin aus dem Morphin erhalten.	Amorphes, gelblich graues Pulver, leicht löslich in Alkohol und Wasser. Vorsichtig und vor Licht geschützt aufzubewahren!	Wirkt ähnlich wie das Apomorphin als Expectorans. Dosis: innerlich 0,18 bis 0,24 g pro die in Pillenform, subcutan 0,02—0,05 g täglich. (Guinard, Murrel.)
Apolysin Monophenetidinum citricum. Mono-Citryl-p-Phenetidin. $C_3H_4(OH)(CO_2H)_2 . CO . NH . C_6H_4OC_2H_5$ D. R. P. von Heyden. No. 87428.	Aus p-Phenetidin und Citronensäure bei Gegenwart wasserentziehender Mittel.	Weisslich-gelbes, krystallinisches Pulver von säuerlichem Geschmack; Schmelzp. 72°. In 55 T. kalten Wassers, leicht in heissem löslich.	Antipyreticum und Analgeticum, gegen Influenza. Dosis: 0,5—1,0 g pro die bis 6 g. Zur Behandlung der Hyperpyrexie im Kindesalter. (L. v. Nencki, J. v. Jaworski, L. Fischer, Greif.)
Apomorphinum hydrochloricum Apomorphin, chlorwasserstoffsaures. $C_{17}H_{17}NO_2 . HCl$	Beim Erhitzen von Morphin mit conc. Salzsäure auf 140—150° erhalten.	Weisse oder grauweisse Kryställchen, die mit etwa 40 T. Wasser oder Weingeist neutrale Lösungen geben und in Äther und Chloroform fast unlöslich sind. An feuchter Luft, besonders unter Mitwirkung von Licht, färbt sich das Salz gleich der Base bald grün. Vorsichtig und vor Licht geschützt aufzubewahren!	Besonders als Expectorans und als Emeticum angewendet. Expectorans: Dosis: 0,01—0,02 g für Erwachsene. Bei Kindern unter 1 Jahr 0,5—1 mg, dann mit jedem Jahre bis zum 11. um ½ mg und vom 11. Jahre an bis 15. um 1 mg steigend. Emeticum; nur subcutan benutzt. Dosis: 6—10 mg für den Erwachsenen, 5—8 mg bei Frauen, 0,5—4 mg bei Kindern. Grösste Einzelgabe 0,02 g! Grösste Tagesgabe 0,10 g! (Harnack. Jurasz.)
Arabinochloralose	Eine aus Arabinose und Chloral zusammengesetzte Verbindung (analog der Chloralose).	Weisses Krystallpulver. Vorsichtig aufzubewahren!	Als Hypnoticum in gleichen Dosen wie die Chloralose.

Name und Formel.	Darstellung.	Eigenschaften.	Anwendung.
Arbutin $(C_{12}H_{16}O_7)_2 + H_2O$	Ein aus den Blättern der Bärentraube (Arctostaphylos officin. Wimmer) abgeschiedenes Glykosid.	Lange farblose, seidenglänzende Krystallnadeln. Das lufttrockene Arbutin schmilzt bei 170°, das völlig wasserfreie (bei 100° getrocknete) zwischen 144 und 146°. A. ist in 8 T. kalten und in 1 Teil siedenden Wassers, in 16 T. Alkohol löslich und nahezu unlöslich in Äther.	In Dosen bis zu 5 g pro die gegen Blasenkatarrh und Nierenaffektionen.
Arecolinum hydrobromicum Arecolin, bromwasserstoffsaures. $C_8H_{13}NO_2 \cdot HBr$	Das salzsaure Salz des aus den Betelnüssen (Areca Catechu L.) gewonnenen Alkaloids Arecolin.	Farblose, in Wasser leicht lösliche Krystalle. Schmelzp. 167—168°. Sehr vorsichtig aufzubewahren!	Wirkt ähnlich dem Muscarin toxisch auf das Herz. Es befördert die Ausstossung von Darmparasiten. Dosis: 0,004 bis 0,006 g. Als myotisches Mittel von Lavagna empfohlen in 1 prozentiger Lösung.
Argentamin Aethylendiamin-Silberphosphat. *D. R. P. Schering. No. 74634 vom 25. April 1893.*	Lösung von Silberphosphat in wässerigem Äthylendiamin.	Farblose, alkalisch reagierende Flüssigkeit, die weder mit eiweisshaltigen, noch kochsalzhaltigen Flüssigkeiten Niederschläge giebt. Vorsichtig und vor Licht geschützt aufzubewahren!	Bei Blennorrhagieen, Antigonorrhoicum. Injectionen für die Urethra anterior 1 : 5000, für die U. posterior 1 : 1000. (Hoor, Schäffer.)
Argentol Oxychinolinsulfonsaures Silber. $C_9H_5N(OH) \cdot SO_3Ag$.	Das Silbersalz der Oxychinolinsulfonsäure.	Gelbliches, fast geruchloses, in Wasser, Alkohol und Aether sehr schwer, in heissem Wasser etwas leichter lösliches Pulver. Enthält 31,7% Silber. Vorsichtig und vor Licht geschützt aufzubewahren!	Als Antisepticum an Stelle von Silbernitrat, welches es an Desinfectionswert bei weitem übertrifft. (Aufrecht).

Argentum-Caseïn = Argonin.

Argentum lacticum = Actol.

Argonin Argentum-Caseïn. *D. R. P. Höchst No. 82951. 1894.*	Durch Fällen einer Lösung der Natriumverbindung des Caseïns mit Silbernitratlösung.	Feines, weisses Pulver, leicht in heissem Wasser, schwer in kaltem löslich. Durch Säuren wird es in in seine Bestandteile gespalten. Vorsichtig und vor Licht geschützt aufzubewahren!	Als Desinfektions-Mittel empfohlen. Es besitzt nicht die Ätzwirkungen des Silbernitrates, wohl aber seine bakterientödtende Eigenschaften. Gegen Gonorrhöe in 1,5 bis 3 prozentiger Lösung in Form von Injektionen. Gegen Tuberkulose. (Liebrecht, Jadassohn, R. Meyer, A. Lewin.)

Name und Formel.	Darstellung.	Eigenschaften.	Anwendung.
Aristol Annidalin. Dijododithymol. Dithymoldijodid. Thymotol. CH₃ CH₃ ⟨OJ JO⟩ C₃H₇ C₃H₇ *D. R. P. Bayer. No. 49739 1889.*	Man trägt eine Lösung von 5 T. Thymol und 1,2 T. Ätznatron in 20 T. Wasser in eine Lösung von 6 T. Jod und 9 T. Kaliumjodid in 10 Teilen Wasser nach und nach ein. Der Niederschlag wird mit Wasser abgewaschen und bei mittlerer Temperatur getrocknet.	Hell-chocoladenfarbenes, geruch- und geschmackloses Pulver, welches von Wasser und Glycerin nicht aufgenommen, von Alkohol schwierig, von Äther und Chloroform leicht gelöst wird. A. enthält 45,80 pCt. Jod. Vorsichtig und vor Licht geschützt aufzubewahren!	Ersatzmittel des Jodoforms. Anwendung bei Nasen- und Kehlkopf-Krankheiten. Bei Verbrennungen in 5—10 prozentiger Salbe. Bei gewissen Hautkrankheiten (Psoriasis, Lupus) soll es spezifisch wirken und wird unvermischt als Streupulver oder in Äther oder Collodium gelöst angewendet. Empfohlen auch bei Ozaena und als Vernarbungsmittel. Bei indolenten Hornhautgeschwüren. (Eichhoff, Neisser, Pollak, Bufil, Löwenstein, Seifert, Rohrer, Szenes, Heuse.) Gegen Hämorrhoiden in Form von Suppositorien. (Engle.)
Arthriticin = Piperazin (s. auch folgenden Artikel!)			
Arthriticin Monohydrophenoläthyldiaethylendiaminamidoacetonitril (?)	Darstellung unbekannt.	Kommt in Form von Tabletten in den Handel.	Angeblich als harnsäurelösendes Mittel.
Asaprol Abrastol β-Naptholmonosulfonsaures Calcium. HO.C₁₀H₆.SO₃⟩Ca + 3 H₂O = HO.C₁₀H₆.SO₃ SO₃—Ca—O₃S ⟨OH HO⟩	Die wässerige Lösung der β-Naphtol-α-Monosulfonsäure wird mit Calciumcarbonat gesättigt und die Lösung zur Krystallisation eingedampft.	Weisses bis leicht rötlich gefärbtes, geruchloses Pulver. Unlöslich in Äther. 100 T. Wasser lösen bei 15° 167 Teile, 100 Teile kalten Alkohols ca. 50 T. Asaprol. Ferrichlorid erzeugt in den wässerigen Lösungen Blaufärbung.	Wird in Dosen von 1 bis 4 g pro die als antithermisches Mittel, besonders bei Typhus und acutem Gelenkrheumatismus angewendet. Das Asaprol ist ungiftig und wirkt auf die Verdauungswege nicht reizend ein. Bei infektiösen Anginen in 5 prozentiger Lösung als Gurgelwasser. Bei Gelenkrheumatismus, Influenza, Pharyngitis, Asthma und Neuralgieen in Dosen von 4—6 g. (Stackler und Dubief, Dujardin-Beaumetz, Bompart.)
Asbolin	Alkoholische Lösung eines Russ-Destillates, Brenzcatechin und Homobrenzcatechin enthaltend.		
Asepsin = Antisepsin.			

Name und Formel.	Darstellung.	Eigenschaften.	Anwendung.
Aseptinsäure = Acidum aseptinicum.			
Aseptol Acidum sozolicum. Orthophenolsulfon- säure. Orthosulphocarbol- säure. Sozolsäure. $C_6H_4(OH)SO_3H =$ $\diagup OH$ $\diagdown SO_3H$	Man mischt Phenol und konz. Schwefelsäure unter Abkühlung (bei höherer Temperatur bildet sich p-Phenolsulfonsäure), sättigt mit Baryumcarbonat, filtriert vom Baryumsulfat ab und zerlegt das im Filtrat befindliche Baryumsalz der Sozolsäure mit der berechneten Menge Schwefelsäure.	Eine $33\,^1/_3$ prozentige Lösung besitzt das spez. Gew. 1,155 und bildet eine klare, schwach phenolartig riechende, sauer reagierende Flüssigkeit. Bei längerer Aufbewahrung geht die Orthosäure in die Parasäure über. Vorsichtig und vor Licht geschützt aufzubewahren!	In 10prozentiger, wässeriger Lösung als Antisepticum an Stelle des Phenols. — Lösungen in Glycerin, Öl und Alkohol sind unwirksam. Innerlich wird es in gleichen Dosen wie die Salicylsäure als Antifermentativum bei Magen- und Darmcatarrhen gegeben. (Emmerich, Kronacher, Rohrer.)
Aseptolin = Pilocarpinum phenylicum.			
Asklepin	Lithiumsalz des Tetrajodphenolphtaleïns, siehe Nosophen.		
Asparagin Amidobernsteinsäure- amid. Asparamid. $C_2H_3(NH_2)\!<\!^{CONH_2}_{COOH}\!+\!H_2O$	Kommt in vielen Pflanzensäften vor (Spargel, Süssholz-, Althäawurzel) und wird am besten aus der Althäawurzel durch wiederholtes Ausziehen mit Wasser, Eindampfen der Auszüge auf ein kleines Volum und Umkrystallisieren des sich ausscheidenden Asparagins aus heissem Wasser dargestellt.	Farblose, rhombische Säulen, die schwer in kaltem, leichter in heissem Wasser, kaum in Alkohol löslich sind.	Als Diureticum. Dosis 0,05—0,1 g 2- bis 3mal täglich.
Asparamid = Asparagin.			
Aspidospermin $C_{20}H_{30}N_2O_2$	Ein aus der Rinde von Aspidosperma Quebracho Schlechtend. isoliertes Alkaloid.	Farblose, prismatische Krystalle, die in Wasser unlöslich sind und von 48 T. Alkohol und 106 T. Äther gelöst werden. Auch in Form des salzsauren Salzes angewandt. Sehr vorsichtig aufzubewahren!	Bei Asthma, Dyspnoë, Emphysem u. s. w. Dosis 0,0015 g! Grösste Tagesgabe 0,006 g! (Harnack, Eloy und Huchard.)
Atropinum stearinicum Atropin, stearinsaures $C_{17}H_{23}NO_3 \cdot C_{17}H_{35}COOH$	Durch Umsetzen von Natriumstearat und Atropinhydrochlorid.	Farblose, glänzende Nadeln, welche ca. 50 % Atropin enthalten. Sehr vorsichtig aufzubewahren!	In Lösung von 0,1 g in 50 g Mandelöl als Ersatz des Ol. Belladonnae s. Hyoscyami empfohlen. (Zanardi.)

Name und Formel.	Darstellung.	Eigenschaften.	Anwendung.
Atropinum sulfuricum Atropin, schwefelsaures $(C_{17}H_{23}NO_3)_2 \cdot H_2SO_4$	In den verschiedenen Teilen von Atropa Belladonna L., Datura Stramonium L., Hyoscyamus niger L., Scopolia japonica Jacq. u. s. w. kommt neben anderen Alkaloiden Atropin vor, bez. wird bei der Darstellung aus dem ihm isomeren Hyoscyamin gebildet.	Das schwefelsaure Salz bildet einen weissen, krystallinischen, gegen 183° schmelzenden Körper, der mit dem gleichen Teil Wasser, sowie mit dem dreifachen Gewicht Alkohol eine farblose, neutrale Lösung gibt. In Äther oder Chloroform ist es fast unlöslich. Die Lösungen besitzen einen bitteren, anhaltend kratzenden Geschmack. **Sehr vorsichtig aufzubewahren!**	Hauptsächlich in der Augenheilkunde verwendet, und zwar in allen Fällen, wo Erweiterungen der Pupille indiziert sind. Zu Augenspiegeluntersuchungen genügen sehr verdünnte Lösungen (1 : 2000), zur Beseitigung von Iritis und Synechien Solutionen von 1 : 100. — Innerlich bei colliquativen Nachtschweissen der Phthisiker (Dosis $^1/_2$—2 mg). Auch bei Speichelfluss, Spermatorrhoë, zur Beschränkung der Milchsecretion u. s. w. in Anwendung. **Grösste Einzelgabe 0,001 g! Grösste Tagesgabe 0,003 g!**
Auramin = Pyoktaninum aureum.			
Bacillin	Isopathisches Heilmittel, aus den Cavernenwandungen tuberkulöser Lungen mit Alkohol bereitet.		
Baldriansäure = Acidum valerianicum.			
Baldriansäureäther = Aether valerianicus.			
Baldriansäure-Amyläther = Amylium valerianicum.			
Baldriansaures Ammon = Ammonium valerianicum.			
Baptisin	Aus dem Extrakt von Baptisia tinctoria, einer in Nordamerika wachsenden Papilionacee gewonnen.	Pulverförmige, harzige, bräunliche Masse.	Als Laxans 0,05,—0,3 in Pulver oder Pillen.
Benzacetin Acetamidoaethylsalicylsäure Phenacetincarbonsäure $C_6H_3(OC_2H_5)(NHCOCH_3)COOH =$ OC_2H_5 $\diagup$ $\diagdown COOH$ $\diagdown$ $\diagup$ $NHCO \cdot CH_3$	Durch Acetylieren der aethylierten Amidosalicylsäure.	Farblose Nadeln vom Schmelzp. 205°, schwer löslich in Wasser, leichter löslich in Weingeist.	Antineuralgicum und Analgeticum, als Sedativum bei Schlaflosigkeit. Einzelgabe 0,50—1,0 g. Tagesgabe 3 g. (Reiss, Frank.)
Benzanalgen = Analgen.			
Benzanilid Benzoylanilin. $C_6H_5NH \cdot COC_6H_5 =$ $\diagup \diagdown$ $\diagdown \diagup$ $NH - OC\diagdown \diagup$	Beim Behandeln von Anilin in äquimolekularer Menge mit Benzoylchlorid unter Hinzufügen von Natronlauge, um die sich abspaltende Salzsäure zu binden. Umkrystallisieren aus Alkohol.	Farblose, perlmutterglänzende Blättchen, die bei 163° schmelzen, in Wasser unlöslich sind und von 58 T. kalten und 7 T. heissen Alkohols gelöst werden. **Vorsichtig aufzubewahren!**	Als Antipyreticum vorzugsweise bei Kinderkrankheiten (Pneumonie, Meningitis, Phthisis, Bronchitis) angewendet. Dosis 0,1—0,2 g für Kinder von 1—3 Jahren, 0,3 bis 0,6 g für ältere Kinder. **Grösste Tagesgabe 3,0 g!** (Cahn.)
Benzin = Aether Petrolei.			

Name und Formel.	Darstellung.	Eigenschaften.	Anwendung.
Benzeugenol = Benzoyleugenol.			
Benzoësäure = Acidum benzoicum.			
Benzoësäuresulfinid = Saccharin.			
Benzol Phenylwasserstoff. Steinkohlenbenzin. $C_6H_6 =$	Findet sich im Steinkohlentheer und wird aus dem leichten Steinkohlentheeröl durch fraktionierte Destillation gewonnen.	Farblose, bei 80,5° siedende, bei 0° krystallinisch erstarrende Flüssigkeit, die angezündet mit leuchtender, stark russender Flamme brennt. In Wasser ist es unlöslich, mit absolutem Alkohol, Äther, Aceton u. s. w. klar mischbar.	Bei Trichinosis pro dosi 0,5—1,0; pro die 5,0 am besten in Kapseln zu verabreichen. (Mosler, Pütter.) Als gährungswidriges Mittel. (Frerichs, Nauyn.)
Benzonaphtol Benzoyl-β-Naphtol. β-Naphtolbenzoat. β-Naphtolum benzoicum. $C_{10}H_7O.OC.C_6H_5 =$	Durch Einwirkung von Benzoylchlorid auf β-Naphtol bei Gegenwart von Alkali und Umkrystallisieren des mit Wasser ausgewaschenen Produktes aus Alkohol.	Lange, farblose Nadeln oder ein krystallinisches, geschmack- und geruchloses Pulver, das von Wasser sehr schwer gelöst wird und bei 110° schmilzt. Leicht löslich in Alkohol und Chloroform, schwer löslich in Äther.	Als Darmantisepticum in Dosen von 0,25—0,5 g mehrmals täglich bis 5 g, für Kinder 2 g pro die. Spaltet sich im Darm in β-Naphtol und Benzoësäure. (Ewald.) (Yvon u. Berlioz.)
Benzoparakresol = Benzoyl-para-Kresol.			
Benzosol Benzoylguajacol. Guajacolbenzoat. Guajacolum benzoicum. $C_6H_4(OCH_3)O.OC.C_6H_5 =$ OCH$_3$ O.OC *D. R. P. Höchst No. 55280.* *1890.*	Man lässt Benzoylchlorid auf Guajacolnatrium einwirken, wäscht das gebildete Natriumchlorid mit Wasser aus und krystallisiert den Rückstand aus Alkohol um.	Farblose, geruch- und geschmacklose, kleine Krystalle, die bei 59° schmelzen, in Wasser sehr schwer, in Chloroform, Äther, heissem Alkohol leicht löslich sind. Durch alkoholische Alkalilauge wird es in der Wärme gespalten.	Antisepticum bei Phthisis. Innerlich in Dosen von 0,25 g dreimal täglich, allmählich steigend, bis die Dosis von 2,4 g täglich erreicht ist. (Sahli.)
Benzoylanilin = Benzanilid.			
Benzoyleugenol Benzeugenol. Eugenolbenzoat. Eugenolum benzoicum. $C_6H_3(C_3H_5)(OCH_3)OOC.C_6H_5 =$ $CH_2-CH=CH_2$ OCH$_3$ O.OC	Man lässt Benzoylchlorid in äquimolekularer Menge auf Eugenolnatrium einwirken, wäscht das gebildete Natriumchlorid mit Wasser aus und krystallisiert den Rückstand aus Alkohol um.	Farb- und geruchlose, schwach bitter schmeckende, neutral reagierende Nadeln vom Schmelzpunkt 70,5°. Sie lösen sich kaum in Wasser, leicht in heissem Alkohol, Chloroform, Äther, Aceton. Durch alkoholische Alkalilauge wird B. in der Wärme gespalten.	An Stelle des Eugenols bei phthisischen Zuständen, sowie zur Behandlung von Husten und gewissen Kehlkopfleiden tuberkulöser Natur angewendet. Bei neuralgischen Kopfschmerzen. Dosis: 0,5—1,0 g.
Benzoylguajacol = Benzosol.			

Name und Formel.	Darstellung.	Eigenschaften.	Anwendung.
Benzoyl-para-Kresol Benzoparakresol. p-Kresolum benzoicum. $C_6H_4(CH_3)OOC.C_6H_5 =$	Man behandelt para-Kresol in alkalischer Lösung mit Benzoylchlorid und krystallisiert den sich abscheidenden Körper nach dem Auswaschen mit Wasser aus Alkohol um.	Farblose, bei 70—71° schmelzende Krystalle, leicht löslich in Äther und Chloroform, unlöslich in Wasser. 95 prozentiger Alkohol löst circa 4 pCt. bei 20°. 60 prozentiger Alkohol löst 0,15 pCt.	Von antiseptischer Wirkung. Von Petit als Darmantisepticum empfohlen. Dosis: 0,25 g dreimal täglich.
Benzoyl-β-Naphtol = Benzonaphtol.			
Benzoyl-Pseudotropeïn = Tropacocaïn.			
Benzylmorphin = Peronin.			
Berberinum phosphoricum Berberin, phosphorsaures. $C_{20}H_{17}NO_4.(H_3PO_4)_2$	Das Berberin ist ein in Pflanzen verschiedener Familien vorkommendes Alkaloid und wird besonders aus der Wurzelrinde von Berberis vulgaris oder dem Rhizom von Hydrastis canadensis L. gewonnen.	Gelbes, bitter schmeckendes Krystallpulver, löslich in 10,43 Teilen kalten Wassers, schwerer löslich in verdünntem Alkohol.	Anwendung wie Berberin. sulfuricum.
Berberinum sulfuricum Berberin, schwefelsaures. $C_{20}H_{17}NO_4.H_2SO_4$	Siehe Berberinum phosphoricum!	In Wasser und Alkohol lösliche, gelbe, bitter schmeckende Krystallnadeln.	Als Tonicum und Stomachicum besonders bei Intestinalcatarrh. Dosis 0,05—0,1 g. (Feller.)
Betol Naphtalol. — Naphtasalol. — Salicylsäure-β-Naphtyläther. — Salinaphtol. $C_{10}H_7O.OC.C_6H_4OH =$	Man erhitzt ein Gemisch von β-Naphtolnatrium und Natriumsalicylat mit Phosphoroxychlorid auf 120 bis 130°, wäscht mit Wasser aus und krystallisiert aus Alkohol um.	Rein weisses, glänzendes, geruch- und geschmackloses, krystallinisches Pulver, das bei 95° schmilzt, sich in Wasser sehr schwer löst und von Äther, Chloroform, heissem Alkohol leicht aufgenommen wird.	Als Darmantisepticum angewendet. Dosis 0,3—0,5 g viermal täglich bei verschiedenen Blasencatarrhen, namentlich bei der gonorrhoischen Cystitis mit alkalischer Zersetzung des Harns, ferner bei acutem Gelenkrheumatismus. (Kobert).
Bismal Methylendigallussaures Wismut. D. R. P. Merck No. 87 099 vom 18. Juni 1895.	Durch Digerieren von 4 Mol. Methylendigallussäure mit 3 Mol. Wismuthydroxyd erhalten.	Graublaues, sehr voluminöses Pulver, in Alkalien mit gelbroter Farbe löslich, mit Säuren daraus wieder abscheidbar.	Als Adstringens in Pulverform gegen Diarrhöen. Dosis: 0,1—0,3 g dreimal täglich. (von Oefele). Gegen akute und chronische Darmkatarrhe, bei tuberkulöser chronischer Darmentzündung. Dosis 2 g pro die. (de Buck und O. Vanderlinden.)

Name und Formel.	Darstellung.	Eigenschaften.	Anwendung.
Bismutol Wismut-Natrium-phosphatsalicylat.	Darstellung unbekannt.	Weisses krystallinisches Pulver.	Soll die antiseptischen, antipyretischen und fäulniswidrigen Eigenschaften des Wismuts, der Phosphorsäure und der Salicylsäure in sich vereinigen. Angewendet als Streupulver mit Talkum (1:2 oder 1:5), ferner in 10—20 prozentig. Salben.
Bismutum chrysophanicum = Dermol.			
Bismutum dithiosalicylicum = Thioform.			
Bismutum loretinicum Wismutverbindung des Loretins.	Durch Fällen des Lorctinnatriums (s. Loretin) mit Wismutnitratlösung.	Gelbes Pulver.	Bei Diarrhöen der Phthisiker. Dosis 0,5 g mehrmals täglich. Als austrocknendes, antiseptisches Streupulver auf Wunden, bei Ulcus molle u. s. w.
Bismutum β-naphtolicum Basisches β-Naphtolwismut. Orphol. $[(C_{10}H_7O)_3Bi]_2 + Bi_2O_3$ Nach E. Merck: $(C_{10}H_7O)_3Bi + 3H_2O$	Eine Lösung von Wismutnitrat wird mit einer solchen von β-Naphtol in Alkali versetzt und der Niederschlag mit Wasser ausgewaschen.	Hellbraunes Pulver, das circa 50 pCt. Bi_2O_3 enthält. Unlöslich in Wasser. Das Merck'sche Präparat enthält 23 pCt. β-Naphtol und 71,6 pCt. Wismut.	Nencki hat das B. in den ersten Stadien der Cholera mit Erfolg angewendet. Bei chronischen Darmkatarrhen und Diarrhöen. Dosis 1—2 g pro die. (Jasenski.)
Bismutum phenylicum Phenolwismut $C_6H_5O-Bi{<}^{OH}_{OH}$	Eine Lösung von Wismutnitrat wird mit einer solchen von Phenol in überschüssigem Alkali versetzt und der Niederschlag mit Wasser ausgewaschen.	Grauweisses bis violettes, fast geruch- und geschmackloses, neutrales Pulver, fast unlöslich in Wasser und Alkohol.	Als Darmantisepticum innerlich. Dosis: 0,5 g, pro die 1,0—3,0 g. In Klystieren mit Salepdekokt 4:120.
Bismutum pyrogallicum Basisches Pyrogallolwismut. Helsosal (Negrescu). $[C_6H_3(OH)_2O]_2BiOH$ = (Strukturformel) OH Merck.	Eine Lösung von Wismutnitrat wird mit einer solchen von Pyrogallol in überschüssigem Alkali versetzt und der Niederschlag mit Wasser ausgewaschen.	Gelbes Pulver, löslich in Natronlauge. Wismutgehalt 50—60 pCt.	Als Antisepticum bei Magen- und Darmkrankheiten; äusserlich bei Hautkrankheiten.
Bismutum resorcinicum Resorcinwismut. $[(C_6H_4O_2)_3Bi_2]_3 + Bi_2O_3$	Eine Lösung von Wismutnitrat wird mit einer solchen von Resorcin in überschüssigem Alkali versetzt und der Niederschlag mit Wasser ausgewaschen.	Gelblichbraunes Pulver, das circa 40 pCt. Bi_2O_3 enthält.	Bei acutem und chronischem Magencatarrh und bei Gährungsprozessen im Magen.

Name und Formel.	Darstellung.	Eigenschaften.	Anwendung.
Bismutum subsalicylicum Basisches Wismutsalicylat. $(C_6H_4OH\ COO)_3\ Bi+Bi_2O_3$ oder $C_6H_4{<}{}^O_{COO}{>}Bi-OH$	Man trägt in eine durch Natronlauge schwach alkalisch gemachte Natriumsalicylatlösung zerriebenes Wismutnitrat ein und wäscht den Niederschlag mit Wasser aus.	Weisses, amorphes oder klein krystallinisches, neutral reagierendes, geruch- und geschmackloses Pulver, in Wasser und Alkohol fast unlöslich. Enthält gegen 64 pCt. Wismutoxyd und 36 pCt. Salicylsäure.	Bei chronischen Magen- und Darmleiden, auch bei Typhus. Dosis 0,3—1 g mehrmals täglich. Bei Typhus 1—2 g mehrmals täglich. (Vulpian, Solger u. a.)

Bismutum subgallicum = Dermatol.

Bismutum thiosalicylicum basicum Thioform.

Bismutum tribromphenylicum = Xeroform.

Boldol	Bei der fraktionierten Destillation des Boldoöls (von Boldoa fragrans Gay) erhalten.	Pfefferartig riechende, farblose Flüssigkeit.	Bei Gonorrhoë und gegen Leberleiden. Dosis 5—10 Tropfen dreimal täglich.
Bonducin	Bitterharz aus den Früchten von Guilandia Bonducella und Caesalpinia Bonduc (Leguminaceae).	Weisses, bitter aber nicht scharf schmeckendes Pulver, löslich in Alkohol, Chloroform.	Als Febrifugum. Dosis 0,1—0,2 g.
Boral Aluminium borico-tartaricum.	Enthält Aluminiumoxyd 3,46, Borsäureanhydrid 16,50, Weinsäure 58,10, Mineralsalze 19,96, Wasser 21,94 Teile.	In Wasser klar lösliche Krystalle.	Desinfizierendes Adstringens; in Lösung zu Pinselungen, in Pulverform als Einblasung in den Kehlkopf.
Boralid	Aus gleichen Gewichtsteilen Borsäure und Antifebrin.	Weisses, in Wasser schwer lösliches Pulver. Vorsichtig aufzubewahren!	Bei Ekzemen empfohlen.

Borameisensaure Thonerde = Aluminium borico-formicicum.

Borcresolwasserstoffsuperoxyd = Acidum aseptinicum.

Borosal	Wässerige Lösung von Alaun, Borax, Salicylsäure und Glycerin.	Farblose Flüssigkeit.	Mittel gegen Fussschweiss.
Borsalyl	Gemisch von 25 Teilen Borsäure und 32 Teilen Natriumsalicylat.		Antisepticum.
Brassicon	Gemisch aus 2 g Pfefferminzöl, 6 g Kampher, 4 g Äther, 12 g Alkohol, 6 Tropfen Senföl.		Bei Kopfschmerzen zum Einreiben.

Brausemagnesia = Magnesium citricum effervescens.

Brechweinstein = Tartarus stibiatus.

Name und Formel.	Darstellung.	Eigenschaften.	Anwendung.
Brenzcatechin Ortho-dioxybenzol. $C_6H_4(OH)_2$ — benzene ring with two OH groups *D. R. P. Merck Nr. 76597 vom 25. Januar 1893, Nr. 84828 v. 25. Jan. 1893, Nr. 80817 v. 8. Aug. 1893. D.R.P. v. Heyden Nr. 60637.*	Synthetisch beim Schmelzen von 1—2 Chlorphenol, 1—2 Bromphenol, 1—2 Benzoldisulfosäure oder 1—2 Phenolsulfosäure mit Kaliumhydroxyd.	Farblose, bei 104° schmelzende Krystalle. Siedepunkt 245°.	Dient zur synthetischen Darstellung des Guajacols. Siehe dort.
Brenzcatechinmonoacetsäure = Guacetin.			
Brenzcatechinmonoaethyläther = Ajakol oder Guaethol.			
Brenzcatechinmonomethyläther = Guajacol.			
p-Bromacetanilid = Antisepsin.			
Bromäthyl = Aether bromatus.			
Bromäthylen = Aethylenum bromatum.			
Bromalhydrat Hydras Bromali. Tribromaldehyd-Hydrat. $CBr_3-CH(OH)_2$	Das durch Einwirkung von Brom auf Alkohol erhaltene Bromalalkoholat wird mit conc. Schwefelsäure zerlegt, das Bromal abdestilliert und mit Wasser zusammengebracht.	Farblose, in Wasser lösliche Krystalle vom Schmelzpunkt 53,5°. Beim Erwärmen auf 100 bis 110° zerfällt es in Bromal und Wasser. **Vorsichtig aufzubewahren!**	Wirkt dem Chloralhydrat ähnlich und wird in etwas kleineren Dosen als dieses verabreicht. Der Schlaf ist jedoch nicht so tief und die Excitation grösser. Bei Epileptikern ist es anscheinend mit Erfolg gegeben worden. **Dosis**: 0,1 — 0,5 — 1,0 mehrmals täglich.
Bromalin Hexamethylentetraminbromäthylat. $(CH_2)_6N_4 \cdot C_2H_5Br$.	Durch Einwirkung von Aethylbromid auf Hexamethylentetramin.	Farblose Blättchen oder krystallinisches Pulver, leicht löslich in Wasser. Schmelzpunkt 200° unter Zersetzung. Beim Erhitzen mit Natriumcarbonat entwickelt es den Geruch nach Formaldehyd. **Vorsichtig aufzubewahren!**	Als Ersatz der Alkalibromide bei Neurasthenie und Epilepsie. **Dosis** 2,0—4,0 g.
Bromamid Tribromanilin, bromwasserstoffsaures. $C_6H_2Br_3 \cdot NH_2 \cdot HBr$	Nitrotribrombenzol wird mit Zinn und Salzsäure reduziert, das Reduktionsprodukt vom Zinn befreit und an Bromwasserstoff gebunden.	Farb-, geruch- und geschmacklose Nadeln vom Schmelzpunkt 117°. Unlöslich in Wasser, wenig löslich in kaltem Alkohol, in 16 T. heissen Alkohols, leicht in Chloroform und Äther löslich. **Vorsichtig aufzubewahren!**	Als Antineuralgicum und Analgeticum. **Dosis**: 0,75—1,00 g für Erwachsene, 0,06—0,20 g für Kinder. (Caillé.)
Bromhaemol	Eine von den Blutkörperchenhüllen befreite Blutlösung wird mit einer wässerigen oder alkoholischen Lösung von Brom, eventuell unter Neutralisation der entstehenden Säure durch Alkali bei einer 0° nicht erheblich übersteigenden Temperatur gefällt.		Indication noch nicht festgestellt.

Name und Formel.	Darstellung.	Eigenschaften.	Anwendung.
Bromidia	Gemisch aus Chloralhydrat, Cannabis- und Bilsenkrautextrakt.		Schlafmittel.
Bromoform Formylum tribromatum. Tribrommethan. $CHBr_3$	Entsteht bei der Einwirkung von Brom auf eine ganze Reihe organischer Körper (Methylalkohol, Aceton u. s. w.) bei Gegenwart von Alkalien.	Farblose, chloroformähnlich riechende Flüssigkeit vom spez. Gewicht 2.904 bei 15° (Vulpius); ein mit 1 pCt. Alkohol versetztes Bromoform hat das spez. Gewicht 2,885 und den Siedep. 148°. In Wasser nur sehr wenig, in Weingeist leicht löslich. Vorsichtig und vor Licht geschützt aufzubewahren!	Mit Wasser vermischt bei Keuchhusten. 3—4 Wochen alte Kinder erhalten 3- bis 4 mal täglich 1 Tropfen, ältere Säuglinge 2—3 Tropfen 3 mal täglich. Mit zunehmendem Alter steigt die Dosis allmählich auf 4 bis 7 Tropfen 3—4 mal täglich. Als Beruhigungsmittel bei Irren: Dosis 15 Tropfen, dann von zwei zu zwei Tagen steigend um 5 Tropfen bis 30—40 Tropfen. Zeitdauer der Medication 14 Tage. (Angrisani.) Bei Ozaena (Salis-Cohen).
Bromol Trimbromphenol. $C_6H_2Br_3OH$	Man trägt eine wässerige Bromlösung in eine wässerige Phenol-Lösung ein. Der Niederschlag wird mit Wasser gewaschen und aus Alkohol umkrystallisiert.	Gelbliches krystallinisches Pulver oder seidenglänzende Krystalle. Löst sich kaum in Wasser, leicht in heissem Alkohol. Vorsichtig und vor Licht geschützt aufzubewahren!	Aeusserl. in der Wundbehandlung mit Talkum gemischt oder in Salbenform oder in Öl gelöst. Innerlich zur Desinfection des Darms bei Typhus, Sommerdiarrhoën, Cholera infantum u. s. w. Dosis für Erwachsene 0,1 g pro die 0,5 g für Kinder 0,005—0,015 g (Grimm, Rademacker.)
Bromopyrin Monobromantipyrin. $C_{11}H_{11}BrN_2O$	Durch Einwirkung von Brom auf Antipyrin gewonnen. (Nach anderen Quellen Gemisch von Antipyrin, Coffein u. Natriumbromid.)	Farblose, filzige Nädelchen (aus Wasser), glänzende farblose Nadeln (aus Alkohol.) Unlöslich in kaltem, schwer löslich in heissem Wasser, leicht löslich in Alkohol, Chloroform etc.	Die therapeutischen Versuche sind noch nicht abgeschlossen.
Bromosin	Eine bromhaltige Eiweissverbindung mit 10%0 Brom.	Gelblich weisses Pulver.	Für die innere Bromdarreichung.
Bromphenol Orthomonobromphenol $C_6H_4\!\!<\!\!{}^{Br}_{OH}$	Durch Einwirkung von Brom auf Phenol bei 150 bis 180°.	Dunkelviolette, stark riechende, in Alkohol, Äther und Alkalien, sowie in Wasser (zu 1—2 %) lösliche Flüssigkeit. Siedepunkt 194—195°. Vorsichtig aufzubewahren!	Über die Indikation s. p-Chlorphenol.

Name und Formel.	Darstellung.	Eigenschaften.	Anwendung.
Bryonin $C_{48}H_{80}O_9$ (Walz)	Glykosid der Wurzel von Bryonia alba.	Stark bitter schmeckendes, in Wasser leicht lösliches, in feuchter Luft zersetzliches Pulver. Vorsichtig aufzubewahren.	Kräftiges stuhltreibendes zugleich die Nierenthätigkeit anregendes Mittel. Dosis: 0,001 g (Shaller.)
Buchentheerkreosot	Kreosot.		
Butylchloralhydrat Crotonchloralhydrat. $C_4H_5Cl_3O + H_2O$	Man leitet einen langsamen Strom trockenen Chlorgases in Paraldehyd, so lange letzterer noch davon aufnimmt, reinigt das entstandene Butylchloral (Siedepunkt 163—165°) von mitentstandenen Nebenkörpern durch fraktionierte Destillation und bringt es mit Wasser zusammen.	Farblose, glänzende Krystallblättchen, die bei 78° schmelzen. Sie lösen sich in 30 T. kalten Wassers, leichter in heissem, gut in Alkohol und Äther. Vorsichtig aufzubewahren.	Als Hypnoticum. Dosis: 0,5—1,0—2,0—3,0. Gegen Neuralgieen, besonders Trigeminus-Neuralgieen: Dosis: 0,1—0,2 g.
Butylhypnal Butylchloral-Antipyrin $C_{11}H_{12}N_2O + C_4H_5Cl_3O \cdot H_2O$	Verbindung von Butylchloralhydrat u. Antipyrin.	Farblose, bei 70° schmelzende Krystallnadeln, welche von 30 T. Wasser gelöst werden. Vorsichtig aufzubewahren!	Vergl. Hypnal.
Butyromel	Gemisch von 1 Teil Honig und 2 Teilen Butterfett.		Mildes Abführmittel.
Buxin. sulfur. $(C_{18}H_{21}NO_3)_2 \cdot H_2SO_4$ (?)	In den Blättern, Zweigen und der Rinde von Buxus sempervirens vorkommendes Alkaloid.	Amorphes, wasserlösliches Pulver. Vorsichtig aufzubewahren!	Als Ersatzmittel des Chinins. Dosis: 0,1—0,5 g.
Byrolin	Aus Borsäure, Lanolin und Glycerin bestehendes Gemisch.		Hautpflegemittel.
Cadmium salicylicum $Cd(C_6H_4OH \cdot COO)_2$	Durch Sättigen von Cadmiumcarbonat mit Salicylsäure und Umkrystallisieren aus Wasser.	Farblose, in Wasser ziemlich schwer lösliche Krystalle von süsslichzusammenziehendem Geschmack. Vorsichtig aufzubewahren!	Als Adstringens bei Augenerkrankungen. (Cesaris.)
Caffeïn	Coffeïn.		
Cajaputol	Eucalyptol.		
Calciumcarbid CaC_2	Durch Erhitzen von Calciumoxyd und Kohle im elektrischen Ofen bei sehr hohen Temperaturen.	Strahlig krystallinische, graublaue Massen. Entwickelt mit Wasser Acetylen.	Zur Behandlung von Krebs der Scheide und des Mutterhalses. Nussgrosse Stücke werden in die Vagina eingeführt. (Guinard, Livet.)
Calcium glycerino-phosphoricum Glycerinphosphorsaurer Kalk $P \genfrac{}{}{0pt}{}{=O}{-O} {>}Ca \genfrac{}{}{0pt}{}{}{-OC_3H_5(OH)_2} +2H_2O$	Man erhitzt ein Gemisch von Phosphorsäure (60%) mit Glycerin (28° Bé) auf 100—110° während einiger Tage, sättigt mit Kalkmilch und fällt aus dem mit Knochenkohle enträrbten Filtrat mittelst Alkohol.	Weisses krystallinisches Pulver, in 15 Teilen kalten Wassers löslich, fast unlöslich in kochendem, unlöslich in Alkohol.	In allen Fällen indiziert, wo es sich um eine Hebung des Phosphorgehaltes im Organismus handelt. (Robin.)

Name und Formel.	Darstellung.	Eigenschaften.	Anwendung.
Calcium lacticum Milchsaurer Kalk $Ca(C_3H_5O_3)_2 + 5H_2O$	Durch Sättigen verdünnter Milchsäure (Aethylidenmilchsäure) mit Calciumcarbonat und Eindampfen zur Krystallisation.	Weisse Krystallmasse, leicht in heissem Wasser, in 9,5 T. kalten Wassers, wenig in kaltem Alkohol löslich, in Äther unlöslich.	Bei Rhachitis, Scrophulose. Dosis: 0,2—0,5 g täglich in Lösung.
Calcium salicylicum Calciumsalicylat. $(C_6H_4OH \cdot COO)_2 Ca + 2H_2O =$ [Strukturformel]	Man bringt eisenfreies Calciumcarbonat mit der äquivalenten Menge Salicylsäure in warmer, wässeriger Lösung zusammen, filtriert und dampft zur Krystallisation ein.	Krystallinisches, weisses, geruch- und geschmackloses Pulver, welches sich in Wasser schwer löst, leichter in kohlensäurehaltigem.	Bei Diarrhoëen der Kinder und bei Gastroenteritis in Dosen von 0,5 bis 1,5 g entweder für sich oder mit Bismutum salicylicum. (Torgescu.)
Calcium sulfo-phenolicum Phenolsufosaures Calcium. $[C_6H_4(OH)SO_3]_2Ca + H_2O$	Durch Sättigen der p-Phenolsulfonsäure (?) mit Kalkmilch.	Weisses, fast geruchloses, adstringierend bitter schmeckendes, in Wasser und Weingeist leicht lösliches Pulver.	Als Antisepticum, Desinficiens und Adstringens; besonders geeignet bei hartnäckigen Brechdurchfällen: innerlich in 1 prozentiger wässeriger versüsster Lösung. (G. Tarozzi.)
Camphoid	Lösung von 1 Teil von Collodiumwolle in 40 T. einer Lösung v. Kampfer in Alkohol.	Dickes, farbloses Liquidum.	Wegen der schnellen Austrocknung auf der Haut wird Camphoid als Vehikel für Jodoform, Salicylsäure, Chrysarobin u. s. w. benutzt.
Camphopyrazolon $C_{17}H_{20}N_2O =$ C_8H_7 [Strukturformel] CH_3	Man bringt gleiche Moleküle des Äthylesters der Camphocarbonsäure mit Phenylhydrazin zusammen und erhitzt auf dem Wasserbade, wobei eine Abspaltung von Wasser und Alkohol stattfindet.	Farblose feine Nädelchen vom Schmelzpunkt 132°. Schwer löslich in Wasser, leicht löslich in Alkohol, nicht löslich in Äther und Benzin.	Indikation bisher nicht bekannt.
Camphora Kampher. $C_{10}H_{16}O$	Durch Destillation der oberirdischen Teile des Kampherbaumes (Cinnamomum Camphora Nees et Eberm.) mit Wasserdämpfen und Trennen des so erhaltenen Rohkamphers von dem flüssigbleibenden Anteil, dem Kampheröl.	Weisse krystallinische, mürbe Masse oder Krystallpulver. Schmelzpunkt 175°, Siedepunkt 204°. Verflüchtigt sich schon bei gewöhnlicher Temperatur. In Wasser nur sehr wenig löslich, reichlich in Alkohol, Äther, Chloroform.	Gegen die im Verlaufe akuter fieberhafter Krankheiten eintretende allgemeine Schwäche und Herzschwäche (Collaps). Dosis 0,05—0,2 g als Excitans, 0,3—0,8 g als Sedativum. Für äusserliche Zwecke in Form von Spiritus camphoratus (Kampherspiritus: 1 Kampher, 7 Spiritus, 2 Wasser); als Oleum camphoratum (Kampheröl: 1 Kampher, 9 Olivenöl); Vinum camphoratum; als Zusatz zu Linimentum saponato-camphoratum (Opodeldoc), Emplastrum fuscum.

Name und Formel.	Darstellung.	Eigenschaften.	Anwendung.
Camphora monobromata Monobromkampher. $C_{10}H_{15}BrO$	Man fügt nach und nach trockenes Brom zu zerriebenem Kampher und erwärmt die verflüssigte Masse im Wasserbade, so lange sich noch Bromwasserstoff verflüchtigt (das anfänglich gebildete Kampherdibromid wird zerlegt). Man schüttelt die zurückbleibende Masse mit Wasser aus und krystallisiert sie aus Alkohol um.	Farblose, nadelförmige, kampherähnlich riechende Krystalle vom Schmelzp. 76^0 und Siedep. 274^0. In Wasser kaum löslich, reichlich in Äther, Chloroform und heissem Alkohol. Vorsichtig aufzubewahren!	Als Sedativum. Dosis 0,1—0,4 g abends oder mehrmals täglich in Kapseln, Pillen und Pastillen, namentlich bei schmerzhaften Affektionen der Blase, hysterischen Krämpfen, Palpitationen und Dispnoë, Epilepsie u. s. w.
Camphora resorcinata	Durch Zusammenschmelzen gleicher Teile Kampher und Resorcin dargestellt.	Ölige Flüssigkeit, die in Wasser nicht, wohl aber in Äther, Alkohol, Chloroform löslich ist.	
Camphora thymolica	Durch Zusammenschmelzen gleicher Teile Kampher und Thymol dargestellt.	Ölige Flüssigkeit, die in Wasser nicht, wohl aber in Äther, Alkohol, Chloroform löslich ist.	
Cancroin Adamkiewicz.	Das toxische Stoffwechselprodukt der Krebsparasiten. Das wirksame Princip scheint Neurin zu sein.		Gegen Krebs.
Cannabinum tannicum Cannabin, gerbsaures.	Indischer Hanf (Cannabis indica) wird erhitzt und so von dem giftigen ätherischen Öl befreit, sodann mit Wasser ausgezogen, das Filtrat mit Gerbsäure gefällt und der Niederschlag bei gelinder Wärme getrocknet.	Gelblich-graues Pulver von etwas bitterem und stark zusammenziehendem Geschmack. Nur wenig löslich in Wasser, Weingeist und Äther, leicht in salzsäurehaltigem Wasser oder ebensolchem Weingeist. Vorsichtig aufzubewahren!	Bei leichteren Formen von Schlaflosigkeit. Dosis 0,25—1 g abends. Grösste Einzelgabe 1 g! Grösste Tagesgabe 2 g!
Cantharidenkampher = Cantharidin.			
Cantharidin Cantharidenkampher. $C_{10}H_{12}O_4$	Man digeriert gröblich gepulverte Cantharinen (Lytta vesicatoria, Mylabris cichorii, Meloë majalis u. a. Arten) mit verdünnter Kalilauge einige Stunden, kocht während weniger Minuten, presst aus, dialysiert die Auszüge, neutralisiert die dialysierte Flüssigkeit mit Schwefelsäure, dampft mit etwas Holzkohlenpulver ein und kocht mit Essigäther aus.	Farblose Krystalle, die in Wasser unlöslich sind und besonders leicht von Chloroform gelöst werden. Beim Erhitzen mit Alkalien geht das Cantharidin in Cantharidinsäure, bez. cantharidinsaures Alkali über. Schmelzp. 210^0. Sehr vorsichtig aufzubewahren!	Als blasenziehendes Mittel. Die cantharidinsauren Salze werden nach Liebreich in Form subkutaner Injektionen bei Tuberkulose angewendet. Man löst 0,2 g Cantharidin und 0,4 g Kaliumhydroxyd auf dem Wasserbade in wenig Wasser und verdünnt die Lösung auf 1000 ccm. Von dieser Flüssigkeit werden 0,2—0,4 ccm = 0,0001 bis 0,0002 g subkutan eingespritzt.
Carbaminsäureaethyläther = Urethan.			
Carbolsäure = Acidum carbolicum.			

Name und Formel.	Darstellung.	Eigenschaften.	Anwendung.
Cardin	Extrakt aus dem Herzfleisch der Rinder.		Als Herztonicum empfohlen. (Hammond.)
Cardol $C_{21}H_{30}O_2$ (Staedeler) $C_{32}H_{50}O_3 + H_2O$ (Spiegel u. Dobrin.)	Der blasenziehende Bestandteil der Fruchtschale von Anacardium occidentale.	Fast farbloses Öl. Spez. Gew. 0,978 bei 23° C.	
Carissin	Glykosid aus der Rinde der Carissa ovata var. stolonifera.		Dem Strophanthin ähnlich wirkendes Glykosid.
Carniferrin D. R. P. Höchst No. 77136. 1893.	Eisenverbindung der Phosphorfleischsäure, 30 pCt. Eisen enthaltend.	Geschmackloses, in verdünnten Säuren und Alkalien lösliches Pulver.	Gegen chlorotische Zustände. Dosis: 0,5 g, für Kinder 0,2—0,3 g täglich.
Carpaïnum hydrochloricum Carpaïn, chlorwasserstoffsaures. $C_{14}H_{27}NO_2 . HCl$	Das salzsaure Salz des aus den Blättern v. Carica Papaya L. abgeschiedenen Alkaloids Carpaïn.	Farblose, wasserlösliche Krystalle. Vorsichtig aufzubewahren!	Als Herzmittel angewendet. Subkutan 0,006—0,01 g pro die oder jeden zweiten Tag. (Rümke, v. Oefele.)
Carvacroljodid $C_{13}H_{13}OJ$	Wird durch Eintragen von Jod in eine alkalische Lösung von Carvacrol erhalten.	Bräunliches Pulver, das gegen 50° erweicht und bei 90° zu einer bräunlichen Flüssigkeit schmilzt. Unlöslich in Wasser, schwer löslich in Alkohol, leicht löslich in Äther, Chloroform, Olivenöl. Vorsichtig aufzubewahren!	Als Ersatzmittel des Jodoforms und wie dieses angewendet.
Caseïnnatrium = Nutrose.			
Celloïdin	Ein sehr konzentriertes Collodium; durch Abdestillation des Ätheralkohols aus Collodium erhalten.	Durchscheinende opalisierende Tafeln.	In alkoholätherischer Lösung (1 : 2 + 2) bei kleineren chirurgischen Eingriffen als Deckmittel. (Williamson, Mackenzie.)
Celluloid	Mit Kampher imprägnierte, gepresste und gewalzte Collodiumwolle.	Gelatineartige, durchsichtige Schnitzel, unlöslich in Wasser, leicht löslich in Aceton.	Als Mullverband. Mullbinden werden mit Celluloidgelatine versteift. (Landerer u. Hirsch.)
Cerberin $C_{25}H_{38}O_{12}$	Glykosid der Samen von Cerbera Yccotli DC. (Apocyneen).	Amorphes, gelblichweisses, bitter schmeckendes Pulver, in Alkohol und Wasser löslich. Sehr vorsichtig aufzubewahren!	Kommt in seiner Wirkung der Digitalingruppe nahe. Erzeugt aber im Gegensatz zu Digitoxin bei subkutaner Applikation sehr selten Abscesse. Dosis wie die des Digitalin. (Wagner, Zotos.)
Cerebrin	Auszug aus Hirnsubstanz.		
Cerebrine	Alkoholische Lösung von Antipyrin, Coffeïn und Cocaïn. Genaue Zusammensetzung nicht bekannt.	Farblose, dicke Flüssigkeit. Vorsichtig aufzubewahren!	Antineuralgicum.

Name und Formel.	Darstellung.	Eigenschaften.	Anwendung.
Ceresin = Paraffinum solidum.			
Cerium oxalicum Ceroxyduloxalat. $Ce_2(C_2O_4)_3 + 9H_2O$	Durch Fällen einer Cersulfatlösung mit Ammoniumoxalat.	Weisses körniges Pulver, in Wasser und Weingeist unlöslich, in Salzsäure löslich. Vorsichtig aufzubewahren!	Bei Cardialgie und Vomitus gravidarum, auch bei katarrhalischen Affektionen des Magens und Darmkanals. Dosis: 0,05—0,12 g. (Simpson.)
Cetrarin Cetrarsäure. $C_{18}H_{16}O_8$	Der Bitterstoff des Isländischen Mooses (Cetraria Islandica Ach.)	Farblose, bitter schmeckende Krystallnadeln, schwer löslich in Wasser, leicht löslich in kochendem Alkohol.	Wirkt anregend auf die Peristaltik und vermehrt die Zahl der roten und weissen Blutkörperchen. Bei Chlorose innerlich in Dosen von 0,1—0,2 g. Grösste Einzelgabe: 0,6 g! (Kobert, v. Oefele.)
Cetrarsäure = Cetrarin.			
Chelen = Aether chloratus.			
Chelidonin. sulfuricum et tannicum $C_{19}H_{17}N_2O_3 + $ Säure	Aus dem Schöllkraut (Chelidonium majus) isoliertes Alkaloid.	Das schwefelsaure Salz bildet farblose, wasserlösliche Krystalle, die Tanninverbindung ein gelblichweisses, in Wasser fast unlösliches Pulver.	Als mildes Narcoticum, daher in der Kinderpraxis empfohlen. Dosis: 0,05—0,2 g. (H. Meyer.)
Chinaphtol β-Naphtol-α-monosulfosaures Chinin. $(C_{20}H_{24}N_2O_2) \cdot (C_{10}H_6OH \cdot SO_3H)_2$	Durch Fällen einer Chininhydrochloridlösung mit einer Lösung von β-Naphtol-α-monosulfosaurem Natrium.	Gelbes krystallinisches bitterschmeckendes, in kaltem Wasser nicht, in heissem aber, sowie in Alkohol etwas lösliches Pulver. Schmelzpunkt 185—186°. 42 pCt. Chinin enthaltend.	Bei Typhus abdominalis, Darmtuberkulose, Dysenterie, acutem Gelenkrheumatismus. Dosis: 0,5—3,0 pro die. (E. Riegler.)
Chinaseptol = Diaphtol.			
α-Chinidin = Cinchonidin.			
Chinidinum sulfuricum Conchininum sulfuricum. $(C_{20}H_{24}N_2O_2)H_2SO_4 + 2H_2O$	Das Chinidin ist eine dem Chinin isomere Base und findet sich neben diesem in der Mehrzahl der zur Chininfabrikation benutzten Rinden, besonders in Cinchona pitayensis, C. amygdalifolia.	Farblose, glänzende, bitter schmeckende Krystallnadeln. Löslich in 100 T. kalten Wassers, in 7 Teilen heissen Wassers, in 8 T. Weingeist, in 20 T. Chloroform, kaum in Äther.	Steht dem Chinin in der Heilwirkung nahe, erzeugt aber selbst in grossen Mengen kein Ohrensausen, dagegen häufig Erbrechen und bei Kindern Collaps.
Chinin, gerbsaures = Chininum tannicum.			
Chininchlorhydrosulfat = Chininum hydrochlorosulfuricum.			
Chininchlorkohlensäureäther $CO \cdot Cl \cdot C_{20}H_{23}N_2O_2$ *D. R. P. Zimmer No. 90 848.*	Durch Einwirkung von Phosgen auf Chinin in Benzol- oder Toluollösung.	Farblose, bei 187—188° schmelzende Nadeln. In kaltem Wasser unlöslich, gut in Alkohol löslich.	An Stelle des Chinins zu gleichem Zweck wie dieses. Siehe auch Euchinin!
Chininharnstoff = Chininum bimuriaticum carbamidatum.			
Chininum amidato-bichloratum = Chininum bimuriaticum carbamidatum.			

Name und Formel.	Darstellung.	Eigenschaften.	Anwendung.
Chininum arsenicosum Chininarsenit. $(3C_{20}H_{24}N_2O_2)(H_3AsO_3)+4H_2O$	Durch Wechselwirkung äquivalenter Mengen von arsenigsaurem Silber und Chininhydrochlorid.	Seidenglänzende, farblose Nadeln, schwer in kaltem, auch in heissem Wasser (1:150) löslich, leicht löslich in Alkohol, Chloroform, Äther. Sehr vorsichtig aufzubewahren!	Vereinigt die Chinin- mit der Arsenwirkung, besonders bei schweren intermittierenden Fiebern. Grösste Einzelgabe: 0,01 g! Grösste Tagesgabe: 0,02 g!
Chininum bimuriaticum carbamidatum Chininum amido-bichloratum. Chininharnstoff. $(C_{20}H_{24}N_2O_2).HCl+CO(NH_2)_2HCl$	Durch Lösung molekularer Mengen von Chininhydrochlorid und salzsaurem Harnstoff in heissem Wasser und Auskrystallisierenlassen gewonnen.	Farblose, wasserlösliche Krystalle.	Besonders für subcutane Injectionen geeignet; bringt die Chininwirkung prompt und ohne Nebenerscheinungen zur Geltung. Dosis: 1 g!
Chininum bisulfuricum Chininum sulfuricum acidum. Chininbisulfat. $C_{20}H_{24}N_2O_2.H_2SO_4+7H_2O$	Man löst Chininsulfat in verdünnter Schwefelsäure und dunstet zur Krystallisation ab.	Farblose, glänzende, gerade, rhombische Prismen, die stark bitter schmecken, bei 80° schmelzen und an der Luft verwittern. Löslich in 11 Teil. Wasser zu einer blau fluorescierenden Flüssigkeit; ferner in 32 Teil. Weingeist löslich.	Besonders zu Subcutan-Injectionen empfohlen. Zu gleichem Zweck und in gleicher Dosis wie Chininsulfat angewendet.
Chininum ferro-citricum	Eine durch Lösen von Eisenpulver (3 T.) in Citronensäurelösung (6 T.) erhaltene Ferrocitratlösung wird zur Sirupkonsistenz eingedampft und darin 1 Teil frisch gefällten Chinins gelöst. Die Flüssigkeit wird auf Glas oder Porzellanplatten aufgestrichen und getrocknet.	Glänzende, durchscheinende rotbraune Blättchen, leicht löslich in Wasser. Vor Licht geschützt aufzubewahren!	Bei Chlorose, bei Neurosen auf anämischer Basis. Dosis: 0,1—0,3 g in Pillen, Pulver oder Lösung.
Chininum glycerinophosphoricum Chinin, glycerinphosphorsaures. $(C_{20}H_{24}N_2O_2)_2.C_3H_7O_3.PO_3$	Durch Sättigen der Glycerinphosphorsäure mit Chinin.	Farblose Krystallnadeln, leicht löslich in heissem Wasser und in Weingeist. Enthält 68 pCt. Chinin.	Gegen Malaria, Neuralgieen. Dosis: 0,1—0,3 g dreimal täglich in Pillenform
Chininum hydrobromicum Chinin, bromwasserstoffsaures. $C_{20}H_{24}N_2O_2.HBr+24_2O$	20 Teile Chininsulfat werden in 100 Teilen Alkohol gelöst und eine Lösung von 5,5 Teilen Kaliumbromid in 15 Teil. Wasser hinzugefügt. Das abgeschiedene Kaliumsulfat wird abfiltriert, das Filtrat wird auf dem Wasserbade eingedampft und, mit etwas Wasser aufgenommen, zur Krystallisation bei Seite gestellt.	Farblose, nadelförmige Krystalle von bitterem Geschmack, die mit 3 Teilen Weingeist oder 16 Teilen Wasser neutrale Lösungen geben.	Bei Intermittens, bei periodischen Neurosen. Dosis: 0,05—0,1—0,5 g. Grösste Einzelgabe: 0,5 g. Grösste Tagesgabe: 1,5 g.

Name und Formel.	Darstellung.	Eigenschaften.	Anwendung.
Chininum hydrochlorico-phosphoricum $C_{20}H_{24}N_2O_2 . HCl . 2H_3PO_4 . 3H_2O$	Scheidet sich beim Vermischen einer Chininhydrochloridlösung auf Zusatz einer salzsäurehaltigen Phosphorsäure aus.	Farblose Krystalle mit 50% Chiningehalt.	Gegen Malaria und nervösen Kopfschmerz. Dosis: 0,3—0,5 g.
Chininum hydrochlorico-sulfuricum Chininchlorhydrosulfat. $(C_{20}H_{24}N_2O_2) . HCl . H_2SO_4 + 3H_2O$	Es werden äquimolekulare Mengen von Chininhydrochlorid und Chininbisulfat in warmem Wasser gelöst und zur Krystallisation eingedampft.	Farblose in 1 Teil Wasser lösliche Krystalle.	An Stelle des Chininsulfats und wie dieses angewendet. Es empfiehlt sich seiner leichten Löslichkeit in Wasser wegen zu subcutanen Injectionen. (Grimaux u. Laborde.)
Chininum hydrochloricum Chinin, chlorwasserstoffsaures. $C_{20}H_{24}N_2O_2 . HCl + 2H_2O$	Durch Umsetzen von reinem Chininsulfat mit Baryumchlorid dargestellt.	Farblose, nadelförmige Krystalle von bitterem Geschmack, die mit 3 T. Weingeist oder mit 34 T. Wasser farblose, neutrale Lösungen geben.	Bei bestehendem hohem Fieber, wo Chininsulfat vom Magen schlecht vertragen wird. Als Protoplasmagift und Antisepticum ist es selbst dem Chininsulfat überlegen. Dosis: gleich der des Sulfats. Zur Subcutaninjection dient Lösung in 16 Teil. Wasser und 4 T. Salzsäure, zu Collyrien (bei septischer Conjunctivitis und Keratitis) wässerige Lösung: 1 : 100.
Chininum salicylicum Chinin, salicylsaures. $C_{20}H_{24}N_2O . C_7H_6O_3 + H_2O$	Eine alkoholische Lösung von Chinin wird mit einer alkoholischen Lösung der äquivalenten Menge Salicylsäure versetzt und die Lösung der freiwilligen Verdunstung überlassen.	Farblose Krystalle, die sich in 230 Teilen Wasser und in 20 Teilen Weingeist lösen.	Als Antipyreticum, besonders bei Typhus. Bei akutem Gelenkrheumatismus. Dosis: 0,2—0,5 g.
Chininum sulfuricum Chinin, schwefelsaures. $(C_{20}H_{24}N_2O_2)_2 . H_2SO_4 + 8H_2O$	Das schwefelsaure Salz des aus den Chinarinden abgeschiedenen Alkaloids Chinin.	Weisse, feine Krystallnadeln von sehr bitterem Geschmack, löslich in 800 Teilen kalten, in 25 T. siedenden Wassers, sowie in 6 Teilen siedenden Weingeistes. **Vor Licht geschützt aufzubewahren!**	Als Tonicum und Stomachicum 0,05—0,15 g, als Mittel gegen Intermittens 0,6—1,2 g vor dem Anfalle, als Antipyreticum 1,2 g auf zweimal in Zwischenräumen von mehreren Stunden oder bei empfindlichen Personen zu 0,6 g auf einmal, weitere 0,6 g in 2 stündl. Dosen von 0,2—0,3 g. Bei typischen Neuralgieen 0,1—0,2 g in stündlichen oder mehrstündlichen Zwischenräumen.
Chininum tannicum Chinin, gerbsaures.	Durch Fällen von Chininsalzlösungen mit Tannin dargestellt.	Gelblich weisses, amorphes, geruchloses Pulver von sehr schwach bitterem und kaum zusammenziehendem Geschmack, in 100 Teilen 30—32 Teilen Chinin enthaltend. In Wasser nur wenig, in Weingeist etwas mehr löslich.	Bei Diarrhoë, als Roborans, bei Keuchhusten, gegen Nachtschweisse: 3 mal täglich 0,2—0,5 g.

Name und Formel.	Darstellung.	Eigenschaften.	Anwendung.
Chininum valerianicum Chinin, valeriansaures. $C_{20}H_{24}N_2O_2 \cdot C_5H_{10}O_2 + H_2O$	Eine alkoholische Chininlösung wird mit Valeriansäure in schwachem Ueberschuss versetzt und nach Verdünnen mit Wasser der freiwilligen Verdunstung überlassen.	Farblose, glänzende tafelförmige Krystalle, die in 100 Teilen kalten, 40 Teilen heissen Wassers und leicht in Weingeist löslich sind.	Als Antispasmodicum bei Neurosen mit periodischem Charakter, bei Hysterie. Dosis: 0,1—0,5 g.
Chinoform	Duch Fällung eines Auszuges der Chinarinde mit Formaldehyd durch starke Salzsäure erhalten.		Indikation und Dosirung noch nicht festgestellt.
Chinolin $C_9H_7N =$	Wird durch Schmelzen von Cinchonin mit Kaliumhydroxyd erhalten. Synthetisch gewonnen 1) nach Bayer aus dem Hydrocarbostyril durch Einwirkung von Chlorphosphor und Erhitzen des so gebildeten Dichlorchinolins mit Jodwasserstoff und Eisessig; 2) nach Friedländer durch Kondensation von Orthoamidobenzaldehyd mit Acetaldehyd bei Gegenwart geringer Mengen Natriumhydroxyd; 3) nach Skraup durch Erhitzen von Nitrobenzol, Anilin, Glycerin und Schwefelsäure.	Gelblich gefärbte, aromatisch riechende Flüssigkeit vom Siedepunkt 237° und spec. Gew. 1,084 bei 15° C. Leicht löslich in Alkohol, Äther, Chloroform. Vor Licht geschützt aufzubewahren!	Als Antisepticum äusserlich zu Mund- und Zahnwässern in 0,2 prozentiger, zu Pinselungen in 5 prozentiger Lösung.

Chinolin, weinsaures = Chinolinum tartaricum.

Chinolinäthylhydrür = Kaïrolin.

Chinolinchlormethylat-Chlorjod = Jodolin.

Chinolinum salicylicum Chinolin, salicylsaures. $C_9H_7N \cdot C_7H_6O_3$	Chinolin wird in eine wässerig-alkoholische Lösung von Salicylsäure eingetragen u. das durch Abdampfen erhaltene Salz aus Wasser umkrystallisirt.	Krystallinisches Pulver, das sich in 80 Teilen Wasser, schwieriger in Alkohol und Äther löst. Vor Licht geschützt aufzubewahren!	Als Antifebrile und Antisepticum 0,5—1 g mehrmals täglich.
Chinolinum sulfocyanatum Chinolinrhodanid. $C_9H_7N \cdot HS \cdot NC + x\ aq.$	Durch Wechselwirkung von Chinolinhydrochlorid und Rhodankalium.	Farblose Krystalle, wasserlöslich.	In 1 prozentiger Lösung zum Einspritzen gegen Gonorrhoë.
Chinolinum tartaricum Chinolin, weinsaures. $(C_9H_7N)_3 \cdot (C_4H_6O_6)_4$	Chinolin wird in eine wässerige Lösung von Weinsäure (diese im Ueberschuss vorhanden) eingetragen und der Abdampfrückstand aus Alkohol umkrystallisirt.	Farblose, rhombische Nadeln, die sich in 70—80 Teilen kalten Wassers, leichter in heissem Wasser, in 150 Teilen Alkohol und schwer in Äther lösen. Vor Licht geschützt aufzubewahren!	Als Antifebrile 0,5—1 g mehrmals täglich. Zu Mundwässern in 1 prozentiger Lösung.

Name und Formel.	Darstellung.	Eigenschaften.	Anwendung.
Chinosol Oxychinolinschwefelsaures Kalium. $C_9H_6ON \cdot SO_3K + x$ aq.	Eine neutrale Verbindung der Oxychinolinsulfosäure.	Gelbe krystallinische, in Wasser lösliche Verbindung von adstringierendem Geschmack. In Weingeist und Äther unlöslich.	Als Antisepticum. Besitzt nach Kossmann die antiseptische Wirkung des Quecksilbersublimats.
Chloräthyl = Aether chloratus.			
Chloraethylen = Aethylenum chloratum.			
Chloraethyliden = Aethylidenum chloratum.			
Chloral-Acetophenonoxim $\begin{array}{c}H_5C_6\\H_3C\end{array}{>}C = NO \cdot CH \cdot OH\, CCl_3$ D. R. P. Jensen.	Molekulare Mengen Chloral und Acetophenonoxim werden bei niedriger Temperatur (am besten bei Gegenwart eines Verdünnungsmittels z. B. Benzol) zusammengebracht.	Farblose bei 81° schmelzende, in Alkohol und Äther leicht lösliche Prismen. Durch Säuren, leichter durch Alkalien erfolgt Spaltung in die Komponenten. **Vorsichtig aufzubewahren!**	An Stelle des Chloralhydrats, dessen üble Nebenwirkungen es nicht besitzen soll, bei Krampfzuständen, wie Epilepsie, Eklampsie und Tetanus.
Chloralamid = Chloral-Formamid.			
Chloralammonium $CCl_3 \cdot CH \cdot OH \cdot NH_2 =$ CCl_3 $\|{\diagup}H$ $C-OH$ ${\diagdown}NH_2$	Durch Einleiten von trockenem Ammoniak in eine Lösung von Chloral in Chloroform.	Farblose Nadeln, die bei 84° schmelzen, sich in kaltem Wasser kaum lösen und beim Kochen in Chloroform und Ammoniumformiat zerlegt werden. Von Alkohol und Äther wird es leicht aufgenommen. **Vorsichtig aufzubewahren!**	Hypnoticum und Analgeticum. Dosis: 1—2 g.
Chloralantipyrin = Hypnal.			
Chloral-Coffeïn = Coffeïn-Chloral.			
Chloralcyanhydrat CCl_3 $\|{\diagup}H$ $C{-}OH$ ${\diagdown}CN$	10—20% Blausäurelösung und Chloralhydrat werden am Rückflusskühler bei 70° erwärmt; die nach dem Verdunsten des Lösungmittels hinterbleibende Krystallmasse wird aus Wasser umkrystallisiert.	Farblose krystallinische Masse oder rhombische Tafeln vom Schmelzpunkt 61°. Leicht löslich in Wasser und Alkohol. Zersetzt sich in wässeriger Lösung schon in der Kälte, schneller beim Erwärmen. In 6,46 g des Salzes sind 1 g Blausäure enthalten. **Vorsichtig aufzubewahren!**	Von Liebreich an Stelle des Bittermandelwassers empfohlen. Eine Lösung von 0,06 Chloralcyanhydrat in 10 g Wasser besitzt den gleichen Blausäuregehalt wie Bittermandelwasser.
Chloralformamid Chloralamid. $CCl_3 \cdot CH \cdot OH \cdot NH \cdot CHO =$ CCl_3 $\|{\diagup}H$ $C{\diagup}^{OH}_{}{\diagdown}\!N{<}^H_H\!C{<}^O_H$ D. R. P. Schering No. 50586 vom 3. Mai 1889.	Durch Einwirkung von Chloral auf Formamid im Verhältnis ihrer Molekulargewichte, oder durch Behandeln von Chloralammoniak mit irgend einem Ameisensäureester.	Farb- und geruchlose, bei 115 bis 116° schmelzende Krystalle, welche löslich sind in Wasser, leicht in Alkohol, Äther, Essigäther, Glycerin und Aceton. Zum Lösen in Wasser darf man letzteres nicht erwärmen, da der Körper leicht gespalten wird. **Vorsichtig aufzubewahren!**	Als Hypnoticum in Dosen von 2—3 g. Grösste Einzelgabe 4 g! Grösste Tagesgabe 8 g!

Name und Formel.	Darstellung.	Eigenschaften.	Anwendung.
Chloral-Hexamethylendiamin *D. R. P. Höchst No. 87993.*	Durch Einwirkung von Chloral auf das Kondensationsprodukt von Ammoniak und Formaldehyd.	Farblose, bei 139 bis 140° schmelzende Nadeln, die beim Erwärmen mit Säuren in Formaldehyd und Chloral zerfallen. Vorsichtig aufzubewahren!	Indikation und Dosierung noch nicht festgestellt.
Chloralhydrat Hydras Chlorali. Trichloraldehyd-Hydrat. CCl_3 $\mid \diagdown H$ $C{-}OH$ $\diagdown OH$	Man lässt Chlor auf Alkohol einwirken, zerlegt das entstehende Chloralalkoholat mit conc. Schwefelsäure, destilliert bei 94° das Chloral ab und bringt dasselbe mit Wasser zusammen.	Trockene, luftbeständige, farblose, bei 58° schmelzende Krystalle, die sich leicht in Wasser, Weingeist und Äther, weniger in fetten Ölen und Schwefelkohlenstoff, sowie in 5 T. Chloroform lösen. Vorsichtig aufzubewahren!	In wässeriger Lösung in Dosen von 1—2 g als Schlafmittel, bei Kindern 0,2 bis 0,5 g. Ferner bei convulsivischen Leiden, besonders bei Eclampsia gravidarum und puerperarum, bei urämischen Krämpfen in anderen Lebensperioden und bei epileptiformen Kinderkrämpfen in Folge von Kolik, bei Tetanus, bei Pruritus, auch bei manchen spasmodischen Affektionen der Atemwerkzeuge (Asthma, Singultus, Keuchhusten). Dosis als Sedativum 0,2 bis 0,5 g 1—2 stündlich. Zum Klystier empfiehlt sich Zusatz von Amylum. Grösste Einzelgabe 3 g! Grösste Tagesgabe 6 g! (Liebreich.)
Chloralimid CCl_3 $\mid \diagdown H$ $C{=}NH$	Entsteht beim Erhitzen von Chloralammonium auf 100° und wird praktisch dargestellt durch Erhitzen von Chloralhydrat mit trockenem Ammoniumacetat bis zum Sieden.	Krystallinisches Pulver, das in Wasser kaum, leicht in Alkohol und Äther löslich ist. Durch Einwirkung von Mineralsäuren werden Chloral und Ammoniumsalze gebildet. Vorsichtig aufzubewahren!	Hypnoticum. Dosis 1,0—2,0 g. Grösste Einzelgabe 3 g! Grösste Tagesgabe 6 g!
Chloralin	Eine aus gechlorten Phenolen bestehende Flüssigkeit.	Gelblich gefärbte Flüssigkeit. Vorsichtig aufzubewahren!	In 2—3 prozentiger Lösung in der Gynäkologie. In 0,5—1 prozentiger Lösung zu Gurgelwasser.
Chloralose Anhydrogluco-Chloral. $C_8H_{11}Cl_3O_6$	Man erhitzt ein Gemisch gleicher Mengen wasserfreien Chlorals und trockener Glukose (Traubenzucker) eine Stunde lang auf 100°, behandelt nach dem Erkalten mit wenig Wasser, dann mit siedendem Äther, dunstet den Äther ab, destilliert den Rückstand mit Wasser, um anhängendes Chloral überzutreiben und zieht mit warmem Wasser die Chloralose aus. Ungelöst bleibt Parachloralose.	Feine, zwischen 184 und 186° schmelzende Krystalle, die sich unzersetzt verflüchtigen lassen. In kaltem Wasser wenig, in heissem Wasser und in Alkohol leicht löslich. Vorsichtig aufzubewahren!	Als Hypnoticum. Dosis 0,1 — 0,25 — 0,5 bis 1,0 g. Es wird empfohlen, mit 0,1 g zu beginnen und um je 0,1 g zu steigen. (Hanriot u. Richet.)

Name und Formel.	Darstellung.	Eigenschaften.	Anwendung.
Chloralurethan = Uralium.			
Chloriden = Aethylidenchlorid.			
Chlormethyl = Methylchlorid.			
Chlorobrom	Lösung von 6 Teilen Kaliumbromid und 6 T. Chloralamid in 58 Teilen Wasser.	Farblose Flüssigkeit. Vorsichtig aufzubewahren!	Hypnoticum. Dosis: 1 Esslöffel voll.
Chlorodyne	Lösung von Morphiumhydrochlorid, Chloroform, Glycerin und Äther in Weingeist.		
Chloroform Formylchlorid. Trichlormethan. $CHCl_3$ *D. R. P. A. G. f. Anilinfabr. No. 68960, 79708, 70614. — 1892.*	Zur Darstellung unterwirft man Äthylalkohol (oder Aceton oder essigsaure Salze) mit Chlorkalk der Destillation. Man rectifiziert mehrmals und versetzt das reine Produkt, um es vor Zersetzungen durch Luft und Licht zu schützen, mit 1 pCt. Alkohol. Chloroform Pictet wird durch Ausfrierenlassen eines Chloroforms von seinen Verunreinigungen befreit. Letztere bleiben bei hohen Kältegraden flüssig. Chloroform Anschütz wird durch Zerlegen des leicht krystallisiert erhältlichen Salicylid-Chloroforms $$\left[C_6H_4\begin{Bmatrix}[1]CO\\[2]O\end{Bmatrix}\right]_4 \cdot 2CHCl_3$$ dargestellt.	Klare, farblose, flüchtige Flüssigkeit von eigentümlichem Geruch und süsslichem Geschmack. Nur wenig löslich in Wasser, mit Weingeist, Äther, fetten und ätherischen Ölen, mischbar, bei 60—62° siedend. Spec. Gewicht 1,485 bis 1,489. Vorsichtig und vor Licht geschützt aufzubewahren!	Wichtigstes Anästheticum zur Einleitung von Narkosen zwecks Vornahme chirurgischer Operationen; intern u. extern als schmerzlinderndes und antispasmodisches Mittel, besonders bei Schmerzen u. Krämpfen im Tractus, z. B. Bleikolik, Gallensteinkolik, Erbrechen, wo es sich bei Vomitus gravidarum und Erbrechen der Phthisiker als vorzügliches Palliativum bewährt, sowie bei Tenesmus (im Klystier). Als Antisepticum lokal bei Geschwüren. Dosis: innerlich 5—15—20 Tropfen, im Clysma 5—10 Tropfen mit Eidotter verrieben. Grösste Einzelgabe: 0,5 g! Grösste Tagesgabe: 1,0 g! A.C.E.-Chloroform ist ein zu Narkosen benutztes Gemisch aus Alkohol, Chloroform und Äther, auch die Billroth'sche Mischung besteht aus Chloroform und Äther.
Chlorojodolipol	Gemisch von Chlorprodukten des Phenols, Kreosots und Guajacols.		
Chlorolin	Gemisch gechlorter Phenole. s. Chloralin.		Für Desinfectionszwecke.

Name und Formel.	Darstellung.	Eigenschaften.	Anwendung.
Chlorphenole Orthomonochlorphenol $C_6H_4{<}^{Cl\ (1)}_{OH\ (2)}$	Durch Einwirkung von Chlor auf Phenol erhalten.	Das medicinisch verwendete Chlorphenol besteht aus einem Gemisch von wahrscheinlich Orthomonochlorphenol (7 Teil.) und Alkohol, Eugenol u. Menthol (3 T.)	Von Passerini gegen verschiedene Affectionen der Luftwege, Laryngitis, chronische Bronchitis und besonders gegen Phthisis empfohlen. Anwendung in Form von Inhalationen. Dosis 16—30 Tropfen zu einer Inhalation.
Paramonochlorphenol $C_6H_4{<}^{Cl\ (1)}_{OH\ (4)}$		Krystalle, die bei 40^0 schmelzen und bei 217^0 sieden, in Wasser nur wenig, in Alkohol, Äther und Alkalien leicht löslich. Vorsichtig aufzubewahren!	Zur Behandlung des Erysipels in Salbenform. Rp. Phenoli monochlorati 0,3—0,6 Vaselin 30,0. (Tschuriloff.) Zur Desinfection tuberkulöser Sputa. (Spengler.)
Chlorphenol, salicylsaures = Chlorsalol.			
Chlorsalol Salicylsäurechlorphenylester. Chlorphenol, salicylsaures. $C_6H_4(OH)CO . OC_6H_4Cl$	Man lässt auf ein Gemisch von Ortho-, bezw. Parachlorphenol und Salicylsäure bei einer Temperatur von etwa 140^0 Phosphorpentachlorid einwirken, wäscht nach beendigter Salzsäureentwicklung das Reactionsprodukt mit Wasser und Sodalösung und krystallisiert aus Alkohol um.	Salicylsäure-o-chlorphenylester bildet farblose, bei 55^0 schmelzende, Salicylsäure-p-chlorphenylester farblose, bei 72^0 schmelzende Krystalle, die sich in Alkohol lösen und in Wasser unlöslich sind.	An Stelle des Salols, vor dem sich diese Körper durch energischere antiseptische Wirkung auszeichnen sollen, empfohlen. Dosis 4,0—6,0 pro die.
Chloryl Coryl.	Ein Gemisch aus Chlormethyl und Chloräthyl.	Farblose Flüssigkeit.	Als lokales Anaestheticum.
Chroatol Terpinjodhydrat. $C_{10}H_{16} . 2HJ$ (?)	Durch Einwirkung von conc. Jodwasserstoffsäure auf Terpinhydrat.	Grünlichgelbe, aromatisch riechende Krystalle vom Schmp. 77^0, unlöslich in Wasser, leicht löslich in Alkohol, Äther und Glycerin. Vorsichtig aufzubewahren!	Äusserlich für die Wunddesinfection.
Chrysarobin $C_{30}H_{26}O_7$	Durch Reinigung der in den Höhlungen der Stämme von Andira Araroba Aguiar ausgeschiedenen Masse, des sog. Goa-Pulvers, erhalten. Steht in naher Beziehung zur Chrysophansäure, in welche es bei der Oxydation übergeht.	Gelbes, leichtes, krystallinisches Pulver. Kaum löslich in Wasser, von 33 T. siedenden Benzols, schwer von Alkohol, Äther, Schwefelkohlenstoff gelöst werdend. Lässt sich unzersetzt sublimieren. Wird von ätzenden Alkalien mit gelber Farbe und grüner Fluorescenz gelöst.	Gegen verschiedene Hautkrankheiten, insbesondere Psoriasis, Pityriasis versicolor, Herpes tonsurans, Eczema marginatum angewendet in Form von Salben (1:10). Beim Gebrauch stärkerer Salben (20 pCt.) ist die Gefahr des Entstehens einer über die Einwirkungsstelle hinaus sich erstreckenden Dermatitis vorhanden. Besonderer Schutz für die Augen erforderlich!

Name und Formel.	Darstellung.	Eigenschaften.	Anwendung.
Chrysoidin Diamidoazobenzol. salzsaures. $C_6H_5N = NC_6H_3(NH_2)_2 \cdot HCl$	Diazoverbindung, gebildet durch Kombination von Anilin mit m-Phenylendiamin.	Rotbraunes, krystallinisches Pulver, in Wasser mit brauner Farbe löslich. Auf Zusatz von Natronlauge zur wässerigen Lösung entsteht ein rotbrauner Niederschlag.	Zur Desinfektion grösserer Wassermengen (Brunnen), zur Desinfektion des Mundes, der Speiseröhre und des Magens. (Blachstein.)
Chrysophansäure = Acidum chrysophanicum.			
Chrysotoxin = Spasmotin.			
Cinchonidinum sulfuricum α-Chinidin, schwefelsaures. Cinchonidin, schwefelsaures. Cinchovatin, schwefelsaures. $(C_{19}H_{22}N_2O)_2 \cdot H_2SO_4 + 3H_2O$	Cinchonidin kommt als Begleiter des Chinins in den meisten Chinarinden vor. Das schwefelsaure Salz erhält man durch Sättigen des Alkaloids mit verdünnter Schwefelsäure. Es krystallisiert aus verdünnter wässeriger Lösung mit 6 Mol., aus konzentrierter wässeriger Lösung mit 3 Mol. Wasser.	Farblose, glänzende Nadeln oder harte glänzende Prismen, welche sich in etwa 100 Teilen kalten und in 5 Teilen siedenden Wassers lösen. Vor Licht geschützt aufzubewahren!	Als Antipyreticum. Es wirkt schwächer als Chinin. 4 T. des letzteren entsprechen 6 T. Cinchonidin.
Cinchonin-Herapathit = Antiseptol.			
Cinchoninjodosulfat = Antiseptol.			
Cinchoninum jodosulfuricum = Antiseptol.			
Cinchovatin = Cinchonidin.			
Cineol = Eucalyptol.			
Cinnamol	Rectifiziertes Zimtöl.		
Cinnamyl-Guajacol = Styracol.			
Cinnamyl-Eugenol Eugenolcinnamylat. Eugenolzimmtsäureester. $C_6H_3(C_3H_5)(OCH_3)O—CO.C_2H_2.C_6H_5=$ $CH_2—CH=CH_2$ ⌬ OCH_3 $O.OC.CH=CH-C_6H_5$	Cinnamylchlorid wird bei Gegenwart von Alkali mit der äquimolekularen Menge Eugenol zusammengebracht und das Reactionsprodukt aus Alkohol umkrystallisiert.	Farb-, geruch- und geschmacklose, neutral reagierende glänzende Nadeln vom Schmelzp. 90 bis 91°. Sie lösen sich kaum in Wasser, leicht in heissem Alkohol, Chloroform, Äther, Aceton.	Bei phthisischen Zuständen. Dosis 0,3—0,6 g mehrmals täglich.
Citronensäure = Acidum citricum.			
Citronensaures Silber = Itrol.			
Citrophen Citronensäuretri-p-phenetidid. Tri-Citryl-p-Phenetidin. $C_3H_4(OH)(CO.NH.C_6H_4OC_2H_5)_3$ *D. R. P. a. Höchst.*	Bei der Einwirkung von Citronensäure auf p-Phenetidin in Anwesenheit wasserentziehender Mittel.	Weisses, nach Citronensäure schmeckendes Pulver. Schmelzp. 181°; in 40 Teil. kalten Wassers löslich, leicht in heissem. Vorsichtig aufzubewahren!	Antipyreticum und Antineuralgicum (0,5—1 g setzen bei Typhus nach 2 Stunden die Temperatur um 2—3 Grad herab). Bei Migräne und Neuralgieen. Dosis: 0,5 g. Grösste Tagesgabe: 6 g! (Benario.)

Name und Formel.	Darstellung.	Eigenschaften.	Anwendung.
Citrullin = Colocynthidin.			
Cocaïn-Aluminiumcitrat D. R. P. Riedel. No. 88436 vom 8. Dez. 1895.	Aus 3 Mol. citronensaurer Thonerde und 1 Mol. Cocaïn bestehende Verbindung.	Faserig-krystallinische Verbindung, in kaltem Wasser schwer, in heissem Wasser leichter löslich, in Alkohol und Äther unlöslich.	Wirkt zunächst adstringierend, dann anästhesierend.
Cocaïnum hydrochloricum Cocaïn, chlorwasserstoffsaures. $C_{17}H_{21}NO_4 \cdot HCl$	Ein neben anderen Pflanzenbasen (Isatropylcocaïn [Cocamin], Cinnamylcocaïn u. s. w.) in den Cocablättern (Erytroxylon Coca Lam.) vorkommendes Alkaloid. Cocaïn ist auch auf synthetischem Wege aus der allen Cocabasen gemeinsamen Spaltbase Ecgonin erhalten worden. Es ist Benzoylecgoninmethylester.	Farblose, durchscheinende Krystalle, vom Schmelzpunkt 186°. In Wasser und Weingeist leicht löslich. Die Lösungen besitzen bitteren Geschmack und rufen auf der Zunge eine vorübergehende Unempfindlichkeit hervor. Das Alkaloid spaltet sich leicht (schon beim Kochen der wässerigen Lösung) in Benzoylecgonin (bez. Ecgonin und Benzoësäure) und Methylalkohol. Vorsichtig aufzubewahren!	Als lokales Anästheticum bei rhinoskopischen, laryngoskopischen Untersuchungen und bei Augenoperationen; auch als Anodynum, besonders bei Verbrennungen, Otitis media, Larynxgeschwüren und bei Affectionen des Mastdarms und der Blase, seltener als anämisierendes Mittel, z. B. bei Augenentzündungen. Innerl. als Excitans, bei Seekrankheit, Erbrechen u. s. w. Dosis 0,1—0,2 g. Grösste Einzelgabe 0,05 g! Grösste Tagesgabe 0,15 g!
Cocaïnum lacticum Cocaïn, milchsaures.	Durch Auflösen von Cocaïnbase in konzentrierter Milchsäure.	Weisse, dickflüssige Masse, welche in Wasser leicht löslich ist. Vorsichtig aufzubewahren!	Bei tuberkulösen Blasenentzündungen empfohlen, um die grosse Empfindlichkeit der Gefässe beim Gebrauch von Milchsäure aufzuheben. Zu subkutaner Injektion: Cocaïn. lactic. 1,0 Acid. lactic. 5,0 Aq. destill. 5,0 (Wittzack.)
Cocaïnum phenylicum	Aus äquivalenten Mengen Cocaïn und Phenol bestehend.	In Wasser fast unlösliche, in Weingeist lösliche honigartige, dicke Masse. Vorsichtig aufzubewahren!	Zur lokalen Anästhesie bei Zahnoperationen. Äusserlich zu Einblasungen bei Kehlkopfkatarrh, als Schnupfpulver bei Nasenkatarrh u. s. w. Innerlich bei Magenkatarrh 0,1 g. (v. Oefele.)
Cocaïnum stearinicum Cocaïnstearat. $C_{17}H_{21}NO_4 \cdot C_{17}H_{35}COOH$	Durch Umsetzen von Natriumstearat und Cocaïnhydrochlorid.	Fettglänzende Krystalle mit 51,6 pCt. Cocaïn. Vorsichtig aufzubewahren!	In Öl gelöst an Stelle des ölsauren Cocaïns und ähnlicher Präparate verwendbar. Dosis 0,5 : 50,0 g Öl.
Cocapyrin	Gemisch von Antipyrin mit 1 pCt. Cocaïnchlorhydrat.	Weisses Pulver. Vorsichtig aufzubewahren!	Analgeticum. Dosis: 0,2 g in Pastillenform mehrmals täglich.
Cocculin = Picrotoxin.			

Name und Formel.	Darstellung.	Eigenschaften.	Anwendung.
Codeïnum phosphoricum Codeïn, phosphorsaures. $C_{18}H_{21}NO_3 \cdot H_3PO_4 + 2H_2O$ Auf Codeïn: *D. R. P. Knoll No. 39887. 1886.*	Codeïn findet sich neben anderen Alkaloiden zu 0,5—0,75 pCt. im Opium. Auf künstlichem Wege wird Codeïn durch Methylieren des Morphins erhalten.	Feine, farblose, bitter schmeckende Nadeln, die sich leicht in Wasser, schwerer in Weingeist lösen. Vorsichtig aufzubewahren!	An Stelle des Morphins, vor dem es sich durch eine mildere Wirkung auszeichnet, als Narcoticum, besonders in der Kinderpraxis angewendet. Als Sedativum bei Krankheiten der Respirationsorgane, bei tobsüchtigen Erregungszuständen, bei stark vermehrtem Auswurf und Diarrhöen der Phthisiker u. s. w. Interne Dosis 0,025 bis 0,05 g in Pulvern oder Lösungen. Bei Kindern kann schon 0,01 g gefährliche Narkose hervorrufen. Grösste Einzelgabe 0,1 g! Grösste Tagesgabe 0,4 g!
Codöl = Retinol.			
Coffeïn Caffeïn. Guaranin. Theïn. Trimethylxanthin. $C_8H_{10}N_4O_2 + H_2O =$ $H_3C.N-CO$ $\quad\quad\quad\quad\quad\;\;\; \mid$ $\quad CO\;\; C-N.CH_3$ $\quad\;\mid\quad\;\; \mid\quad\quad >CH$ $H_3C.N-C-N$ *D. R. P. E. Fischer No. 86562 vom 23. April 1895, No. 90158 vom 22. März 1896.*	Findet sich in den Kaffeebohnen, im Thee, in der Guarana, in der Kolanuss und wird besonders aus dem Theestaub (Theekehricht), worin es bis zu 2 pCt. enthalten ist, praktisch dargestellt. Nach E. Fischer synthetisch aus Dimethylharnstoff. Dieser liefert bei der Kondensation mit Malonsäure Dimethylbarbitursäure, welche durch Einwirkung von salpetriger Säure in Dimethylviolursäure übergeht, diese durch Reduktion in Dimethyluramil und dieses durch Kaliumcyanat in Dimethylpseudoharnsäure. Durch Einwirkung von Phosphorpentachlorid auf γ-Dimethylharnsäure entsteht Chlortheophyllin, das bei der Reduktion Theophyllin und dieses bei der Methylierung Coffeïn liefert.	Farblose, glänzende, biegsame Nadeln, die bei 230,5° schmelzen, aber schon wenig über 100° in geringer Menge sich zu verflüchtigen beginnen. Mit 80 T. Wasser giebt C. eine farblose, neutrale, schwach bitter schmeckende Lösung. Vorsichtig aufzubewahren!	Als Analepticum, Diureticum, auch in manchen Fällen von idiopathischer u. hysterischer Hemicranie angezeigt. Dosis: 0,05—0,5 g mehrmals täglich, meist in Pulverform, auch in Pillen oder Pastillen. Als Herztonicum (wenn keine Hypotrophie besteht) subcutan täglich 1—4 Injektionen. Bei Collaps, als Erregungsmittel bei narkot. Vergiftungen, nach Langgaard bei Curarevergiftung. Grösste Einzelgabe 0,5 g! Grösste Tagesgabe 1,5 g!
Coffeïn-Chloral Chloral-Coffeïn.	Durch Einwirkung aequimolekularer Mengen von Coffeïn und Chloral auf einander.	Farblose, glänzende Blätter, in Wasser und Alkohol löslich. Beim Erwärmen mit Alkalien spalten sie sich in Coffeïn und Chloroform. Vorsichtig aufzubewahren!	Bei hartnäckigen Obstipationen subcutan angewandt. Leichtes Abführmittel und Beruhigungsmittel bei Reizung des peripherischen Nervensystems. Dosis 0,2—0,4 g pro die bis 0,9 g. (Ewald.)

Name und Formel.	Darstellung.	Eigenschaften.	Anwendung.
Coffeïnjodnatrium = Jodocoffeïn.			
Coffeïnjodol = Jodolum coffeïnatum.			
Coffeïnsulfosaures Natrium = Symphorol.			
Coffeïnum-Natrium benzoicum	Dargestellt durch Eindampfen einer wässerigen Lösung gleicher Teile Coffeïn und Natriumbenzoat.	Weisse, krystallinische Krusten, die sich leicht in Wasser lösen.	Anwendung wie die des Coffeïns.
Coffeïnum-Natrium cinnamylicum	Dargestellt durch Eindampfen einer wässerigen Lösung gleicher Teile Coffeïn und Natriumcinnamylat.	Weisse, wasserlösliche Krusten.	Anwendung wie die des Coffeïns.
Coffeïnum-Natrium salicylicum	Dargestellt durch Eindampfen einer wässerigen Lösung gleicher Teile Coffeïn und Natriumsalicylat.	Weisse Krusten, in 2 T. Wasser, sowie in 20 T. Weingeist löslich.	Vereint die Wirkung des Coffeïns mit derjenigen des Natriumsalicylats.
Coffeïnum trijodatum Dijodcoffeïn, jodwasserstoffsaures. $(C_8H_{10}N_4O_2J_2HJ)_2 + 3H_2O$	Entsteht beim Versetzen einer schwach alkoholischen Lösung von Coffeïn mit Jodwasserstoffsäure.	Metallglänzende, graugrüne Prismen, die sich in Weingeist mit brauner Farbe leicht lösen. Vorsichtig aufzubewahren!	0,12—0,24 g innerlich als milde wirkendes Jodpräparat empfohlen. (Granville.)
Coffeïnum valerianicum	Beim Eindampfen einer Coffeïnlösung in Baldriansäure.	Weisse Krystallmasse! Vorsichtig aufzubewahren!	Bei hysterischer Hemicranie. Dosis: 0,5—0,2 g. Grösste Tagesgabe: 0,4 g!
Coffeo-Resorcin	Verbindung von Coffeïn mit Resorcin.		
Colchicin $C_{22}H_{25}NO_6$	Ein in allen Teilen der Herbstzeitlose (Colchicum autumnale L.) vorkommendes Alkaloid.	Gelblichweisse amorphe Masse, in kaltem Wasser in jedem Verhältnis, in warmem Wasser weniger löslich. Chloroform und Alkohol lösen C. sehr leicht, trockener Äther fast gar nicht, kaltes Benzol kaum. Es schmilzt bei 145°. Sehr vorsichtig aufzubewahren!	Bei Gichtanfällen und Rheumatismus zu 0,001 g dreimal täglich in Pillen oder Lösung. Subcutaninjection bedingt sehr starke örtliche Irritation. Grösste Tagesgabe: 0,005 g!
Colligamen	Glycerinzinkleim.		Zu Verbandzwecken in der Wundbehandlung.
Collodium	Besteht im Wesentlichen aus einer 4prozentigen Lösung von Cellulosetetranitrat $C_{12}H_{16}(O.NO_2)_4O_6$ und Cellulosepentanitrat $C_{12}H_{15}(O.NO_2)_5O_5$ (Collodiumwolle) in einem Gemisch aus 6 Teil. Weingeist und 42 Teil. Äther.	Farblose oder nur schwach gelblich gefärbte neutrale Flüssigkeit von Sirupdicke.	Zum Schliessen von Wunden, wunder Hautstellen, leichter Brandwunden, zum Bedecken von Frostbeulen u. s. w., sowie als Vehikel für äusserlich zu verwendende Arzneikörper benutzt.
Collosin	Eine mit Kampher versetzte Lösung von Cellulosenitrat in Aceton. Vergl. Filmogen!		Hautfirnis.

Name und Formel.	Darstellung.	Eigenschaften.	Anwendung.
Colloxylin = Collodiumwolle.			
Colocynthin Citrullin. $C_{56}H_{84}O_{23}(?)$	Das wirksame Glykosid der Koloquinten.	Gelbe amorphe, intensiv bitter schmeckende Masse.	Abführmittel für Tiere, je nach der Grösse derselben: Dosis: 0,025—1 g als Klystier in Glycerin und Alkohol gelöst in halbstündlich wiederholten Gaben. (Ellenberger u. Baum)
Conchininum sulfuricum = Chinidinum sulfuricum.			
Coniin $C_{18}H_{17}N$	Ein Alkaloid, welches wahrscheinlich an Äpfelsäure gebunden, sich in allen Teilen der Schierlingspflanze, Conium maculatum L., besonders in den Früchten findet.	Farblose, ekelhaft (nach Mäuseharn) riechende bei 166—167° siedende Flüssigkeit, in 90 Teilen Wasser löslich, welche Lösung sich beim Erwärmen trübt. Leicht löslich in Alkohol, Äther, flüchtigen und fetten Ölen. Sehr vorsichtig aufzubewahren!	Innerlich als Antispasmodicum, besonders bei Krämpfen der Respirationsorgane, namentlich Keuchhusten, Asthma, bei Hustenreiz im letzten Stadium der Tuberkulose, bei Pneumonie u. s. w. Anwendung in wässeriger oder wässerig-alkoholischer Lösung. Dosis: 0,001—0,002 g. Äusserlich zu Einreibungen, zu Collyrien (1—3 Tropfen mit 25 g Wasser und 5 g Mucilago), zu Salben und Linimenten gegen chronische Hautausschläge u. s. w. Grösste Einzel- und Tagesgabe: 0,003 g!
Coniinum hydrobromicum Coniin, bromwasserstoffsaures. $C_8H_{17}N \cdot HBr$	Wird wässerige Bromwasserstoffsäure mit Coniin neutralisiert, so scheidet sich in konzentrierter Lösung das Salz in Nadeln aus.	Farblose, glänzende, rhombische Krystalle, in Wasser und Weingeist löslich. Sehr vorsichtig aufzubewahren!	Anwendung zu gleichem Zweck, wie die freie Base. Man verabreicht das Salz in wässeriger Lösung. Dosis: 0,002—0,005 g. Grösste Einzel- und Tagesgabe: 0,01 g!
Convallamarin $C_{23}H_{44}O_{12}$	Glykosid der Maiblumen (Convallaria majalis L.)	Weisses, krystallinisches, bitter-süss schmeckendes Pulver, in Wasser und Alkohol leicht löslich, in Äther nahezu unlöslich. Zerfällt beim Erwärmen mit verdünnten Säuren in Zucker und Convallamaretin. Vorsichtig aufzubewahren!	Bei Herzschwäche und Compensationsstörungen subcutan angewendet. Subcutane Dosis: 0,005—001 g, intern 0,05 g pro dosi und bis 0,5 g pro die.
Convallarin $C_{34}H_{62}O_{11}$	Glykosid der Maiblumen (Convallaria majalis L.)	Farblose, in rechtwinkligen Säulen zu erhaltende Krystalle, leicht löslich in Alkohol, unlöslich in Äther. Vorsichtig aufzubewahren!	Bei Herzschwäche und Compensationsstörungen. Dosis 0,05—0,1 g. Grösste Tagesgabe 0,25 g!
Copraol	Vermutlich ein von den niedrig schmelzenden Fettsäureestern befreites Cocosfett.	Geruchlose, bei 30,3° schmelzende, bei 21° erhärtende Masse.	Wird benutzt zur Herstellung von Stuhlzäpfchen, Vaginalkugeln, Bougies u. s. w.

Name und Formel.	Darstellung.	Eigenschaften.	Anwendung.
Cornesin	Ein besonders gereinigter Robbenthran.		Bei Augenleiden empfohlen.
Cornutin	Ein von Kobert und später von Keller aus dem Mutterkorn isoliertes Alkaloid von noch unbekannter Zusammensetzung.	Rötliches oder gelbliches Pulver (Kobert) oder farblose Krystalle (Keller), welche mit Citronensäure, Weinsäure, Benzoësäure, Salzsäure leicht lösliche Salze bilden. **Sehr vorsichtig aufzubewahren!**	Bei Blutungen nach Abortus und bei Menorrhagieen. Mittel zur Erregung der Uteruskontraktionen, sowohl des schwangeren Uterus inter partum als auch des nicht mehr schwangeren, aber schlecht kontrahierten Organes gerühmt. Dosis: 0,005 g. Tagesdosis 0,01 g!
Coronillin $(C_7H_{12}O_5)x$	Aus dem Samen von Coronilla scorpioides dargestelltes Glykosid.	Gelbes, lockeres Pulver, in Wasser und Alkohol löslich. **Vorsichtig aufzubewahren!**	Als Herzmittel; es bewirkt Verstärkung des Pulsschlages, Zunahme der Diurese u. Abnahme der Oedeme u. Dyspnoe. Dosis: 0,1; pro die 0,6 g. (Spillmann und Haushalter, Prevost.)
Coryl = Chloryl.			
Cosaprin $C_6H_4\genfrac{}{}{0pt}{}{NH\,COCH_3}{SO_3Na}$ = $C_6H_4\genfrac{}{}{0pt}{}{NH.COCH_3}{SO_3Na}$ *D. R. P. a. Hoffmann-La Roche & Cie. in Basel.*	Durch Behandeln von sulfanilsaurem Natrium mit Essigsäureanhydrid.	Kleinkrystallinische Masse, leicht löslich in Wasser, schwer löslich in Alkohol, fast unlöslich in Aether. **Vorsichtig aufzubewahren!**	An Stelle des sulfanilsauren Natriums, vor dem es sich durch geringere Giftigkeit auszeichnen soll, für die Therapie in Aussicht genommen.
Cosmolin = Vaselin.			
Cotarninum hydrochloricum = Stypticin.			
Cotoin $C_{14}H_{12}O_4 =$ $C_6H_2\begin{cases}(OH)_2\\OCH_3\\COC_6H_5\end{cases}$	Ein in der aus Bolivia eingeführten Cotorinde vorkommender Pflanzenstoff.	Gelbliche, bei 130° schmelzende prismatische Krystalle von beissend scharfem Geschmack. Schwer löslich in Wasser, leicht in Alkohol, Äther, Chloroform. Sein Staub verursacht Niesen und Hustenreiz. **Vorsichtig aufzubewahren!**	Als Antidiarrhoicum. Dosis: 0,005—0,01 bis 0,05 g ein- bis dreimal täglich. Es wird heute nur das Paracotoïn zu gleichem Zweck verwendet.
Crelium	Kresolseifengemisch.		
Creolin Sanatol.	Eine Lösung von Roh-Kresolen. Die sog. rohe Carbolsäure wird mit conc. Schwefelsäure behandelt, das Reaktionsprodukt mit Wasser verdünnt, durch Zusatz von Kochsalz ausgesalzen, der ausgeschiedene Körper mit Alkali neutralisiert und mit kleinen Mengen von Teerkohlenwasserstoffen versetzt.	Dunkelbraune, alkalisch reagierende Flüssigkeit, welche beim Verdünnen mit Wasser eine Emulsion bildet, die lange Zeit haltbar ist.	Zu Desinfektionszwecken (für Aborte, Ställe u. s. w.) in Verdünnung mit Wasser (5—10 prozent. Verdünnung). Innerlich zu 0,3 g in Kapseln.

Name und Formel.	Darstellung.	Eigenschaften.	Anwendung.
Creosal = Tannosal.			
Creosotal = Kreosotcarbonat.			
Creosotum carbonicum = Kreosotcarbonat.			
Cresalol = Kresalol.			
Cresapol, eine Kresolseife.			
Cresolin	Gemenge von Harzseifen mit Roh-Kresolen, denen Teerkohlenwasserstoffe beigemischt sind.	Dunkelbraune Flüssigkeit vom spec. Gew. 1,080 bis 1,085, welche sich mit Wasser zu einem emulsionsartigen Gemisch verdünnen lässt.	Zu Desinfektionszwecken, wie das Creolin.
Crotonchloralhydrat = Butylchloralhydrat.			
Crystalli tartari = Tartarus depuratus.			
Crystallin	Besteht aus einer 4 prozentigen Lösung von Cellulosetetranitrat $C_{12}H_{16}(ONO_2)_4O_6$ in Methylalkohol.	Farblose, dicke Flüssigkeit.	An Stelle von Collodium und wie dieses für medizinische Zwecke empfohlen. (Philipps.)
Crystallose s. Saccharin-Natrium.			
Cubebensäure = Acidum cubebicum.			
Cubebin $C_{10}H_{10}O_3 =$ $CH_2{<}^O_O{>}C_6H_3.C_3H_4.OH$	Aus den Früchten von Cubeba officinalis s. Piper Cubeba.	Farblose Krystallnadeln oder perlmutterglänzende Blättchen, die in Wasser kaum löslich sind, leicht löslich aber in Alkohol, Äther, Chloroform.	Dosis bei Gonorrhoë noch nicht festgestellt.
Cumarin Cumarsäureanhydrid. Tonkabohnenkampher. $C_6H_4{<}^{O-CO}_{CH=CH}$	Findet sich in den Tonkabohnen, dem Waldmeister, in Anthoxanthum odoratum L., in den Melilotus-Arten u. s. w. und wird künstlich gewonnen durch Kochen von Salicylaldehyd mit Natriumacetat und Essigsäureanhydrid.	Farblose, glänzende, eigenartig riechende, prismatische Krystalle vom Schmelzp. 67°. Schwer in kaltem, leichter in siedendem Wasser, leicht in Alkohol und Äther löslich.	Als Desodorans für eine Anzahl durchdringend riechender Arzneistoffe (z. B. Jodoform) im Gebrauch.
Cumarsäureanhydrid = Cumarin.			
Cupratin	Eine ähnlich dem Ferratin hergestellte Kupfereiweissverbindung.		
Cuprohaemol Haemolum cupratum. D. R. P. Merck No. 86146 vom 14. Juni 1894.	Durch Fällung einer Blutlösung mit Kupfersalzlösung.	Dunkelbraunes Pulver.	Gegen Anämie. (Scarpinato, Fleischl, Brandl.)
Cutol Aluminium boricotannicum.	Enthält Aluminiumoxyd 13,78, Borsäureanhydrid 39,23, Gerbsäure 46,99 Teile.	Hellbraunes, in Wasser unlösliches Pulver. Mit Hilfe von Weinsäure löst es sich in Wasser reichlich.	Desinfizierendes Adstringens gegen Gonorrhoë; bei Hautkrankheiten in 10—20-prozentigen Salben.
Daturin = Hyoscyamin.			

Name und Formel.	Darstellung.	Eigenschaften.	Anwendung.
Dermasot	Aluminiumacetatlösung mit Fuchsin gefärbt und mit Essigäther parfümiert.		Gegen Fussschweiss empfohlen.
Dermatol Bismutum gallicum basicum. Bismutum subgallicum. Wismut, basischgallussaures. $C_6H_2(OH)_3COOBi(OH)_2$	Wismutnitrat wird in Eisessig gelöst, die Lösung mit Wasser verdünnt und unter Umrühren eine warme Lösung von Gallussäure eingerührt.	Schwefelgelbes, geruch- und fast geschmackloses Pulver; unlöslich in Wasser, Weingeist und Äther, ebenso in verdünnten Säuren.	Geruchloses Trockenantisepticum für die chirurgische, gynäkologische und dermatologische Praxis. Hämostaticum. Innerlich in der Dosis von 2 g pro die bei Magen- und Darmaffektionen empfohlen. (Heinz u. Liebrecht, Doernberger, Wiemer, Hecht u. A.) Als Antidiarrhoicum: 0,25—0,5 g pro dosi 2—6 g pro die. (Colasanti u. Dutto.)
Dermol Wismut, chrysophansaures. $Bi(C_{15}H_9O_4)_3Bi_2O_3$	Durch Fällen einer Lösung von Wismutnitrat aus einer Lösung von Chrysophansäure in Natronlauge.	Amorphes, gelbes Pulver, unlöslich in den gewöhnlichen Lösungsmitteln, löslich in Salpetersäure mit saffrangelber, in Schwefelsäure mit rot-violetter Farbe.	Bei Hautkrankheiten (Psoriasis, Herpes, Pityriasis) in Salbenform. (Torjescu.)
Desinfectin	Aus den Rückständen der Roh-Naphta-Destillation (Masut) hergestellt.		Desinfektionsmittel.
Desinfectol Izal.	Gemisch von Teerkohlenwasserstoffen und Roh-Kresolen, welche durch Alkali bez. Harzseifen löslich gemacht sind.	Dunkelbraune, mit Wasser ein milchig trübes Liquidum gebende Flüssigkeit.	Für Desinfektionszwecke, wie Creolin.
Desodor	Formaldehyd haltende Mundwasseressenz.		
Dextrin Stärkegummi. $(C_6H_{10}O_5)_n$	Beim Erwärmen von Stärkemehl mit verdünnten organischen oder anorganischen Säuren oder mit Malzaufguss oder endlich beim Erhitzen von Stärkemehl auf 200°.	Gelblichweisses Pulver, in Wasser klar löslich. Die Lösung wird durch Alkohol gefällt. Dextrin dreht die Ebene des polarisierten Lichtes nach rechts.	Als Digestivum bei Verdauungsschwäche von Kindern. Dosis 1—2—3 g in Zuckerwasser (mit etwas Natriumbicarbonat oder Kochsalz). Auch an Stelle des Gummi arabicums zu einhüllenden Getränken benutzt. Äusserlich zu festen Verbänden.
Dextrococaïn = Iso- oder Rechtscocaïn.			
Dextroform	Durch Einwirkung von Formaldehyd auf Dextrin.	Weisses, wasserlösliches Pulver.	Zu gleichen Zwecken wie das Amyloform.
Dextrosaccharin	Gemisch von Glukose mit Saccharin.		
Diabetin = Laevulose.			

Name und Formel.	Darstellung.	Eigenschaften.	Anwendung.
Diacetanilid $C_6H_5N(COCH_3)_2 =$ (structure: N with two COCH₃ groups attached to phenyl) H_3COC $COCH_3$	Acetanilid wird mit Eisessig im Autoklaven auf 200—250⁰ erhitzt. Das Reaktionsprodukt wird mit Ligroin aufgenommen.	Krystallinische Blättchen. Vorsichtig aufzubewahren!	Die physiologische Wirkung ist der des Acetanilids sehr ähnlich.

Diaethylacetal = Acetal.

Diaethylendiamin = Piperazin.

Diaethylsulfondiaethylmethan = Tetronal.

Diaethylsulfondimethylmethan = Sulfonal.

Diaethylsulfonmethylaethylmethan = Trional.

Diamidoazobenzol, salzsaures = Chrysoidin.

Diaphtherin Oxychinaseptol. $HO.C_9H_6N.HSO_3.C_6H_4.OH.N.C_9H_6.OH$	Eine Verbindung von 1 Molekül Oxychinolin mit 1 Molekül phenolsulfosaurem Oxychinolin.	Bernsteingelbe, durchsichtige hexagonale Säulen vom Schmelzp. 85⁰. Zersetzt sich, wenn über 200⁰ erhitzt. Ist in gleichen Teilen Wasser löslich, leicht in verdünntem Alkohol, schwer in absolutem Alkohol. Vorsichtig aufzubewahren!	Als Antisepticum in ½ bis 1 prozentiger wässeriger Lösung bei der Wundbehandlung (Emmerich, Kronacher), sowie bei Ozaena (Rohrer) angewendet. In der zahnärztlichen Praxis wird D. bei Abscessen, Kiefervereiterungen und fistulösen Prozessen verwendet, auch für antiseptische Einlagen in putride Zähne benutzt. (Brandt.) Es ist zu beachten, dass nicht vernickelte Instrumente, in Berührung mit dem Mittel, schwarz anlaufen.
Diaphtol Chinaseptol. Ortho-Oxychinolin-meta-Sulfosäure. $C_9H_5(OH)(SO_3H)N =$ $HO_3.S$ HO N	Entsteht bei der Sulfonisierung des Oxychinolins.	Gelblichweisse Krystalle vom Schmelzp. 295⁰. In kaltem Wasser schwer, leichter in heissem löslich (in 35 Teilen). Ferrichlorid bewirkt in wässeriger Diapthollösung Grünfärbung.	An Stelle des Salols empfohlen. (L. Guignard.)

Dibromgallussäure = Gallobromol.

Dichloressigsäure = Acidum dichloraceticum.

Dichlormethan = Methylenchlorid.

Name und Formel.	Darstellung.	Eigenschaften.	Anwendung.
Dicodeylmethan $C_{18}H_{20}NO_3 \atop C_{18}H_{20}NO_3 {>} CH_2$ (?) D. R. P. Höchst No. 89963.	Codeïn wird in saurer Lösung mit Formaldehyd digeriert. Die blau fluorescierende Lösung wird kalt mit Soda gefällt und der entstehende Niederschlag mit Wasser gewaschen.	Das salzsaure Salz schmilzt bei 140° und ist in Wasser und Alkohol leicht löslich. Vorsichtig aufzubewahren!	Physiologische Prüfung noch nicht abgeschlossen.
Didymin	Organopräparat aus den Hoden der Bullen bereitet.		
Digitalinum verum Kiliani $(C_5H_8O_2)_n$	Glykosid von Kiliani aus Digitalisblättern dargestellt. Es bildet nach Kiliani den wirksamsten Bestandteil des deutschen Digitalins.	Weisses amorphes Pulver, das sich in 1000 T. Wasser und in 100 T. 50 prozentigen Alkohols löst und in Chloroform und Äther fast unlöslich ist. Schmelzp. 217°. Sehr vorsichtig aufzubewahren!	Besitzt nach Böhm und Pfaff die charakteristische Herzwirkung der Digitalis purpurea L. Dosis: mit 0,00025 g beginnend und schnell bis 0,001 g und 0,0015 g pro die steigend. (Mottes, Bardet.)
Digitonin $C_{27}H_{46}O_{14}+5H_2O$	Hauptbestandteil des deutschen Digitalins.	Farblose Krystalle, die mit 600 Teil. kalten und 50 Teilen warmen Wassers keine klare Lösung geben, sich aber in 50 T. 50 prozentigen Alkohols klar lösen. Vorsichtig aufzubewahren!	Wirkt ähnlich dem Quillaja-Saponin.
Digitoxin $C_{31}H_{32}O_7$	Nach Schmiedeberg der wirksamste Bestandteil der Digitalisblätter.	Farblose, in verd. Alkohol lösliche Krystalle. Sehr vorsichtig aufzubewahren!	Nach Wenzel bei Herzklappenfehlern u. Myocarditiden indiziert. Grösste Einzelgabe 0,0005 g! Grösste Tagesgabe 0,002 g! (Schmiedeberg, Hoffmann von Wellenhof)
Dijodcarbazol $C_{12}H_6J_2 : NH$	Durch Einwirkung von Jod auf Diphenylimid (Carbazol).	Gelbe, geruchlose Blättchen. In Wasser unlöslich, leicht löslich in Äther, Benzol, Chloroform, heissem Alkohol. Vorsichtig aufzubewahren!	Antisepticum.

Dijodcoffeïn, jodwasserstoffsaures = Coffeïnum trijodatum.

Dijododithymol = Aristol.

Dijodoform Jodaethylen. Tetrajodaethylen. $C {<}{J_2 \atop H} \atop C{<}{H \atop J_2}$	Dijodacetylen wird in Schwefelkohlenstoff gelöst, die Lösung mit der Lösung einer äquimolekularen Menge Jod in Schwefelkohlenstoff vermischt und unter Luftabschluss eingedampft.	Geruchlose, gelbe, prismatische Nadeln vom Schmelzp. 192°. In Wasser unlöslich, in Alkohol gut löslich. Vorsichtig und vor Licht geschützt aufzubewahren!	An Stelle und in gleichen Dosen wie das Jodoform angewendet. (Maguenne u. Tainc, Regnauld.)

Name und Formel.	Darstellung.	Eigenschaften.	Anwendung.
Dijod-β-Naphtol $C_{10}H_6J_2O_2$	Man lässt auf eine alkalische Lösung von 3 Mol. β-Naphtol eine wässerige Lösung von Kaliumjodid bei Gegenwart von Natriumhypochlorit einwirken.	Grünlich-gelbes, schwach nach Jod riechendes Pulver, unlöslich in Wasser, leicht löslich in Alkohol, Äther. Erhitzt zersetzt es sich unter Ausstossen von Joddämpfen. Vorsichtig aufzubewahren!	Antisepticum. An Stel des Jodoforms angewendet Pulverform oder in 10 b 20 prozentiger Salbe. (Braille.)

Dijodparaphenolsulfonsäure = Acidum sozojodolicum.

Dijodresorcinmonosulfonsaures Kalium = Picrol.

Dijodsalicylsäure = Acidum dijodosalicylicum.

Dijodsalicylsäurephenylester $C_6H_2J_2{<}^{OH}_{COOC_6H_5}$ D. R. P. Ed. Herzfeld.	Äquimolekulare Mengen von Salol und Jod in alkoholischen Lösungen lässt man aufeinander einwirken unter Bindung der entstehenden Jodwasserstoffsäure durch Quecksilberoxyd. Die Trennung vom Jodquecksilber geschieht durch fractionierte Krystallisation.	Seidenglänzende, farblose Nadeln vom Schmelzpunkt 135°. Vorsichtig aufzubewahren!	Als Antisepticum an Stel des Jodoforms. Zum inne lichen Gebrauch an Stelle vc Natriumsalicylat und Kaliun jodid für die Anwendung i Aussicht genommen.
Dijodthioresorcin $C_6H_2O_2J_2S_2$ = (Struktur mit OJ, S) (?)	Durch Behandeln von Dijodresorcin mit Chlorschwefel S_2Cl_2.	Braunes, in Wasser unlösliches, in Alkohol lösliches amorphes Pulver. Zersetzt sich beim Erhitzen unter Entwickelung von Schwefelwasserstoff, ohne zu schmelzen. Vorsichtig aufzubewahren!	Als Trockenantisepticur an Stelle des Aristols ang wendet.
Dimetylacetal Aethylidendimethyläther. $CH_3 - CH{<}^{OCH_3}_{OCH_3}$	Findet sich im rohen Holzgeist und entsteht bei der Oxydation eines Gemenges von Äthyl- und Methylalkohol.	Farblose, ätherisch riechende Flüssigkeit vom Siedepunkt 64°. Spec. Gew. 0,867; ziemlich leicht löslich in Wasser. Vorsichtig aufzubewahren!	Als Anaestheticum zu Na kosen benutzt. Besonders wird eine Miscl ung von 2 Vol. Dimethylacet: und 1 Vol. Chloroform z diesem Zweck empfohlen.

Dimethylaethylcarbonat = Amylenum hydratum.

Dimethylamidophenyldimethylpyrazolon = Pyramidon.

Dimethylarsensaures Natrium = Natrium kakodylicum.

Dimethylbenzole = Xylol.

Dimethylketon = Aceton.

Dimethylpiperazin = Lupetazin.

Dimethylpiperazintartrat = Lycetol.

Dimethylsulfondimethylmethan = Methonal.

Dinitrocellulose s. Collodium.

Dioxyanthranol = Anthrarobin.

Dioxybenzol, para = Hydrochinon.

Name und Formel.	Darstellung.	Eigenschaften.	Anwendung.
Dioxybernsteinsäure = Acidum tartaricum.			
Dioxymethylanthrachinon = Acidum chrysophanicum.			
Diphtericidum	Gemisch aus Dammarharz und Guttapercha mit Thymol, Natriumbenzoat und Saccharin imprägniert.		Vorbeugungsmittel gegen Diphtherie. In Form von sog. „Kaupastillen" im Handel erhältlich.
Diphtherie-Heilserum Behring. Diphtherie-Antitoxin	Das Blutserum von gegen Diphtherie immunisierten Pferden.	Gelbliche Flüssigkeit, welche in 4 Stärken in den Handel gelangt, neuerdings auch in Form eines Trockenpräparates.	Für subcutane Injektionen bei Diphtherie und als Prophylacticum dagegen.
Dipropylendiamin = Lupetazin.			
Ditaïnum hydrochloricum Echitaminchlorhydrat. $C_{22}H_{28}N_2O_4 \cdot HCl$ (E. Harnack.)	Ein glykosidisches Alkaloid der Ditarinde. (Echites scholaris s. Alstonia scholaris.)	Farblose, wasserlösliche Krystalle. Vorsichtig aufzubewahren!	Als Febrifugum. Dosis: 0,01—0,05 g! Grösste Tagesgabe 0,1 g!
Dithion = Natrium dithiosalicylicum.			
Dithymoldijodid = Aristol.			
Diuretin Theobrominnatrium-Natriumsalicylat. $C_7H_7N_4O_2Na + C_6H_4(OH)COONa$	Theobromin wird mit Natronlauge in Lösung gebracht, die äquimolekulare Menge Natriumsalicylat hinzugegeben und zur Trockne eingedampft.	Weisses, amorphes, hygroskopisches Pulver, das von verdünnten Säuren, selbst von Kohlensäure unter Abscheidung von Theobromin sich leicht zersetzt. Leicht löslich in Wasser. Vorsichtig aufzubewahren!	Als Diureticum. Dosis: 1 g bis 6 mal täglich. Besonders empfohlen für den bei Scharlachnephritis zuweilen eintretenden hochgradigen Hydrops. Die Dosen betragen für Kinder von 2—5 Jahren 0,5—1,5 g, von 6—10 Jahren 1,2—3 g pro die. Grösste Einzelgabe 1,0 g! Grösste Tagesgabe 8,0 g! (von Schröder, Gram.)
Dormitiv	Spirituöser, mit Anisöl und Zucker versetzter wohlschmeckender Auszug aus Lactuca sativa.		Als Schlafmittel empfohlen.
Duboisinum sulfuricum $(C_{17}H_{21}NO_4)_2 \cdot H_2SO_4$	Duboisin ist ein Alkaloid, welches sich in den Blättern von Duboisia myoporoides R. Br. findet und dem Hyoscin sehr ähnlich (nach Ladenburg identisch) ist.	Farblose, zerfliessliche, leicht wasserlösliche Krystalle. Sehr vorsichtig aufzubewahren!	Als Hypnoticum und Sedativum bei verschiedenen, mit Aufregungszuständen einhergehenden physischen Erkrankungen. Subcutan bei Frauen 0,0008 bis 0,0012 g, bei Männern 0,0012 bis 0,0022 g pro dosi et die. Intern bei Frauen 0,0008 bis 0,0022 g! (Gellhorn, Näcke, Belmondo, Albertoni, Rabow, Mongeri u. a.)

Name und Formel.	Darstellung.	Eigenschaften.	Anwendung.
Dulcin p-Phenetolcarbamid. Sucrol. $CO{<}^{NH.C_6H_4.OC_2H_5}_{NH_2}$ = OC_2H $N{<}^{CO-NH_2}_{H}$ *D. R. P. Riedel. No. 63485 vom 2. Juli 1891, Zusatzpat. No. 76596 vom 30. Dez. 1892, 77920 vom 23. Nov. 1892, 79718 vom 21. Mai 1893.*	1. Bei der Einwirkung von 1 Mol. p-Phenetidin auf 1 Mol. Kohlenoxychlorid (in Toluol) entsteht Phenetidinkohlenoxychlorid, welches mit Ammoniak D. liefert. 2. Beim Erhitzen von p-Phenetidin oder Salzen desselben mit Harnstoff. 3. Beim Erhitzen von symmetrischem Diparaphenetolcarbamid und gewöhnlichem Harnstoff.	Farblose, bei 173 bis 174° schmelzende Krystallnadeln, welche in 800 Teil. Wasser von 15° in 55 Teil Wasser von 100°, in 25 T. Alkohol von 90°, auch in Äther, Benzol u. s. w. löslich sind. D. besitzt einen ausserordentlich süssen Geschmack: 200 mal so süss wie Rohrzucker.	Als Ersatzmittel des Zucker und des Saccharins empfohlen und in Anwendung Nach Kossel, Ewald u. A in den zu Versüssungszwecken gebräuchlichen und in wei grösseren Dosen unschädlich v. Mering will nach grossen Gaben Icterus beobachtet haben.
Duotal = Guajacolcarbonat.			
Dynamogen	Ein dem Hommel'schen Haematogen ähnliches Blutpräparat.		Bei Anämie und deren Folgezuständen.
Eisen, zuckerhaltiges kohlensaures = Ferrum carbonicum saccharatum.			
Eisenhaemol = Ferrohaemol.			
Eisenoxydul, milchsaures = Ferrum lacticum.			
Eisenpeptonat = Ferrum peptonatum.			
Eisenzucker = Ferrum oxydatum saccharatum solubile.			
Eisessig = Acidum aceticum.			
Elaylchlorür = Aethylenum chloratum.			
Elaylum chloratum = Aethylenum chloratum.			
Embeliasäure s. Acidum embelicum u. Ammonium embelicum.			
Emetin $C_{30}H_{40}N_2O_5$ (Kunz-Krause.)	Alkaloid der Brechwurzel (Cephaëlis Ipecacuanha).	Weisses, amorphes Pulver von schwach bitterem und kratzendem Geschmack. Aus alkoholhaltigem Äther krystallisiert es in Nadeln oder Schuppen. Schwer löslich in Wasser, leicht in Alkohol und Chloroform. Vorsichtig aufzubewahren!	Als Emeticum: Dosis: 0,004—0,008 g in Pulverform oder Lösung, als Expectorans und Antipyreticum bei Lungenentzündung: Dosis 0,001—0,002 g. Gröste Tagesgabe: 0,003 g!
Emulsin	Unter Druck oxydiertes Paraffin (?).		Zur Bereitung haltbarer Öl-Emulsionen empfohlen.
Enterol	Mischung der drei Kresole.	Wenig gefärbte ölige Flüssigkeit.	Als Antiseptikum bei Darmerkrankungen. Dosis: 1—5 g einer Lösung von 0,02 in 100.
Enterolcarbonat	Gemisch der Kohlensäureester des o-, m-, p-Kresols.		Für die innere Desinfektion. Dosis noch nicht festgestellt.
Eosot Kreosotum valerianicum.	Gemisch der Baldriansäureester der Phenole des Kreosots.	Leicht bewegliche, gegen 240° siedende ölige Flüssigkeit. In Alkohol und Äther löslich. Vorsichtig und vor Licht geschützt aufzubewahren!	Gegen Lungentuberculose. Dosis: 0,2 g in Galatine-Kapseln; 3—6—9 Kapseln täglich. (Grawitz.)

Name und Formel.	Darstellung.	Eigenschaften.	Anwendung.
Ephedrinum, Pseudo-, **hydrochloricum** $C_{10}H_{15}NO \cdot HCl$	Das an Salzsäure gebundene Alkaloid aus den Blättern von Ephreda vulgaris Rich.	Farblose Krystalle vom Schmelzp. 116°. In Wasser leicht löslich. Sehr vorsichtig aufzubewahren!	In 1 bis 1.2 prozentiger wässeriger Lösung als Mydriaticum. (Günsberg, Kobert, Spehr, Bechtin.)
Epidermin	Salbengrundlage, welche aus weissem Wachs, Wasser, Gummi (und Glycerin) bereitet wird.		
Ergotinin Tanret Sclerokrystallin Podwyssotzki	Schwach basische Substanz aus dem Mutterkorn, welche nach Tanret das wirksame Princip desselben sein soll. Wahrscheinlich identisch mit Cornutin s. dort.	Prismatische Krystalle, deren alkoholische Lösung sich am Licht und an der Luft schnell färbt. Vorsichtig aufzubewahren!	Kobert hat die Resultate Tanret's nicht bestätigen können. Kobert hat Menschen und verschiedensten Tieren im schwangeren und nicht schwangeren Zustande beträchtliche Mengen Ergotinin beigebracht, jedoch keinen Erfolg gesehen. Als Stypticum. Dosis: 0,001—0,005 g.
Ergotinol	Ein nach besonderem Verfahren hergestelltes Mutterkornextrakt. (Vosswinkel).	Vorsichtig aufzubewahren!	1 ccm Ergotinol entspricht 0,5 g Extr. secal. cornuti Ph. Germ. III.
Ergotinsäure = Acidum ergotinicum.			
Ergotinum gallicum	Mischung von gleichen Teilen Ergotin und Gallussäure.	Vorsichtig aufzubewahren!	Bei starken Lungenblutungen als Haemostaticum. Dosis: 2 stündlich einen Theelöffel voll einer 4 prozentigen Lösung. (Blaschko.)
Ergotsäure = Acidum ergotinicum.			
Erythrolum tetranitricum Erythrolnitrat. $(CH_2ONO_2)_2 (CH \cdot ONO_2)_2$	Durch Einwirkung von Salpetersäure auf den 4 säurigen Alkohol Erythrit.	Farblose, bei 61° schmelzende Krystallblätter, in kaltem Wasser unlöslich, in Alkohol leicht löslich. Vorsicht bei der Dispensation. Explosiv!	Bei Angina pectoris, Asthma, Herzkrankheiten, chronischer Nierenentzündung. (1:60) Dosis: 0,03—0,06 g. (Bradbury.)
Erythrophloeïnum hydrochloricum	Alkaloid der Sassyrinde (Erythrophloeum guineense Don.).	Farblose, wasserlösliche Krystalle. In wässeriger Lösung leicht zersetzlich. Vorsichtig aufzubewahren!	Als lokales Anaestheticum von Lewin empfohlen. Örtlich wirkt es auf Schleimhäute lokal schmerzstillend, jedoch gleichzeitig irritierend, so dass es in die therapeutische Praxis nicht eingeführt ist.
Eseridin $C_{15}H_{23}N_3O_3$	Ein in der Calabarbohne (Physostigma venenosum Balfour) neben Physostigmin und Calabarin vorkommendes Alkaloid.	Farblose, bei 132° schmelzende Krystalle, die sich nur schwierig in Äther lösen. Sehr vorsichtig aufzubewahren!	Besitzt eine sechsmal schwächere Wirkung als Eserin (Physostigmin) und kann, wo dieses indiziert ist, ebenfalls angewendet werden.
Eseridinum tartaricum $C_{15}H_{23}N_3O_3 \cdot C_2H_2(OH)_2COOH)_2$	Durch Sättigen des Eseridins mit Weinsäure.	Farblose, wasserlösliche Krystalle. Sehr vorsichtig aufzubewahren!	Subcutan bei Erkrankungen der Vormägen der Rinder. (Ebert.) 0,3 g entsprechen 0,2 g des Alkaloids.

Name und Formel.	Darstellung.	Eigenschaften.	Anwendung.
Eserinum salicylicum = Physostigminum salicylicum.			
Eserinum sulfuricum = Physostigminum sulfuricum.			
Essigäther = Aether aceticus.			
Essigsäure = Acidum aceticum.			
Essigsäureäthyläther = Aether aceticus.			
Essig-weinsaure Thonerde = Aluminium acetico-tartaricum.			
Eucaïnum hydrochloricum Benzoylmethyl-Tetramethyl-y Oxypiperidincarbonsäuremethylester. $C_{19}H_{27}NO_4 \cdot HCl + H_2O = C_6H_5CO \cdot O\ COOCH_3$ [Strukturformel mit $+ H_2O$] $CH_3 \cdot HCl$ *D. R. P. Schering No. 90 245 vom 26. Mai 1895.*	Triacetonamin wird mit Cyanwasserstoff in das Cyanhydrin, letzteres durch Kochen mit Wasser in eine Oxymethylpiperidincarbonsäure und diese durch Benzoylieren und Methylieren in Eucaïn übergeführt.	Das salzsaure Salz ist in etwa 10 Teilen Wasser bei 15° löslich. Vorsichtig aufzubewahren!	An Stelle des Cocaïns Anaestheticum. (Vinci, Kiesel, Wolf Vollert, Görl, Carter Zwillinger, Best u. a.
Eucalypteol Eucalyptenum hydrochloricum. $C_{10}H_{16} \cdot 2HCl$	Bei der Einwirkung von Salzsäuregas auf Eucalyptol erhalten.	Farblose, perlmutterartige Lamellen, welche von Wasser nicht gelöst werden, in Alkohol, Äther und Chloroform leicht löslich sind. Schmelzp. 50°, Siedepunkt 115°. Vor Licht geschützt aufzubewahren!	Bei Intestinalleiden, Typhus, Diarrhoe u. s. empfohlen. Dosis 1—2 g. (Lafage u. Anthoine Lafage u. Lully.)
Eucalyptol Cajeputol. Cineol. $C_{10}H_{18}O$	Kommt in dem ätherischen Öl verschiedener Eucalyptusarten (Eucalyptus globulus, E. amygdalina) vor.	Farblose, bei 176—177° siedende Flüssigkeit vom spez. Gew. 0,930. In Wasser kaum löslich, leicht löslich in absolutem Alkohol, Äther, Chloroform, fetten Ölen. Vor Licht geschützt aufzubewahren!	Bei Tuberkulose, Lunge gangrän, Pneumonie, Asthm katarrhalischen Affektion der Harnwege, äusserlich Desinficiens beim Wundv band, ferner zu Einreibung bei Rheumatismus, Neur gieen u. s. w. Dosis: innerlich 5 Tr. Gelatinekapseln oder in Em sionsform, mehrmals täglic
Eucalyptoresorcin	Man bringt Eucalyptol und Resorcin in der Wärme zusammen und reinigt die krystallinische Masse durch Umkrystallisieren aus Alkohol.	Weisses, krystallinisches Pulver, das in Alkohol, Äther, Chloroform löslich ist. In kaltem Wasser unlöslich, in 90° heissem schmilzt der Körper zu öligen Tropfen. Bei 100° sublimiert das E. unter Entwickelung eines kampherähnlichen Geruchs. Vor Licht geschützt aufzubewahren!	Als Antisepticum. E pfohlen werden Inhalation der alkoholischen Lösung l Phthisis mit foetidem A wurf.

Name und Formel.	Darstellung.	Eigenschaften.	Anwendung.
Eucasin	Eine Caseïnammoniakverbindung, welche durch Überleiten von Ammoniakdämpfen über Caseïn dargestellt wird. 30—40 g Eucasin entsprechen 24—32 g Eiweiss.	Feines Pulver, das in warmem Wasser ganz oder mit einer leichten Trübung löslich ist.	Als Nährmittel empfohlen. (Salkowski.) Eucasin setzt die Harnsäureabscheidung herab. (Laquer, A. Cohn, Pariser.)
Euchinin Aethylkohlensäureester des Chinins. $CO\!<\!\!{}^{OC_2H_5}_{OC_{20}H_{23}N_2O}$ *D. R. P. Zimmer No. 91370—1897.*	Durch Einwirkung von chlorkohlensaurem Aethyl auf Chinin erhalten.	Farblose, geschmacklose Krystalle, vom Schmelzpunkt 95^0, in Wasser schwer, leicht in Alkohol, Äther, Chloroform löslich.	Bei Tussis convulsiva, bei hektischem Fieber der Lungenschwindsucht, sowie in den späteren Stadien der Pneumonie und des Typhus. Dosis: 1—2 g. (C. v. Noorden.)
Eudoxin Wismutsalz des Tetrajodphenolphtaleïns (des Nosophens) *D. R. P. siehe Nosophen.*	Durch Fällen des Tetrajodphenolphtaleïnnatriums mit Wismutnitratlösung. Enthält $52,9\%$ Jod u. $14,5\%$ Wismut.	Rötlichbraunes, geruch- und geschmackloses, unlösliches Pulver.	Bei Magen- und Darmerkrankungen in Dosen von 0,3—0,5 g für Erwachsene, für Kinder von 5—10 Jahren 0,1—0,2 g, bei Säuglingen bis zu einem Monat 0,01 g, Säuglingen bis zu 2 Monaten 0,02 g, bis zu 4 Monaten 0,04 g. Vgl. Nosophen.
Eugenol $C_6H_3(C_3H_5)(OCH_3)OH =$ $CH_2\!-\!CH\!=\!CH_2$ [Strukturformel mit OCH_3 und OH]	Findet sich im Nelkenöl zu 80 bis 90 pCt. und wird daraus in der Weise abgeschieden, dass man das Eugenol an Natrium bindet (durch Behandeln mit Natronlauge), das Natriumphenolat abpresst, mit Säure zerlegt und das Eugenol durch Destillation reinigt.	Frisch destilliert eine farblose, bei 246^0 siedende Flüssigkeit vom spec. Gew. 1,0731 bei 10^0. Der Luft ausgesetzt wird es schnell braun. Es löst sich leicht in Alkohol, kaum in Wasser. **Vor Licht geschützt aufzubewahren!**	Als antiseptisches Mittel, besonders in der zahnärztlichen Praxis angewendet. Auch ist es als Heilmittel bei Tuberkulose versucht worden. Dosis: 1—3 g pro die.
Eugenolacetamid Eugenolessigsäureamid. $C_6H_3(C_3H_5(OCH_3)OCH_2\cdot CONH_2 =$ $CH_2\!-\!CH\!=\!CH_2$ [Strukturformel mit OCH_3 und OCH_2CONH_2]	Eugenolessigsäure, beim Behandeln von Eugenolnatrium mit Monochloressigsäure gebildet, wird mit Alkohol und Salzsäuregas in Eugenolessigsäureäthyläther und letzterer durch Ammoniak in das Amid der Eugenolessigsäure übergeführt.	Aus Wasser krystallisieren glänzende Blättchen, aus Alkohol feine Nadeln vom Schmelzp. 110^0.	Das feine Pulver als lokales Anaestheticum, an Stelle des Cocaïns, sowie als Antisepticum bei der Wundbehandlung.

Eugenolbenzoat = Benzoyleugenol.

Eugenolcinnamylat = Cinnamyl-Eugenol.

Eugenolessigsäureamid = Eugenolacetamid.

Eugenoljodid = Jodeugenol.

Eugenolum benzoicum = Benzoyleugenol.

Eulyptol Ulyptol.	Gemisch aus 6 Teilen Salicylsäure, 1 T. Carbolsäure und 1 T. Eucalyptusöl.		Als antifermentatives Mittel von Schmelz empfohlen.

Name und Formel.	Darstellung.	Eigenschaften.	Anwendung.
Eunatrol	Das Natriumsalz der Oelsäure.	Kommt in Pillenform zu 0,25 g Inhalt in den Handel.	Als Cholagogum. Dosis: 2 mal 1 g pro die. (Blum.)
Euphorin Phenylurethan. $C_6H_5NH \cdot CO \cdot OC_2H_5 =$ [Strukturformel: Phenylring mit N–H, N–CO, OC_2H_5]	Bei der Einwirkung von Chlorameisensäureäthylester auf Anilin erhalten u. durch Umkrysallisieren aus verdünntem Alkohol gereinigt.	Weisses Krystallpulver vom Schmelzp. 49—50°. In kaltem Wasser schwer, leichter in heissem Wasser, sehr leicht in Alkohol und Äther löslich. Vor Licht geschützt und vorsichtig aufzubewahren!	Als Antipyreticum und Antirheumaticum. Dosis 0,4—0,5 g. (Köster.) Äusserlich als Pulver auf Geschwüre gestreut, antiseptisch wirkend, ferner bei Brandwunden, Herpes Zoster empfohlen. Von Pintor in der Gynäkologie an Stelle des Jodoforms empfohlen.
Europhen Isobutylorthokresoljodid. $C_6H_2{<}^{C_4H_9}_{\substack{-CH_3 \\ OJ}}$ $\mid$ $C_6H_3{<}^{OCH_3}_{C_4H_9}$ oder $\left.{C_6H_3(CH_3)(C_4H_9)O \atop C_6H_3(CH_3)(C_4H_9)O}\right\}JH(?)$ *D. R. P. Bayer No. 56830. Zusatz zu 49739. — 1890.*	Entsteht bei der Einwirkung von Jodkaliumjodid auf eine alkalische Lösung von Isobutylorthokresol.	Gelbes, amorphes, aromatisch riechendes Pulver, welches in Wasser unlöslich ist, sich in Alkohol, Äther, Chloroform und fetten Ölen aber leicht löst. 28,1 % Jod enthaltend. Vorsichtig aufzubewahren!	Als Ersatzmittel des Jodoforms und wie dieses angewendet, besonders in Pulverform oder in 1—3 prozentiger Salbe. Von einer subcutanen Anwendung bei Lues ist der geringen Jodabspaltung halber abzusehen. Bei Lepra tuberosa wirkt eine Einreibung von 5 T. E. in 95 T. Ö. günstig. (Goldschmidt.) Bei Verbrennungen, besonders im Kindesalter. (0,3 : 10,0 g Salbe.) (Seidel.) Bei Rhinitis, vor allem bei Ozaena. (Chappel.) Gegen Lepra. (Goldschmidt.)
Eurythrol	Aus Rindermilz nach geheim gehaltenem Verfahren hergestellt. Chem. Fabrik Grünau.		Als blutbildendes, appetitanregendes Kräftigungsmittel bezeichnet. Es soll bei primären und sekundären Anämieen, Dyspepsie, Menstruationsstörungen, sowie als Roborans bei antisyphilitischer Kuren angezeigt sein. Dosis: 1—2 Theelöffel voll täglich.
Euthymol	Gemisch aus Eukalyptusöl, Wintergreenöl, Borsäure, Thymol, Extr. fluid. Baptistae tinctor.		Antisepticum.
Evonymin	Glykosid aus dem Harz von Evonymus atropurpureus Jacq.	Braunes Pulver von sehr bitterem Geschmack, das sich schwer in Wasser löst. Vorsichtig aufzubewahren!	Als Purgans zu 0,05—0,2 g pro die. Nach Senator dem Podophyllin ähnlich wirkend.

Name und Formel.	Darstellung.	Eigenschaften.	Anwendung.
Exalgin Methylacetanilid. $C_6H_5N(CH_3)(COCH_3)$ $N{<}{}^{CH}_{COCH_3}$	Durch Behandeln von Monomethylanilin mit Acetylchlorid u. Umkrystallisieren aus Wasser oder verdünntem Alkohol.	Farblose, bei 100° schmelzende Krystallnadeln, welche in kaltem Wasser schwer, in heissem Wasser und in Alkohol leicht löslich sind. Bei 240° siedet Methylacetanilid ohne Zersetzung. Vorsichtig aufzubewahren!	Als Antineuralgicum. Dosis: 0,2—0,6 g mehrmals täglich bis zu 1,5 g täglich. Bei Chorea St. Viti pro dosi 0,2 g dreimal täglich. (H. Löwenthal.)
Exodyne	Gemisch aus 90 Teil. Acetanilid, 5 Teil. Natriumbicarbonat, 5 Teil. Natriumsalicylat.	Weisses Pulver.	Als Antineuralgicum und Antirheumaticum.
Fellitin = Gereinigte Galle.			
Fenina = Phenacetin.			
Ferratin *D. R. P. Boehringer No. 72168 vom Okt. 1892 u. Zusatz 74533.*	Hühnereiweiss wird in Wasser gelöst, mit Alkali-Ferritartrat vermischt u. nach Zusatz von Natronlauge erhitzt. Nach dem Erkalten wird mit Weinsäure die Ferrialbuminatverbindung ausgefällt.	Rotbraunes, nahezu geruch- und geschmackloses Pulver von neutraler Reaktion mit 7 pCt. Eisengehalt.	Milde wirkendes Eisenpräparat. Von Schmiedeberg in erster Linie als Nahrungsmittel empfohlen. Dosis für Erwachsene 3 bis 4 mal täglich 0,5 g, für Kinder die Hälfte.
Ferripyrin = Ferropyrin.			
Ferrisaccharat = Ferrum oxydatum saccharatum solubile.			
Ferrocarbonat, zuckerhaltiges = Ferrum carbonicum saccharatum.			
Ferrohaemol *D. R. P. Merck No. 83532 vom 14. Juni 1894.*	Eine 5 prozentige von den Blutkörperhüllen befreite Blutlösung wird mit einer möglichst neutralen verdünnten Eisenoxydsalzlösung in solcher Menge versetzt, dass auf 1 L. Blut ca. 4,5 g Eisen kommen. Man neutralisiert bei niedriger Temperatur die saure Mischung mit verdünnter Sodalösung, wäscht den entstehenden braunen Niederschlag gut aus, presst ab und trocknet nicht über 40° C.	Braunes, fast geschmackloses Pulver, in sehr verdünntem Ammoniak mit roter Farbe löslich. Es enthält ca. 3 % Eisen.	Bei chlorotischen Zuständen.
Ferrolactat = Ferrum lacticum.			
Ferropyrin Ferripyrin. $Fe_2Cl_6 \cdot (C_{11}H_{12}N_2O)_3$	Entsteht beim Zusammenbringen von 1 Mol. Ferrichlorid und 3 Mol. Antipyrin. Es enthält 12 % Eisen, 24 % Chlor, 46 % Antipyrin.	Dunkelrotes krystallinisches Pulver, welches sich in 5 Teil. kalten Wassers mit dunkelblutroter Farbe löst.	Bei chlorotischen und anämischen Zuständen, besonders in solchen Fällen, welche mit Kopfschmerzen, Migräne, Gastralgieen und ähnlichen Neuralgieen einhergehen. Dosis 0,05 g 3—4 mal täglich; am besten in wässeriger Lösung zu verabreichen. Als Stypticum in der Frauenpraxis. (W. Cubasch, Degle.)

Name und Formel.	Darstellung.	Eigenschaften.	Anwendung.
Ferrosol	Doppelsaccharat von Eisenoxydchlornatrium (?) mit 0,77 pCt. Eisengehalt.	Mit Wasser mischbare Flüssigkeit.	Bei chlorotischen und a_ mischen Zuständen. (Stahlschmidt.)
Ferrostyptin Marquart	Formaldehydhaltiges Eisenpräparat.	Dunkelgelbe, würfelförmige Krystalle oder krystallinisches Pulver, leicht löslich in Wasser; beim Erhitzen koaguliert die Lösung. Schmp. 120°.	Als Hämostaticum, l sonders in der zahnärztlich Praxis.
Ferrum carbonicum saccharatum Eisen, zuckerhaltiges kohlensaures. Ferrocarbonat, zuckerhaltiges.	Ferrosulfat wird in warmer Lösung mit Natriumbicarbonat gefällt, der Niederschlag mit Wasser ausgewaschen und mit einem Gemisch aus 1 T. Milchzucker und 3 T. Zuckerpulver im Dampfbade zur Trockene verdampft. Man vermischt hierauf mit so viel Zuckerpulver, dass 100 Teile des Präparates 10 T. Eisen enthalten.	Grünlich-graues, süss und schwach nach Eisen schmeckendes Pulver. In Salzsäure ist es unter reichlicher Kohlensäure-Entwickelung zu einer grünlich-gelben Flüssigkeit löslich.	Als milde wirkendes Eis_ präparat vielfach in Anwe_ ung. Dosis: 0,5—1 g in P_ vern oder Pastillen mehrm_ täglich.
Ferrum caseïnatum	Durch Umsetzung von Calciumcaseinat mit einer frisch bereiteten Lösung von milchsaurem Eisenoxydul erhalten.	Geruch- und geschmackloses Pulver, das in Wasser unlöslich, hingegen löslich in schwacher Sodalösung und Ammoniak. 2,5% Eisenoxyd enthaltend.	Als leicht verdauliches]_ senpräparat von Dawyd_ empfohlen.
Ferrum lacticum Eisenoxydul, milchsaures. Ferrolactat. $\begin{bmatrix} CH_3 \\ \mid \\ CH(OH) \\ \mid \\ COO \end{bmatrix}_2 Fe + 3H_2O$	Das bei der Milchsäuregährung durch Sättigen der Milchsäure mit Calciumcarbonat erhaltene Calciumlactat wird nach mehrfachem Umkrystallisieren aus Wasser in conc. Lösung mit der berechneten Menge Ferrochlorid versetzt.	Grünlich weisse, aus kleinen nadelförmigen Krystallen bestehende Krusten oder krystallinisches Pulver. Ferrolactat besitzt einen eigentümlichen Geruch, löst sich bei fortgesetztem Schütteln langsam in 40 T. kalten Wassers, in 12 T. siedenden Wassers und kaum in Weingeist.	Als eines der mildes_ Eisenpräparate besonders l_ vorzugt. Dosis: 0,1—0,5 g 3 4 mal täglich in Pulver- o_ Pillenform.
Ferrum oxydatum saccharatum solubile Eisenzucker. Ferrisaccharat.	Ferrichloridlösung wird mit Natriumcarbonatlösung gefällt, das gefällte Ferrihydroxyd mit Wasser ausgewaschen, sodann mit Zuckerpulver und Natronlauge bis zur völligen Klärung erwärmt, zur Trockene verdampft und soweit mit Zuckerpulver vermischt, dass in 100 T. mindestens 2,8 T. Eisen enthalten sind.	Rotbraunes, süsses Pulver, welches mit 20 T. heissen Wassers eine völlig klare, rotbraune, kaum alkalisch reagierende Lösung gibt. **Vor Licht geschützt aufzubewahren!**	Indiziert in allen Fäll_ wo Eisenpräparate in A_ wendung kommen. Dosis: 0,3—0,5—1,0 g Pulver- oder Pillenform.

Name und Formel	Darstellung	Eigenschaften	Anwendung
Ferrum peptonatum Eisenpeptonat.	Eiweiss wird unter Beifügung von Salzsäure mit Pepsin bei 40° einige Stunden in wässeriger Lösung behandelt (peptonisiert), die Lösung mit Natronlauge neutralisiert, mit Ferrioxychloridlösung versetzt, sehr genau mit Natronlauge neutralisiert, der Niederschlag decanthierend ausgewaschen, sodann mit Salzsäure in einer Porzellanschale eingedampft u. auf Glasplatten getrocknet.	Rotbraune Lamellen, welche sich in Wasser klar lösen.	Dient zur Herstellung des Liquor ferri peptonati, einer mit verschiedenen Zusätzen versehenen, bei chlorotischen Zuständen empfohlenen Eisenflüssigkeit.
Filixsäure = Acidum filicicum.			
Filmogen	Lösung von Cellulosenitrat in Aceton. Vergl. Collosin!		Bildet auf der Haut beim Waschen sich nicht ablösenden elastischen Überzug.
Formaldehyd = Formalin.			
Formaldehyd-Caseïn *D. R. P. a. E. Merck.*	Kondensationsprodukt aus Caseïn und Formaldehyd.	Geruchloses und fast geschmackloses, gelbliches Pulver. Von verdünnten Säuren wird es langsam gelöst und aus der Lösung durch Natronlauge wieder abgeschieden.	Zur antiseptischen Wundbehandlung. (E. Bohl.)
Formaldehyd-Gelatine = Glutol.			
Formalin Ameisenaldehyd. Formaldehyd. Formol. $C\genfrac{}{}{0pt}{}{=O}{}$ $\genfrac{}{}{0pt}{}{H}{H}$	Bildet sich beim Leiten von dampfförmigem Methylalkohol über glühende Platinspiralen oder über glühende Coakes-Stücke.	Stechend riechende Flüssigkeit, welche 40 bis 45 pCt. Formaldehyd in Wasser gelöst enthält. Mit Formalin getränkte Kieselguhr führt den Namen Formalith und kommt in Stücken und in Pulverform in den Handel.	Wirkt in hohem Grade bakterientödtend. Wird als Konservierungsmittel für Wein, Bier, Fruchtkonserven u. s. w. angewendet: Bei Wein 0,0005 g auf 1 Liter, bei Bier 0,001 g, für je 100 g Fruchtconserven 0,01 g F. Dient in der Chirurgie zum Reinigen der Schwämme (mit 1 prozentigen Lösungen); zur Herstellung von sterilen Verbandmaterialien, die gleichzeitig aseptisch sind; zur Aufbewahrung von Schwämmen, sowie Verbandmaterialien; zum Reinigen der Hände (mit 1 prozentigen Lösungen); zum Desodorieren von Fäkalien, gegen Fussschweiss u. s. w.
Formalith s. Formalin.			

Name und Formel	Darstellung	Eigenschaften	Anwendung
Formanilid Phenylformamid. $C_6H_5 . NH . C{<}^O_H =$	Aus Anilin und Ameisensäureäther oder aus saurem oxalsaurem Anilin durch Erhitzen (unter Abspaltung von Kohlensäure.)	Lange, farblose, prismatische Krystalle vom Schmelzpunkt 46°. Ziemlich löslich in Wasser, leicht löslich in Alkohol. **Vorsichtig aufzubewahren!**	Als Analgeticum und Antipyreticum. Bei Schlingbeschwerden als Einblasung. (Preisach.) 1—3 prozentige Lösung als Pinselung bei syphilitischen Zuständen der Organe der Mundhöhle. 1 ccm subcutane Injektion einer 3 prozentigen Lösung wirkt anaesthesierend. (W. Meisels.) Innerlich bei Malaria, Thyphus abdominalis. Dosis: 0,15—0,25 g 2 bis 3 mal täglich. Grösste Tagesgabe 0,5 g! (Tauszk.) Nach v. Winckel ein „durchaus ungleich, nicht sicher und häufig mit nicht unbedenklichen Nebenerscheinungen wirkendes Anaestheticum."
Formin = Urotropin.			
Formochlorol = Formaldehyd.			
Formol = Formalin.			
Formol-Aloïn = Aloïnformal.			
Formopyrin Methylendiantypirin.	Bei der Einwirkung von 2 Molekülen Antipyrin auf 1 Molekül Formaldehyd gebildet. (F. Stolz.)	Farblose, bei 155—156° schmelzende Krystalle; in kaltem Wasser, Äther u. Petroleumäther unlöslich, wenig löslich in siedendem Wasser, leicht löslich in Alkohol, Chloroform und Essigsäure.	Die physiologische Prüfung des Körpers ist noch nicht abgeschlossen.
Formphenetidid $C_6H_4(OC_2H_5)NH{-}C{<}^O_H =$	Durch Einwirkung von Ameisensäureäther auf p-Phenetidin.	Glänzende, bei 69° schmelzende Nadeln, in heissem Wasser, Alkohol und Äther löslich. **Vorsichtig aufzubewahren!**	Antisepticum. Dosis: 0,2—0,4 g!
Formylchlorid = Chloroform.			
Formylsäure = Acidum formicicum.			
Formyltrijodid = Jodoform.			
Formylum tribromatum = Bromoform.			
Fossilin = Vaselin.			
Fraxinin = Mannit.			
Fruchtzucker = Laevulose.			

Name und Formel.	Darstellung.	Eigenschaften.	Anwendung.
Galactochloral	Verbindung von Chloral mit Galactose. Vergl. Chloralose.		
Gallacetophenon Alazaringelb Marke C. Methylketo-Trioxybenzol. $CH_3—CO—C_6H_2(OH)_3$	Wird erhalten durch Einwirkung von Eisessig und Chlorzink auf Pyrogallol.	Schwach gelbes Pulver, das von Wasser nur wenig gelöst wird (ein Zusatz von Natriumacetat erhöht die Löslichkeit). Leichter löst es sich in heissem Wasser, in Alkohol und Äther und ist mit Glycerin in jedem Verhältnis mischbar. Schmelzp. 170°.	In Form 10prozentiger Gallacetophenonlanolinsalben bei Psoriasis. (v. Rekowski, Goldenberg, Rosenthal.) Nach letzterem wirkt G. langsamer als Chrysarobin und Pyrogallol.
Gallal Aluminium, basisch-gallussaures.	Entsteht als voluminöser Niederschlag beim Fällen einer Aluminiumsalzlösung mit gallussaurem Natrium.	Amorphes braunes Pulver, welches unlöslich in Wasser ist.	Als Desinficiens bei Ozaena empfohlen. (P. Heymann.)
Gallanilid = Gallanol.			
Gallanol Gallanilid. Gallinol. Gallussäureanilid. $C_6H_5NH.CO.C_6H_2(OH)_3+2H_2O$	Bildet sich nach Cazeneuve beim Kochen von Tannin mit Anilin. Das Reaktionsprodukt wird zur Entfernung des nicht gebundenen Anilins mit salzsäurehaltigem Wasser ausgekocht, und die beim Erkalten sich ausscheidenden Krystalle werden durch mehrmaliges Umkrystallisieren aus wasserhaltigem Alkohol gereinigt.	Farblose Krystalle, leicht löslich in Alkohol und heissem Wasser, schwerer in kaltem Wasser. Schmelzp. 205°. Vor Licht geschützt aufzubewahren!	An Stelle des zu stark reduzierenden Pyrogallols und zu gleichem Zwecke wie dieses angewendet. Bei Psoriasis in Salbenform 1:30 bis 1:4. (Cazeneuve u. Rollet.) In Form einer 10prozent. Traumaticinlösung. (Joseph.)
Gallicin Gallussäuremethyläther. $C_6H_2{\diagup}^{COOCH_3}_{—OH}_{\diagdown OH}$	Dargestellt durch Erwärmen einer methylalkoholischen Lösung von Gallussäure oder Tannin mit Salzsäuregas oder konzentrierter Schwefelsäure.	Aus Methylalkohol krystallisiert wasserfreie rhombische Prismen, aus Wasser weisse, fein verfilzte Nadeln. Schmelzpunkt 202°.	Äusserlich bei dem Ekzem der Conjunctiva, bei superficiellen Keratiden u. s. w. Bei dem geringen Gewicht der Substanz genügt die Verordnung von 1 g als Augenpulver. (Mellinger.)
Gallinol = Gallanol.			
Gallobromol Dibromgallussäure. $C_6Br_2(OH)_3COOH$	Durch Einwirkung von Brom auf Gallussäure.	Feine, farblose Nadeln, welche sich wenig in kaltem (zu 12 pCt.), sehr leicht in heissem Wasser, Alkohol und Äther lösen. Schmelzp. 205°. Vor Licht geschützt aufzubewahren!	Bei Neurasthenikern. Dosis: 2—3 g pro die. Bei Gonorrhoë, bei Eczema acutum madidum und crustosum Einspritzungen, bez. Umschläge mit 1—2proz. Lösungen. (Lépine, Cazeneuve und Rollet, Letzel.)

Name und Formel.	Darstellung.	Eigenschaften.	Anwendung.
Galloparatoluid $C_6H_4(CH_3)NH.CO.C_6H_2(OH)_3 =$ $\underset{CH_3}{}$ $\underset{H}{N}{<}^{CO.C_6H_2(OH)_3}$	Bildet sich nach Cazeneuve beim Kochen von Tannin mit p-Toluidin analog dem Gallanol s. dort!	Krystallinische Schüppchen vom Schmelzp. 211°, leicht löslich in heissem Wasser, Alkohol, Äther, schwer in kaltem Wasser. Vor Licht geschützt aufzubewahren!	Indikation wie die des Gallanol. (Cazeneuve u. Rollet.)
Gallusgerbsäure = Acidum tannicum.			
Gallussäure = Acidum gallicum.			
Gallussäureanilid = Gallanol.			
Gallussäuremethyläther = Gallicin.			
Gelanthum	Aus Gelatine u. Traganth mit Wasser und Glycerin bereiteter Hautfirnis.		
Gelatol	Ist eine Salbengrundlage, welche Öl, Glycerin, Gelatine und Wasser enthält.		
Geosot Guajacolum valerianicum. $C_6H_4(OCH_3)OCO.C_4H_9 =$ $\underset{}{}^{OCH_3}_{O-OC.CH_2-CH{<}^{CH_3}_{CH_3}}$	Baldriansäureester des Guajacols.	Ölige, schwach gelb gefärbte Flüssigkeit vom spez. Gew. 1,037, bei 245—265° siedend. Wenig löslich in Wasser, leicht löslich in Alkohol, Äther, Benzol u. Chloroform.	Gegen Lungentuberkulose. Dosis 0,2 g in Gelatinekapseln, 3—6 Kapseln täglich.
Gerbsäure = Acidum tannicum.			
Germol	Aus Roh-Kresolen bestehendes Präparat.	Dunkle Flüssigkeit. Spez. Gew. 1,045. Siedepunkt 190°.	Zu Desinfectionszwecken.
Glacialin	Ist ein Gemenge von Borax, Borsäure und Zucker.		
Glonoin = Nitroglycerin.			
Glucin *D. R. P. A. G. f. Anilinfabr. No. 76 491.*	Die Monosulfosäure eines Amidotriazins.		Als Süssstoff verwendet.
Glusidum = Saccharin.			
Glutinpeptonsublimat = Hydrargyrum glutinopeptonatum.			
Glutoform = Glutol.			
Glutol Formaldehyd-Gelatine. Glutoform.	500 g Gelatine werden in 375 g Wasser gelöst, 25 Tropfen Formalin hinzugefügt, die Masse ausgegossen, und in einem geschlossenen Kasten, in welchem sich ein mit Formalin getränkter Wattebausch befindet, über Ätzkalk soweit ausgetrocknet, dass sich die Masse im Mörser zerreiben lässt. (J. B. Schmidt)	Gröbliches, weisses Pulver; in Wasser beim Erhitzen unter Druck löslich. Die Lösung gelatiniert beim Erkalten.	Als antiseptisches Streupulver. Tierische Sekrete machen aus dem Glutol Formaldehyd frei. (Schleich.)

Name und Formel.	Darstellung.	Eigenschaften.	Anwendung.
Glybolid	Aus 2 Teilen Glycerin, 1 Teil Borsäure, 1 Teil Acetanilid hergestellte Pasta.		Bei Pusteln, Abscessen u. s. w.
Glycerin $$\begin{array}{c}CH_2.OH\\|\\CH.OH\\|\\CH_2.OH\end{array}$$	Als Nebenstoff bei der Stearinkerzen-Bereitung oder bei der Verseifung der Fette mit Kalkmilch in Autoklaven bei höherer Temperatur erhalten. Durch Destillation mit gespannten Wasserdämpfen gereinigt.	Klare, farb- u. geruchlose, süsse, neutrale, sirupartige Flüssigkeit, welche in jedem Verhältnis in Wasser, Weingeist, Ätherweingeist, nicht aber in Äther, Chloroform und fetten Ölen löslich ist. Ph. G. III verlangt ein spez. Gew. 1,225—1,235 gleich einem Gehalte von gegen 90 pCt.	Wichtig als Lösungsmittel für verschiedene Medicamente und für die Herstellung der sog. Glycerolate, welche vor Lösungen in Wasser oder fetten Ölen den Vorzug besitzen, dass sie die activen Substanzen rascher zur Resorption gelangen lassen. In Form von Glycerinsuppositorien als Abführmittel, mit Wasser verdünnt zu Klystieren.
Glycerinphosphorsaurer Kalk = Calcium glycerino-phosphoricum.			
Glycocollparaphenetidin = Phenocoll.			
Glycosolvol	„Peptonisiertes, oxypropionsaures Theobromin-Trypsin." (Lindner-Dresden.)		Gegen Diabetes.
Glycozon	Mit Ozon gesättigtes Glycerin.	Dicke, farblose Flüssigkeit.	Von Edson gegen Magengeschwüre, Magencatarrhe und Dyspepsie angewendet. Dosis: 1 Kaffeelöffel voll mit Wasser eine Stunde vor oder unmittelbar nach den Mahlzeiten.
Guacetin Brenzcatechinmonoacetsäure. Phenoxacetsäure. $C_6H_4{<}^{OCH_2COOH\ (1)}_{OH\ \ \ \ \ \ \ \ \ \ (2)}=$ Benzolring mit $OCH_2.COOH$ und OH D. R. P. Majert No. 87336 und 87668 vom 21. April 1895 ab.	Man lässt 1 Mol. Chloressigsäure auf 1 Mol. Brenzcatechin bei Gegenwart von freiem oder kohlensaurem Alkali einwirken.	Farblose, bei 131° schmelzende Nadeln, die in Wasser ziemlich leicht löslich sind.	Als Mittel gegen Phthisis und Apetitlosigkeit angewendet, besonders in Form des Natriumsalzes. Dosis: 0,5 g mehrmals täglich in Oblaten. (Strauss.)
Guaethol = Ajacol.			
Guajacol Brenzcatechinmonomethylester. $C_6H_4(OCH_3)(OH) =$ Benzolring mit OCH_3 und OH D. R. P. Merck No. 78910, vom 4. Febr. 1894.	Bildet den Hauptbestandteil des Buchenholzteerkreosots und wird daraus als Kaliumverbindung abgeschieden. Letztere wird aus Alkohol umkrystallisiert und mit verdünnter Schwefelsäure zerlegt. Synthetisch aus dem Brenzcatechin dargestellt.	In völlig reinem Zustande farblose, bei 33° schmelzende Krystalle. Siedepunkt 205,1°. Spez. Gew. des flüssigen Guajacols 1,143 bei 15°. Löst sich in Wasser 1:50. Vorsichtig und vor Licht geschützt aufzubewahren!	Bei Phthisis v. M. Schüller zuerst 1880, später von Sahli u. a. empfohlen. Dosis 0,05 g steigend bis 0,1 g. Nach Guttmann tödtet G. im Verhältnis 1:2000 im Blut die Tuberkelbazillen; es empfiehlt sich daher bis zu 1 g G. täglich zu verabreichen.

Name und Formel.	Darstellung.	Eigenschaften.	Anwendung.
Guajacolum aethylenatum Guajacolaethylenäther. $CH_3O \cdot C_6H_4O \cdot C_2H_4 \cdot OC_6H_4OCH_3 =$ D. R. P. Merck No. 83148 vom 17. März 1894.	Man lässt auf Guajacolnatrium etwas mehr als die berechnete Menge Aethylenbromid od. Aethylenchlorid, zweckmässig unter Anwendung von Alkohol als Verdünnungsmittel in geschlossenem Gefäss bei höherer Temperatur einwirken. Auf Zusatz von Wasser zur Reaktionsmasse scheidet sich der gebildete Äther ab und wird durch Umkrystallisieren gereinigt.	In Wasser schwer, in Alkohol leicht lösliche, farblose Krystallnadeln, die bei 138—139° schmelzen.	Bei Phthisis in gleicher Weise wie andere Guajacolderivate angewendet. Dosis 0,5—1,0 zweimal täglich.
Guajacolbenzoat = Benzosol.			
Guajacolcarbonat = Guajacolum carbonicum.			
Guajacolcarbonsäure = Acidum guajacolo-carbonicum.			
Guajacoljodoform	Wird erhalten durch Digerieren von 4 Teilen Guajacol und 1 Teil Jodoform mit 1 Teil Mandelöl.	Vorsichtig aufzubewahren!	Bei Gelenktuberkulose zu Injektionen. Dosis: 0,5—1 g!
Guajacolsalicylat = Guajacolum salicylicum.			
Guajacolsalol = Guajacolum salicylicum.			
Guajacolum benzoicum = Benzosol.			
Guajacolum carbonicum Duotal. Guajacolcarbonat. $CO{<}^{OC_6H_4 \cdot OCH_3}_{OC_6H_4 \cdot OCH_3} =$ D. R. P. v. Heyden No. 58129.	Entsteht bei der Einwirkung von Kohlenoxychlorid (Phosgen) auf Guajacolnatrium. Das Reaktionsprodukt wird mit Wasser gewaschen und aus Alkohol umkrystallisiert.	Weisses, krystallinisches, neutral reagierendes, geschmack- und geruchloses, in Wasser unlösliches Pulver, welches bei 86 bis 90° schmilzt.	Bei Tuberkulose an Stelle von Kreosot oder Guajacol, um die starke Reizwirkung derselben zu verhindern. Mehrmals täglich 0,5 g; bis 6 g pro die sollen vertragen werden.
Guajacolum cinnamylicum = Styracol.			
Guajacolum phosphoricum Phosphorsäureguajacyläther. $P{\equiv}O\left(C_6H_4{<}^{OCH_3}_{O}\right)_3$	Der Phosphorsäureester des Guajacols.	Weisses Krystallpulver, Schmelzp. 98°, löslich in Alkohol, Chloroform, Aceton.	Anwendung die gleiche wie die des Guajacols.

Name und Formel.	Darstellung.	Eigenschaften.	Anwendung.
Guajacolum salicylicum Guajacolsalicylat. Guajacolsalol. $C_6H_4(OCH_3).O.OC.C_6H_4.OH$ $OCH_3 \quad OH$ $\diagdown O.OC. \diagup$	Auf ein Gemisch von gleichen Molekülen Guajacolnatrium und Natriumsalicylat lässt man bei höherer Temperatur Phosphoroxychlorid einwirken und krystallisiert das Reaktionsprodukt aus Alkohol um.	Weisses, geruch- und geschmackloses, krystallinisches Pulver vom Schmelzp. 65°. Fast unlöslich in Wasser, löslich in Alkohol, Äther und Chloroform.	Bei Phthisis. Regt den Appetit an und befördert die Verdauung. Dosis: 1—5 g täglich. Auch als Darmantisepticum angewendet.
Guajacolum valerianicum = Geosot.			
Guaranin = Coffeïn.			
Gymnemasäure = Acidum gymnemicum.			
Haematin-Albumin	Eisenhaltiges Eiweisspräparat, welches aus getrocknetem Blutalbumin (Fibrin) besteht.	Feines, braunrotes Pulver, geruch- und geschmacklos.	Bei chlorotischen und anämischen Zuständen. Dreimal täglich 1—2 Theelöffel voll in Wasser oder Milch nach den Mahlzeiten. (Finsen u. Halk.)
Haemalbumin nach Dahmen	Ein Eiseneiweisspräparat, welches aus Hämatin (-Eisen) und Hämoglobin 49,17 %, Serumalbumin und Paraglobulin 46,23 % und zu 4,6 % aus den Mineralsalzen des Blutes besteht.	Säuerlich schmeckendes Pulver, welches in heissem Wasser, sowie in alkoholisch. Flüssigkeiten, wie Wein, Bier u. s. w. löslich ist.	Bei Chlorose, Tuberkulose und anderen chronischen Leiden. Dosis: 1—2 g drei- bis viermal täglich. (Dahmen.)
Haematogen nach Hommel	Aus Tierblut dargestellt. Das Präparat enthält das in reinem Haemoglobin befindliche natürliche Bluteisenmangan unter Zusatz von Geschmackscorrigentien.	Ein bräunliches Liquidum.	Bei Rhachitis, Skrophulose, allgemeinen Schwächezuständen, Anämie u. s. w. Dosis: Für Säuglinge 1—2 Theelöffel voll in der Milch; für grössere Kinder 1—2 Kinderlöffel, für Erwachsene 1—2 Esslöffel voll täglich vor dem Essen.
Haematogen nach Pio Marfori	Erhalten durch Versetzen einer alkalischen Eiweisslösung mit Ferricitrat und Essigsäure.	Gelbes, lockeres Pulver mit 0,7 pCt. Eisengehalt oder in flüssiger Form angewendet.	Anwendung wie die des Haematogen Hommel.
Haemoferrum	Amerikanisches Blutpräparat, ein natürliches, aus frischem Rindsblut gewonnenes Eisenalbuminat.	Kommt in Form von Pillen à 0,1 bis 0,15 g in den Handel.	Bei Anämie, Rekonvaleszenz und Schwächezuständen aller Art empfohlen.
Haemogallol *D. R. P. Merck No. 70841 vom 17. Okt. 1891.*	Durch Einwirkung von Pyrogallol auf defibriniertes Blut erhalten.	Rotbraunes Pulver.	Bei Chlorose. Dosis: 1—2 g dreimal täglich. (Grünfeld, Samojloff.)

Name und Formel.	Darstellung.	Eigenschaften.	Anwendung.
Haemol Zinkhaemol. Haemolum zincatum. D. R. P. Merck No. 70841 vom 17. Okt. 1891.	Durch Einwirkung von Zinkstaub auf defibriniertes Blut erhalten.	Schwarzbraunes Pulver.	Bei Chlorose. Dosis: 0,1—0,5 g dreimal täglich. Der Hauptvorzug dieses und des vorhergehenden Mittels soll darin beruhen, dass dieselben 1. selbst vom Magen Bleichsüchtiger leicht vertragen und sicher resorbiert werden, 2. dass sie auch vom Organismus geschwächter Individuen leicht in Blutfarbstoff umgewandelt werden können. (Kobert.)
Haemolum bromatum	Enthält 2,7 pCt. Brom an den Blutfarbstoff gebunden.		Indiziert, wo andauernde mässige kalmierende Bromwirkung erwünscht ist. Dosis doppelt so gross, wie die der organischen Bromsalze.
Haemolum cupratum = Cuprohaemol.			
Haemolum ferratum = Ferrohaemol.			
Haemolum hydrargyro-jodatum D. R. P. Merck No. 86147, vom 15. Dez. 1894.	Enthält 13% Hg und 28% J an den Blutfarbstoff gebunden.		In den späteren Stadien der Syphilis in Pillenform verordnet. Rp. Haem. hydrarg.-jod. 10,0 Opii 1,0 Ung. Glycerini q. s. ad pil. No. 100 DS. 3 mal täglich 1 Pille, steigend bis zu 4 Stück. (Rille, Mann, Aschner.)
Haemolum jodatum = Jodhaemol.			
Haemoneïn	Nährpräparat, welches aus Fleischextrakt unter Zusatz von im normalen Blut enthaltenen Salzen bereitet wird.		
Haemostaticum	Extract der Kalbsthymusdrüse.		
Harnstoff = Urea.			
Hazeline	Alkoholisches Destillat aus Cortex Hamamelidis.		Gegen Hämorrhoidalleiden, zu Umschlägen.
Headin	Gemisch aus Acetanilid und Natriumbicarbonat.	Vorsichtig aufzubewahren!	
Heilserum = Diphtherie-Heilserum.			
Helcosol = Bismutum pyrogallicum.			
Helenin Alantkampher. C_6H_8O	Kommt in der Alantwurzel (Inula Helenium L.) vor und wird durch Auskochen derselben mit 80prozentigem Alkohol und Fällen mit Wasser erhalten.	Farblose, bei 109 bis 110° schmelzende Krystalle. Fast unlöslich in Wasser, leicht löslich in heissem Alkohol, Äther, fetten und ätherischen Ölen.	Bei Bronchitis und Cholera angewendet. Hamonic und Parisot empfehlen H. bei Leucorrhoe, verbunden mit katarrhalischer Endometritis. Es scheint eine austrocknende Wirkung auf die Uterusschleimhaut auszuüben. Dosis: 0,02—0,04 g täglich in Pillenform.

Name und Formel.	Darstellung.	Eigenschaften.	Anwendung.
Hemicranin (Bayer & Co.)	Gemisch aus 5 Teilen Phenacetin, 1 Teil Coffeïn und 1 Teil Weinsäure.	Weisses Pulver. Vorsichtig aufzubewahren.	Gegen Icterus. Dosis 6—10 g pro die.
Heparaden	Aus der Leber hergestelltes Präparat.		
Hexamethylentetramin = Urotropin.			
Hexamethylentetramin, salicylsaures = Saliformin.			
Hexamethylentetraminbromäthylat = Bromalin.			
Hoffmannstropfen s. Aether.			
Holocainum hydrochloricum p-Diaethoxyaethenyldiphenylamidin, salzsaures $C_6H_4\diagup\substack{OC_2H_5\\NH.C=N}\diagdown C_6H_4=$ $\vert$ CH_3 $OC_2H_3\ OC_2H_5$ [Benzolringe] $NH.C=N$ $\vert$ CH_3 *D. R. P. Höchst No. 79868. 1894.*	Durch Vereinigung molekularer Mengen von Phenacetin und p-Phenetidin unter Wasseraustritt.	Die freie Base bildet in Wasser unlösliche bei 121° schmelzende farblose Krystalle. Das salzsaure Salz krystallisiert in weissen Nädelchen; eine kalt gesättigte wässerige Lösung enthält 2,5% des Salzes. Vorsichtig aufzubewahren!	Als Anaestheticum bei Augenoperationen an Stelle des Cocains, bei Hornhautentzündungen, zur Entfernung von Fremdkörpern aus der Hornhaut. Nach einmaliger Einträufelung v. 2—3 Tropfen einer 1prozentigen Lösung des salzsauren Salzes tritt nach 15 Sekunden eine 10 Minuten andauernde Unempfindlichkeit der Augapfeloberfläche ein. (G. Gutmann, Kuthe, Heinz und Schlösser u. a.)
Holzin	60prozentige Lösung von Formalin in Methylalkohol.	Farblose Flüssigkeit, mit Wasser mischbar.	Für Desinfectionszwecke. (Rosenberg.)
Holzinol	Eine mit Menthol versetzte 60prozentige Lösung von Formalin in Methylalcohol.	Farblose Flüssigkeit, mit Wasser mischbar.	In 3prozentiger Lösung für die grobe Desinfection: zum Aufwaschen von Fussböden in Krankenhäusern, Schulzimmern u. s. w.
Homatropinum hydrobromicum Oxytoluyltropeïn, bromwasserstoffsaures. $C_{16}H_{21}NO_3 . HBr$	Homatropin erhält man aus dem Atropin, indem man das mandelsaure Salz desselben mehrere Tage lang auf dem Wasserbade mit verdünnter Salzsäure erhitzt, die Lösung mit Kaliumcarbonat fällt und m. Chloroform ausschüttelt.	Farblose, warzenförmige Krystalle, die in Wasser leicht löslich sind. Sehr vorsichtig aufzubewahren!	Bei Applikation auf die Conjunctiva erzeugt es in $1/2$ St. Mydriasis, die in $1/2$ St. ihre Höhe erreicht und in 6 St. verschwindet. In 2prozent. Lösung an Stelle des Atropins bei ophthalmoskopischen Untersuchungen empfohlen.
Homobrenzcatechinmonomethyläther = Kreosol.			
Homoguajacol = Kreosol.			
Hühnerkropfpepsin = Ingluvin.			
Hydracetin Aethylphenylhydrazid. Pyrodin. $C_6H_5NH-NHCOCH_3 =$ [Benzolring] $NH-NH.COCH_3$	Entsteht beim Zusammenbringen von Phenylhydrazin mit Essigsäureanhydrid.	Farblose, bei 128,5° schmelzende Prismen, welche sich in kaltem Wasser und in Äther schwer, in heissem Wasser und in Alkohol leicht lösen. Vorsichtig aufzubewahren!	Innerlich als Antipyreticum (Dosis 0,05—0,1 g bis höchstens 0,2 g pro die) und Antineuralgicum; als Antirheumaticum (Dosis 0,2 bis 0,3 g pro die), äusserlich bei Psoriasis. (P. Guttmann.) Es sind gefährliche Nebenerscheinungen beobachtet worden.

Name und Formel.	Darstellung.	Eigenschaften.	Anwendung.

Hydrargyribenzoat = Hydrargyrum benzoicum.
Hydrargyricyanid = Hydrargyrum cyanatum.
Hydrargyrisalicylat = Hydrargyrum salicylicum.
Hydrargyroacetat = Hydrargyrum aceticum.

Hydrargyroseptol	Verbindung (?) von Chinosolquecksilber mit Natriumchlorid.		Als Antilueticum.
Hydrargyrotannat = Hydrargyrum tannicum oxydulatum.			
Hydrargyro-Zincum cyanatum Quecksilberzinkcyanid.	Zusammensetzung wechselnd; je nach der Konzentration der zur Fällung benutzten Lösung quecksilberreicher oder -ärmer. Zur Darstellung vermischt man eine Lösung von 25 T. Hydrargyricyanid und 130 T. Kaliumcyanid in Wasser mit einer solchen, die 28 T. Zinksulfat enthält.	Weisses bis grauweisses Pulver, welches in Wasser unlöslich ist. Quecksilbergehalt schwankend von 15 bis 33 pCt. Sehr vorsichtig und vor Licht geschützt aufzubewahren!	Dient unter Beifügung von Stärkemehl und etwas Kaliumsulfat zur Bereitung einer Paste, mit welcher Gaze zum antiseptischen Wundverband imprägniert wird. An Stelle des Stärkemehls wird auch Hämatoxylin als Fixierungsmittel angewendet. (Lister.)
Hydrargyrum aceticum Hydrargyroacetat. Quecksilberoxydul, essigsaures. $CH_3 \cdot COO-Hg$ | $CH_3 \cdot COO-Hg$	Eine Lösung des Hydrargyronitrats wird unter Umrühren bei Abschluss des Lichtes in eine kalte Lösung von Natriumacetat eingegossen, der Niederschlag an einem kühlen Orte 12 Stunden der Ruhe überlassen, sodann mit wenig Wasser und Alkohol abgewaschen und bei gelinder Wärme getrocknet.	Weisse, glänzende, sich fettig anfühlende, schuppige Krystalle, die am Lichte und beim Erwärmen sich besonders dann schnell grau färben, wenn sie feucht sind. In kaltem Wasser 1:300 löslich, in Alkohol und Äther unlöslich. Sehr vorsichtig und vor Licht geschützt aufzubewahren!	Bei Syphilis. Dosis: 0,01—0,06 g in Pillenform, äusserlich in Salben (1:10—25). Grösste Einzelgabe 0,06 g. Grösste Tagesgabe 0,20 g!
Hydrargyrum aethylochloratum $Hg{<}^{C_2H_5}_{Cl}$	Entsteht bei der Einwirkung von Quecksilberäthyl auf eine alkoholische Sublimatlösung.	Farblose, schuppige, glänzende Krystalle, in kaltem Wasser schwer löslich, Eiweiss nicht koagulierend. Sehr vorsichtig aufzubewahren!	Bei Syphilis zu subcutaner Injektion. Dosis: 0,005—0,01 g.
Hydrargyrum asparaginicum Quecksilberoxyd-Asparagin. $C_2H_3(NH_2){<}^{CONH_2}_{COO}{>}Hg$ $C_2H_3(NH_2){<}^{COO}_{CONH_2}$	Die wässerige Lösung bereitet man durch Eintragen von 0,72 g frisch gefällten Quecksilberoxyds in eine Lösung von 1 g Asparagin und 5 g Wasser. Man schüttelt öfter um, filtriert nach einiger Zeit und füllt auf 72 ccm auf.	Die 1—2procentige wässerige Lösung bildet eine klare, farb- und geruchlose Flüssigkeit von metallisch-salzigem, etwas brennendem Geschmack. Sehr vorsichtig aufzubewahren!	Bei verschiedenen Syphilisformen subcutan angewendet. Rp. Solut. aquos. Hydrargyri asparag. (1 pCt.) 10,0. D. S. Täglich ½ Spritze subcutan in die Glutealgegend. (Neumann)
Hydrargyrum benzoicum Hydrargyribenzoat. Quecksilberoxyd, benzoësaures. $[C_6H_5 \cdot COO]_2 Hg + H_2O$	Durch Fällen einer Hydrargyrinitratlösung m. Natriumbenzoatlösung erhalten.	Weisses, krystallinisches, geruch- und geschmackloses Pulver, in reinem Wasser nur wenig, in schwacher Kochsalzlösung leicht löslich. Sehr vorsichtig aufzubewahren.	Bei Syphilis zu Injectionskuren. Dosis: 1 Injection täglich einer Lösung von 0,25 g auf 30 g Wasser mit 0,25 g Natriumchlorid. In Pillenform 0,006—0,02 g pro dosi.

Name und Formel.	Darstellung.	Eigenschaften.	Anwendung.
Hydrargyrum bichloratum carbamidatum solutum Quecksilberchlorid-Harnstoff-Lösung.	Man trägt in eine kühl gehaltene Lösung von 1 g Hydrargyrichlorid in 100 ccm Wasser 0,5 g Harnstoff ein und filtriert.	Farblose, zunächst salzig, dann schwach metallisch schmeckende Flüssigkeit von schwach saurer Reaktion. Sehr vorsichtig und vor Licht geschützt aufzubewahren! Die Lösung zersetzt sich mit der Zeit und ist daher am besten jedesmal frisch zu bereiten!	Zur subcutanen Injection bei Syphilis. 1 ccm enthält die 0,01 g Hydrargyrichlorid entsprechende Salzmenge.
Hydrargyrum carbolicum Hydrargyrum phenylicum. Mercuriphenolat. Phenolquecksilber. Quecksilber, carbolsaures. $(C_6H_5O)_2Hg + H_2O =$ $\left[\begin{array}{c}\bigcirc\end{array}\right]_2 Hg + H_2O$	Man fügt eine alkoholische Hydrargyrichloridlösung zu einer alkoholischen Natriumphenolatlösung, dunstet auf dem Wasserbade zur Trockene, wäscht mit Wasser aus und krystallisiert das Reaktionsprodukt aus Alkohol um.	Farblose Krystallnadeln, die in Wasser kaum, in kaltem Alkohol schwer und in gegen 20 T. siedenden Alkohols löslich sind. Sehr vorsichtig und vor Licht geschützt aufzubewahren!	Gegen Syphilis von Szadeck empfohlen. Dosis 0,02—0,03 g in Pillenform 3 mal täglich.
Hydrargyrum cyanatum Hydrargyricyanid. Quecksilbercyanid. $C \overset{N\ N}{\underset{Hg}{\diagup \diagdown}} C$	Beim Behandeln von frisch gefälltem Quecksilberoxyd mit überschüssiger, starker Cyanwasserstoffsäure und Umkrystallisieren des Körpers aus Wasser.	Farblose, durchscheinende, säulenförmige Krystalle, welche sich in 12,8 T. kalten, 3 T. siedenden Wassers und 14,5 T. Weingeist lösen. Sehr vorsichtig aufzubewahren!	Als Antisyphiliticum subcutan: Rp. Hydrarg. cyanat. 0,1 Aq. destill. 10,0. D. S. Täglich ½—1 Spritze. Innerlich bei Diphtheritis empfohlen. Rp. Hydrarg. cyanat. 0,01 Aq. destill. 100,0. D. S. 2—3 mal tägl. 1 Theelöffel voll. Grösste Einzelgabe 0,02 g! Grösste Tagesgabe 0,1 g!

Hydrargyrum elaïnicum = Hydrargyrum oleïnicum.

Hydrargyrum formamidatum solutum Quecksilberformamidlösung. $(HCONH)_2Hg$	Nur in wässeriger Lösung, die durch Behandeln von frisch gefälltem Quecksilberoxyd mit Formamid erhalten wird, therapeutisch verwendet.	Farblose, schwach alkalisch reagierende Flüssigkeit, die in 1 ccm so viel Quecksilberformamid gelöst enthält, als 0,01 g Hydrargyrichlorid entspricht. Sehr vorsichtig und vor Licht geschützt aufzubewahren!	Zur subcutanen Injection in 1 prozentiger Lösung bei Syphilis angewendet. (Liebreich.)
Hydrargyrum gallicum $[C_6H_2(OH)_3COO]_2Hg$	Die berechneten Mengen Gallussäure und frisch gefällten Quecksilberoxyds werden mit wenig Wasser zu einer Pasta zusammengerieben und über Schwefelsäure getrocknet.	Amorphes, graugrünes Pulver mit ca. 37 pCt. Quecksilbergehalt. In den gewöhnlichen Lösungsmitteln unlöslich. Sehr vorsichtig aufzubewahren!	Bei primären und sekundären syphilitischen Eruptionen innerlich in Pillenform. Dosis 0,03—0,06 g pro die. (Brousse u. Gay

Name und Formel.	Darstellung.	Eigenschaften.	Anwendung.
Hydrargyrum glutino-peptonatum hydrochloricum solutum Glutinpeptonsublimat.	Doppelverbindung von salzsaurem Glutinpepton und Hydrargyrichlorid, 25% $HgCl_2$ enthaltend.	Glänzende, hygroskopische Lamellen, leicht löslich in Wasser. Die wässerige Lösung fällt Eiweiss nicht. Sehr vorsichtig aufzubewahren!	Als Antisyphiliticum. Zu subcutanen Injektionen in 4proz. Lösung. 1 ccm = 0,01 g $HgCl_2$. (Hüfler.)
Hydrargyrum glycocholicum solutum $CH_2NH_2 \quad H_2N \cdot H_2C$ $\mid \qquad\qquad \mid$ $COO\text{——}Hg\text{——}OOC$	Lösung von amidoessigsaurem Quecksilberoxyd.	Sehr vorsichtig aufzubewahren!	Als Antisyphiliticum. Zu subcutanen Injektionen. 1 ccm = 0,01 HgO.
Hydrargyrum imidosuccinicum Quecksilber, imidobernsteinsaures. Succinimid-Quecksilber. $\left[C_2H_4 {<}^{CO}_{CO}{>} N \right]_2 Hg$	Frisch gefälltes Quecksilberoxyd wird mit Succinimid in wässeriger Lösung erwärmt, bis sich das Quecksilberoxyd nahezu gelöst hat. Man dampft sodann zur Krystallisation ein.	Seidenglänzendes, weisses Krystallpulver, das von 25 T. Wasser und 300 T. Alkohol gelöst wird. Sehr vorsichtig aufzubewahren!	Zur subcutanen Injektion bei Syphilis in 1,2 prozent Lösung. 1 ccm = 0,012 g. (Vollert, v. Mering, Arnaud, Bocquillon-Limousin, Herz.)
Hydrargyrum β-naphtolicum β-Naphtolquecksilber. $(C_{10}H_7O)_2Hg$	Hydrargyrinitratlösung wird mit der entsprechenden Menge β-Naphtolnatrium gefällt und der Niederschlag mit Wasser gut ausgewaschen.	Geschmack- und geruchloses, gelbliches Pulver, welches in Wasser unlöslich ist. Sehr vorsichtig aufzubewahren!	Von Bombelon wird β-Naphtolquecksilber bei alte Wunden, Hautausschlägen un Flechten gerühmt; innerlic ist es gegen Typhus versuch worden.
Hydrargyrum oleïnicum Hydrargyrum elaïnicum. Quecksilber, oelsaures. Quecksilberoleat.	25 T. gelben Quecksilberoxyds werden mit 75 T. Ölsäure verrieben und unter Beifügung von 25 T. Weingeist auf gegen 60° erwärmt. Man verdunstet hierauf unter Vermeidung einer 60° übersteigenden Temperatur den Alkohol.	Gelblich-weisse, zähe Masse von Salbenkonsistenz, nur wenig in Alkohol und Äther, leichter in Benzin, vollständig in fetten Ölen löslich.	Als Ersatz der graue Quecksilbersalbe als Antis philiticum empfohlen. Auc bei Psoriasis und andere Hautkrankheiten äusserlic angewendet.
Hydrargyrum oxycyanatum $Hg(OCN)_2$	Durch Lösung frisch gefällten Quecksilberoxyds in einer wässerigen Lösung von Quecksilbercyanid u. Abdampfen zur Krystallisation.	Farblose, wasserlösliche Krystalle, Eiweiss nicht koagulierend. Sehr vorsichtig aufzubewahren!	Zu subcutanen Injektion bei Syphilis. 1 ccm einer 1,25 prozer Lösung täglich.
Hydrargyrum peptonatum solutum Peptonquecksilberlösung.	Man löst 1 T. Hydrargyrichlorid in 20 T. Wasser, versetzt mit einer Lösung von 3 g Pepton in 10 g Wasser, sammelt nach einstündigem Stehen den Niederschlag auf einem Kolatorium, bringt ihn mit einer Lösung von 3 g Natriumchlorid in 50 g Wasser durch Agitieren in Lösung und verdünnt auf 100 T. Flüssigkeit.	Gelblich gefärbte Flüssigkeit von schwach saurer Reaktion. 1 ccm Flüssigkeit enthält die 0,01 g Hydrargyrichlorid entsprechende Menge Quecksilberpeptonat. Sehr vorsichtig und vor Licht geschützt aufzubewahren!	Zur subcutanen Injekti bei Syphi is angewendet. Dosis 1 ccm.

Hydrargyrum phenylicum = Hydrargyrum carbolicum.

Name und Formel.	Darstellung.	Eigenschaften.	Anwendung.
Hydrargyrum resorcino-aceticum Resorcinquecksilber-Quecksilberacetat.	Zusammensetzung bisher nicht ermittelt. Durch Behandeln einer Hydrargyriacetatlösung m. einer Lösung von Resorcinnatrium und Lösen des entstehend. Niederschlags in überschüssigem Hydrargyriacetat.	Dunkelgelbes, körniges, krystallinisches Pulver, unlöslich in Wasser, Fetten u. Mineralölen. Quecksilbergehalt 68,9 pCt. Sehr vorsichtig aufzubewahren!	Für die subcutane Injektion bei Syphilis in Anwendung. Rp. Hydrargyri resorc.-acetici 5,6 Paraffini liquid 5,5. Lanolini anhydrici 2,0 (1 ccm enthält 0,387 g Hg). Die Injektionsflüssigkeit wird vor der Applikation, die wöchentlich einmal vorzunehmen ist, auf 25° erwärmt. Die wöchentliche Dosis soll nicht mehr als 0,077=0,2 ccm obiger Suspension betragen. (Ullmann.)
Hydrargyrum salicylicum Hydrargyrisalicylat. Quecksilber, salicylsaures. Quecksilbersalicylat, basisches. $C_6H_4<^O_{COO}>Hg =$	Frisch gefälltes Quecksilberoxyd wird mit Wasser verteilt und mit der entsprechenden Menge Salicylsäure im Dampfbade so lange erhitzt, bis das gelbe Quecksilberoxyd sich in rein weisses Quecksilbersalicylat umgewandelt hat.	Amorphes, weisses, geruch- und geschmackloses Pulver, welches von Wasser und Weingeist kaum gelöst wird. Von Chlornatriumlösung wird es leicht aufgenommen. 60% Quecksilber enthaltend. Sehr vorsichtig aufzubewahren!	Innerlich bei Lues: Dosis 0,01—0,075 g pro die, hauptsächlich in Pillenform. Äusserl. bei Gonorrhöe.
Hydrargyrum sozojodolicum Sozojodolquecksilber. $C_6H_2J_2<^O_{SO_3}>Hg =$	Durch Vermischen konzentrierter wässeriger Lösungen von Sozojodolnatrium und Hydrargyrinitrat als Niederschlag erhalten.	Orangegelbes, neutral reagierendes Pulver, welches von 500 T. Wasser und sehr leicht von Kochsalzlösung gelöst wird. Es enthält 40,7% Jod und 32% Quecksilber. Sehr vorsichtig und vor Licht geschützt aufzubewahren!	Als Antiparasiticum in 2,5prozentiger Lösung. Bei Lues subcutan pro dosi 0,08 g in Kaliumjodidlösung.

Hydrargyrum succinimidatum = Hydrargyrum imidosuccinicum.

Hydrargyrum tannicum oxydulatum Hydrargyrotannat. Quecksilberoxydul, gerbsaures.	Zusammensetzung nicht genau ermittelt. Zur Darstellung wird eine konzentrierte Lösung von Hydrargyronitrat mit Tanninlösung längere Zeit gerieben, bis eine gleichmässig breiige Masse entstanden ist, die mit Wasser ausgewaschen und sodann bei einer 40° nicht übersteigenden Temperatur getrocknet wird.	Mattglänzende, grüne Schuppen oder ein grünliches, geruch- und geschmackloses Pulver. Beim Behandeln mit Wasser oder Weingeist nehmen diese Flüssigkeiten Gerbsäure auf. Vorsichtig und vor Licht geschützt aufzubewahren!	Bei Syphilis: Dosis 0,05—0,1 g 3 mal täglich ½ Stunde bis 1 St. nach den Mahlzeiten zu geben. (Lustgarten.)

Name und Formel.	Darstellung.	Eigenschaften.	Anwendung.
Hydrargyrum thymolo-aceticum Thymolacetquecksilber. Thymylacetquecksilber. $\begin{array}{l}CH_3COO \\ \rangle Hg + \\ CH_3COO\end{array} \begin{array}{l}CH_3COO \\ \rangle Hg \\ C_{10}H_{13}O\end{array}$	Thymolnatrium wird mit heisser Hydrargyriacetatlösung versetzt und der entstehende Niederschlag nach dem Auswaschen mit wenig Wasser mit Hydrargyriacetat wieder in Lösung gebracht. Beim Erkalten der Flüssigkeit krystallisiert die Doppelverbindung aus.	Farblose Prismen oder weisses, krystallinisches Pulver, das in Wasser und in kaltem Alkohol sehr schwer, leichter in siedendem Alkohol löslich ist. Sehr vorsichtig und vor Licht geschützt aufzubewahren!	Bei Lues: Rp. Hydr. thym. acet. 1 Glycerini 10 g Cocaïn mur. 0,1 g. D.S. Zu Injektionen wöchentlich eine Pravaz'sche Spritze. (Löwenthal.) Gegen Phthisis mit Kalium jodid kombiniert: A. Als Injektion: Rp. Hydr.thym.acet.0,75 Paraffin. liquid. 10 D. S. Alle 7—10 Tage 1 Pravazspritze voll in die Glutaeen einzuspritzen. B. Mixtur: Rp. Kalii jodati 5,0 g. Aq. destillat. 200,0 D.S. 3 mal tägl. 1 Essl. vol (Tranjen.)
Hydrargyrum tribromphenolo-aceticum Tribromphenolquecksilber-Quecksilberacetat.	Zusammensetzung bisher nicht ermittelt. Tribromphenolnatrium wird mit Hydrargyriacetatlösung in der Wärme zerlegt und der entstehende Niederschlag mit überschüssigem Hydrargyriacetat behandelt.	Feine nadelförmige, gelbe Krystalle. Quecksilbergehalt 29,31 pCt. Sehr vorsichtig und vor Licht geschützt aufzubewahren.	Mildes Injektionspräparat bei Syphilis: Rp. Hydrarg. tribromphenolo-acet. 6 Paraffin. liquid. 18. (0,5 ccm = 0,039 g Hg) Wöchentlich 1 ccm (= 0,078 Hg) zu injiziere (Ullmann.)

Hydras Bromali = Bromalhydrat.

Hydras Chlorali = Chloralhydrat.

Hydrastininum hydrochloricum Hydrastinin, chlorwasserstoffsaures. $C_{11}H_{11}NO_2 \cdot HCl$	Hydrastinin entsteht neben Opiansäure bei der Oxydation des besonders in dem Wurzelstock von Hydrastis canadensis L. sich findenden Alkaloids Hydrastin mit Salpetersäure.	Schwach gelb gefärbtes, intensiv bitter schmeckendes Krystallpulver, welches zwischen 205 und 208° unter Zersetzung schmilzt. In Wasser und Alkohol leicht und vollkommen löslich. Die wässerige Lösung fluoresziert bläulich. Vorsichtig aufzubewahren!	Bei Uterusblutungen subcutan in der Dosis von 0,05 täglich. (Gottschalk, Faber, Abel, Czempin, Kisleff.)
Hydrastinum hydrochloricum Hydrastin, chlorwasserstoffsaures. $C_{21}H_{21}NO_6 \cdot HCl$	Hydrastin kommt neben Berberin in dem Rhizom von Hydrastis canadensis L. vor.	Gelblichweisse, wasser- und weingeistlösliche Krystalle. Schmelzpunkt 116 bis 117°. Vorsichtig aufzubewahren!	Als Stypticum angewendet Dem Hydrastin wird heute das Hydrastinin vorgezogen

Name und Formel.	Darstellung.	Eigenschaften.	Anwendung.
Hydrochinon Para-dioxybenzol. $C_6H_4(OH)_2 =$ OH / \ \\ / OH	Entsteht bei der trockenen Destillation der Chinasäure und wird praktisch dargestellt aus dem Chinon, einer Verbindung, die bei der Oxydation von Anilin mit Chromsäure gebildet wird. Beim Behandeln des Chinons mit schwefliger Säure entsteht Hydrochinon.	Farblose hexagonale Prismen vom Schmelzp. 169°, unzersetzt sublimierbar. In kaltem Wasser schwer, leicht in heissem Wasser und in Alkohol und Äther löslich. Vorsichtig aufzubewahren!	Als antifermentatives und antipyretisches Mittel. Dosis: Innerlich 0,3—0,5 g; subcutan 2 Spritzen einer 10prozentigen Lösung.
Hydroxylaminum hydrochloricum Hydroxylamin, chlorwasserstoffsaures. $NH_2\begin{smallmatrix}OH\\-H\\Cl\end{smallmatrix}$	Hydroxylamin wird durch Einwirkung von Zink und verdünnter Salzsäure auf Salpetersäureäthyläther dargestellt. Auch bei der Wechselwirkung von schwefliger Säure und salpetriger Säure werden nach Raschig Hydroxylamin, bez. dessen Salze gebildet.	Farblose Krystalle, die sich leicht in Wasser lösen und von ca. 15 T. Alkohol und Weingeist aufgenommen werden. Vorsichtig aufzubewahren!	Seiner reduzierenden Eigenschaften wegen als Ersatzmittel für Pyrogallol und Chrysarobin empfohlen. (Binz.) Als Antisepticum: In 0,5 prozentiger Lösung zum Pinseln. (Fabry.) Es sind gefährliche Nebenerscheinungen beobachtet worden!

Hydrozimmtsäure = Acidum phenylopropionicum.

Hyoscinum hydrobromicum = Scopolaminum hydrobromicum.

Hyoscyaminum hydrobromicum Hyoscyamin, bromwasserstoffsaures. $C_{17}H_{23}NO_3 \cdot HBr$	Hyoscyamin kommt neben Hyoscin und Atropin (?) in den Samen und Blättern von Hyoscyamus niger, in der Wurzel von Scopolia atropoides und Sc. japonica, in den Blättern von Duboisia myoporoides, in der Wurzel von Atropa Belladonna u. s. w. vor.	Das bromwasserstoffsaure Salz bildet farblose, derbe Krystalle, die in Wasser leicht löslich sind. Sehr vorsichtig aufzubewahren.	Als Mydriaticum und Sedativum. Grösste Einzelgabe 0,001 g! Grösste Tagesgabe 0,003 g!
Hyoscyaminum sulfuricum Hyoscyamin, schwefelsaures. $(C_{17}H_{23}NO_3)_2 \cdot H_2SO_4$	Hyoscyamin wird mit verdünnter Schwefelsäure gesättigt. Das nach vorsichtigem Abdampfen der Lösung erhaltene Sulfat wird aus Alkohol umkrystallisiert.	Feine, weisse Nadeln vom Schmelzp. 206°. Leicht löslich in Wasser. Sehr vorsichtig aufzubewahren!	Als Mydriaticum und Sedativum. Grösste Einzelgabe 0,001 g! Grösste Tagesgabe 0,003 g!
Hypnal Chloralantipyrin. Monochloralantipyrin. Trichloraldehyd-Phenyldimethylpyrazolon. $CCl_3 \cdot CH(OH)_2 + C_{11}H_{12}N_2O$	Durch Vereinigung von Chloralhydrat und Antipyrin dargestellt.	Farblose, bei 67,5° schmelzende Krystalle, welche von heissem Wasser leicht gelöst werden. (Ein im Handel befindlich. Hypnal vom Schmelzpunkt 194° ist in Wasser fast unlöslich, entspricht der Formel: $CCl_3 \cdot CH(OH) \cdot C_{11}H_{11}N_2O$ und ist physiologisch völlig unwirksam.) Vorsichtig aufzubewahren!	Hypnoticum und Analgeticum. Bei quälenden Hustenanfällen und Schlaflosigkeit in Folge von Schmerzzuständen in der Dosis von 1—2 g. Die schlafmachende Wirkung tritt nach 10—30 Min. ein. Bei leichteren Aufregungszuständen Geisteskranker, bei beginnendem Delirium tremens, bei Chorea minor gut verwendbar. (Filehne.)

Name und Formel.	Darstellung.	Eigenschaften.	Anwendung.
Hypnoacetin Acetophenonacetylparamidophenoläther. $CH_3CO.NH.C_6H_4OCH_2.CO.C_6H_5 =$ [Strukturformel]	Durch Einwirkung von Eisessig und Chlorzink auf p-Acetamidophenol und Phenol.	Perlmutterglänzende bei 160° unter Zersetzung schmelzende Blättchen, welche sich in Alkohol und Essigäther lösen. Vorsichtig aufzubewahren!	Hypnoticum und Antithermicum. Dosis 0,2—0,25 g.
Hypnon Acetophenon. Phenylmethylketon. $CO{<}{}_{CH_3}^{C_6H_5}$	Durch trockene Destillation eines Gemisches äquimolekularer Mengen von Calciumacetat und -benzoat erhalten.	Farblose Flüssigkeit, die bei 14° zu farblosen Blättchen erstarrt. Spez. Gew. 1,035, Siedepunkt 210°. Löst sich schwer in Wasser, leicht in Alkohol, Äther, fetten Ölen. Vorsichtig aufzubewahren!	Hypnoticum. Dosis: 0,05—0,5 g.
Ichthyol Ammonium sulfoichthyolicum. Anysin. Anysol.	Ein bei Seefeld in Tirol sich findendes bituminöses Gestein (Stinkstein) wird der trockenen Destillation unterworfen, das so erhaltene Ichthyolöl durch Behandeln m. conc. Schwefelsäure sulfonisiert und die gebildete Ichthyolsulfonsäure an Basen (Alkalien, Zinkoxyd, Quecksilberoxyd u. s. w.) gebunden. Im Ichthyol sind gegen 10 pCt. Schwefel und gegen 1 pCt. Stickstoff enthalten. Unter Ichthyol wird besonders das Ammoniumsalz verstanden.	Dunkelbraune, klare, sirupdicke Flüssigkeit von unangenehm brenzlichem Geruch, in Wasser zu einer klaren, rotbraunen Flüssigkeit von schwach saurer Reaktion löslich. Auch eine Mischung gleicher Volumina Weingeist und Äther lösen das Ichthyol.	Aeusserlich gegen verschiedene Hautkrankheiten (Psoriasis, Prurigo), gegen Rheumatismus, Ischias, bei Frostbeulen, Brandwunden in Form 10prozentigen Ichthyolcollodiums oder 20prozentiger Ichthyollanolinsalbe. Bei Acne, bei Erysipel nach Unna in Form eines Ichthyolfirnisses: Ichthyol 40 T., Stärke 40 T., Albuminlösung 1—1½ T., Wasser ad 100 T. Innerlich bei Erkrankungen der Atmungs- und Verdauungswege. Dosis 15 bis 20 Tropfen mit Wasser verdünnt. Bei Magen- und Darmkatarrh 3—4 mal täglich 0,1 g in Pillenform. Bei Lungentuberkulose in alkoholisch-wässeriger, mit Pfefferminzöl versetzter Glycerinlösung (1 + 3) 20 bis 200 Tropfen innerhalb 24 Stunden mit viel Wasser. (Scarpa.) Bei Erkrankungen des Uro-Genitalapparates, chronischer Para- und Perimetritis, sowie bei Oophoritis in Form 10prozentiger Ichthyolglycerintampons. Nach Günther bei subacuter Peritonitis und Perityphlitis Einpinselungen des ganzen Abdomens.

Name und Formel.	Darstellung.	Eigenschaften.	Anwendung.
Imidiod	Durch Erhitzen einer verdünnten Lösung von Paraethoxyphenylsuccinimid in verdünnter Essigsäure mit Jodkaliumjodid.	Rhombische, bei 175^0 schmelzende Krystalle, die im auffallenden Licht dunkel, fast schwarz sind, im durchfallenden Licht dagegen rot erscheinen. Vorsichtig aufzubewahren!	Als Wundantisepticum.
Imidotetramethyldiamidodiphenylmethan = Pyoktaninum aureum.			
Influenzin	Gemisch aus Phenacetin, Coffeïn, Kochsalz und Chininsalicylat. (Schniewind.)	Weisses Pulver, nur teilweise löslich in Wasser. Vorsichtig aufzubewahren!	Gegen Influenza, Migräne u. s. w.
Ingluvin Hühnerkropfpepsin.	Ein aus dem Kropfe der Hühner bereitetes, nach Art des Pepsins gewonnenes Verdauungsferment.	Gelbliches Pulver, welches in Wasser trübe löslich ist.	Nach Art des Pepsins und in gleichen Dosen, wie dieses angewendet.
Intestin	Gemisch aus Wismutoxyd, Benzoësäure und Naphtalin.		Darmantisepticum.
β-Isoamylen = Pental.			
Isobaldriansäureaethylester = Aether valerianicus.			
Isobutylorthokresoljodid = Europhen.			
Isonaphtol = β-Naphtol.			
Isosulfocyanallyl = Oleum Sinapis.			
Isothiocyanallyl = Oleum Sinapis.			
Isovaleriansäure = Acidum valerianicum.			
Itrol Citronensaures Silber. $C_6H_5O_7Ag_3$	Beim Vermischen von Silbernitratlösung mit Natriumcitratlösung als weisser, pulvriger Niederschlag.	Feines, leichtstäubendes, geruch- u. fast geschmackloses Pulver. Löslich in Wasser 1 : 3800. Vorsichtig aufzubewahren!	Als Antisepticum. Bei Gonorrhöe. Auf Wunden, Granulationen einmal täglich unvermischt aufgestäubt. (Crede, Werler, v. Jasinski.)
Izal = Desinfectol.			
Jatrol Oxyjodomethylanilid.	Über die Darstellung dieses Körpers sind nähere Angaben bisher nicht bekannt geworden.	Geruchloses Pulver.	An Stelle des Jodoforms als Trockenantisepticum empfohlen.
Jodaethyl = Aether jodatus.			
Jodaethylen = Dijodoform.			
Jodanisol $C_6H_4(OCH_3)J =$ ⬡ OCH$_3$ / J	Durch Einwirkung von Jod und Jodsäure auf Anisol.	Gelbe bis rötlich gelbe Krystallmasse, Schm. 47^0, in Alkohol und Äther löslich. Vorsichtig aufzubewahren!	Als Antisepticum an Stelle des Jodoforms. (Reverdin, Heinz, Curchod, Dupraz.)
Jodantipyrin = Jodopyrin.			
Jodcaseïn	Durch Fällen einer Caseïnnatriumlösung mit Jodjodkalium.	Gelbliches, nach Jod riechendes Pulver.	Zur örtlichen Wundbehandlung.

Name und Formel.	Darstellung.	Eigenschaften.	Anwendung.
Jodeugenol Eugenoljodid. $C_6H_2J(C_3H_5)(OCH_3)(OH)$?	Man lässt Jod auf eine alkalische Lösung von Eugenol einwirken.	Gelblich gefärbter, geruchloser Körper, der in Wasser unlöslich ist, bei 150° schmilzt und sich bei höherer Temperatur zersetzt. Vorsichtig aufzubewahren!	Die therapeutische Prüfung dieses jodhaltigen Eugenols ist noch nicht abgeschlossen.
Jodhämol Haemolum jodatum. D. R. P. Merck No. 86714 vom 26. Juni 1894.	Eine von den Blutkörperchenhüllen befreite Blutlösung wird mit einer wässerigen oder alkoholischen Jodlösung, eventuell unter Neutralisation der entstehenden Säure durch Alkali, bei einer 0° nicht erheblich übersteigenden Temperatur gefällt.	Braunes Pulver, enthält 16,6% Jod.	Nach Kobert sind dem Jodhaemol alle therapeutischen Wirkungen des Kaliumjodids eigen. Bei tertiärer Syphilis, Skrophulose, chronischer Bleivergiftung, Psoriasis. Dosis: 0,2—0,3 g 3 mal täglich in Pillenform.
Jodkresol = Traumatol.			
Jodnaphtol = Dijodnaphtol.			
Jodocoffeïn Coffeïnjodnatrium.	Coffeïn wird mit Natriumjodid vereinigt, so dass das Präparat 65 pCt. Coffeïn enthält.	Weisses Pulver, von welchem sich ca. 14 Teile in 100 Teilen Wasser von 35° C. lösen. Vorsichtig aufzubewahren!	Angewendet, wo zugleich Digitalis und Jod indiziert sind. Dosis 0,20—0,5 g 2 bis 6 mal täglich. (Rummo.)
Jodoform Formyltrijodid. Trijodmethan. $C{\equiv}J_3$ | H D. R. P. Schering No. 29771 vom 7. März 1884.	Man lässt auf eine alkoholische Jodlösung Natriumcarbonatlösung unter Erwärmen einwirken Vorteilhafter löst man 100 T. Jod allmälig in 320 g erwärmter Natronlauge von 10 pCt. und fügt der erkalteten farblosen Flüssigkeit 20 T. Aceton und alsdann nach und nach 100 T. gepulverten Jods hinzu. Hierauf wird noch soviel Natronlauge hinzugefügt, bis das Jod verschwunden ist. (E. Schmidt.) Das Jodoform. absolut. des Handels wird durch elektrolytische Zerlegung einer wenig Alkohol enthaltenden wässerigen Kaliumjodidlösung erhalten. (Schering)	Kleine, gelbe, safranartig riechende, hexagonale Blättchen oder Täfelchen vom Schmelzp 119°. Verdampft schon bei gewöhnlicher Temperatur. 1 T. Jodoform löst sich bei 17—18° in 67 T. 90,5 prozentig. Alkohols, 5,6 T. Äther. Von siedendem Weingeist sind 9 T. erforderlich. Vorsichtig aufzubewahren!	Zum antiseptischen Wundverband wird Jodoform in reiner Form entweder gepulvert oder klein krystallisiert angewendet. Auch zum Einblasen oder Bedecken von Wattetampons z. B. bei Ozaena und postnasalen Katarrhen, sowie bei Affektionen des äusseren und mittleren Gehörganges wird Jodoform ohne Zusätze benutzt. Von Lösungen ist 10 pCt. haltige in ää Glycerin und Alkohol zur Injektion in kalte Abscesse empfohlen. Ferner angewendet in Form von Jodoformgaze, -Collodium, -Watte u. s. w. Mit Guajacol zusammen zur Injektion bei Tuberkulose und innerlich zu gleichem Zwecke in Kapseln Jodoform 0,05 g. Guajacol 0,05 g. Zum Desodorieren des Jodoforms dienen: Pfefferminzöl (bez. Menthol), Cumarin, Bittermandelöl u. s. w.

Name und Formel.	Darstellung.	Eigenschaften.	Anwendung.
Jodoformal *D.R.P. Marquart No. 87812 Zusatz vom 19. Juli 1895.*	Durch Einwirkung von Aethyljodid auf Jodoformin erhalten.	Citronengelbe, flache Nadeln oder schweres gelbes Pulver, unlöslich in kaltem, leicht löslich in heissem Wasser. Schmelzp. 128^0. Durch Salzsäure wird es unter Abspaltung von Jodoform zersetzt. Vorsichtig aufzubewahren!	Ersatzmittel für Jodoform. Indikationen wie die des Jodoformins. Suchannek zieht Jodoformal dem letzteren vor, weil es eine noch schnellere Granulationsbildung bei Operations- und eiternden Wunden bewirkt.
Jodoformhexamethylenamin = Jodoformin.			
Jodoformin Jodoformhexamethylenamin. $C_6H_{12}N_4 . CHJ_3$ *D. R. P. Marquart No. 87812 vom 17. April 1895.*	Man lässt auf das Kondensationsprodukt von Formaldehyd und Ammoniak (das Hexamethylentetramin) eine alkoholische Jodoformlösung einwirken.	Weisses oder gelbliches, krystallinisches Pulver. Schmelzp. 178^0. Unlöslich in Wasser, kaltem Alkohol, Äther, Chloroform, wenig löslich in kochendem Alkohol; kochendes Wasser zersetzt es. Vorsichtig aufzubewahren!	Als Antisepticum bei Schanker, bei stark secernierenden Geschwüren. (Bardet, Iven.) Zur Behandlung tuberkulöser Affektionen, namentlich Lupus, bei Gonorrhoë, bei Verbrennungen. (Kölliker.)
Jodoformsalol	Gemisch gleicher Moleküle Jodoform und Salol, durch Zusammenschmelzen erhalten.	Bei 40^0 schmelzende Masse. Vorsichtig aufzubewahren!	Zur Ausfüllung erkrankter und ausgekratzter Knochenhöhlen bei Knochentuberkulose. (Reynier.)
Jodol Tetrajodpyrrol. $C_4J_4NH =$ $\begin{array}{c} H \\ | \\ N \\ JC \quad CJ \\ \| \quad \| \\ JC — CJ \end{array}$ *D.R.P. Kalle No. 35130 1885.*	Zu einer Lösung von 1 T. Pyrrol in 10 T. Alkohol fügt man eine solche von 12 T. Jod in 240 T. Alkohol und überlässt dieselbe während 24 St. der Ruhe. Beim Vermischen der Flüssigkeit mit der 4 fachen Menge Wasser scheidet sich das Jodol in gelben Flocken aus. Zweckmässiger noch fügt man zu den Lösungen etwas Kali- oder Natronlauge, um den sich abspaltenden Jodwasserstoff zu binden.	Gelbes, krystallinisches, geruch- und geschmackloses Pulver, das in etwa 5000 T. Wasser löslich ist. Von Alkohol sind 3 T., von Äther 15 T., von Chloroform 50 Teile zur Lösung erforderlich. Jodol enthält 88,97 % Jod. Vorsichtig und vor Licht geschützt aufzubewahren!	An Stelle des Jodoforms und in gleicher Weise, wie dieses angewendet. Auf Wunden fördert Jodol die Granulationsbildung, erhält die Sekrete geruchlos und erzeugt keinen Schorf. Bei Ozaena mit Tannin und Borax zu gleichen Teilen als Schnupfpulver. Innerlich als langsam Jod abspaltendes Präparat in Pillen bis 1 g pro die gegeben.
Jodolin Chinolinchlormethylat-Chlorjod.	Darstellung und Zusammensetzung unbekannt.		Soll als Ersatzmittel des Jodoforms in den Arzneischatz eingeführt werden.
Jodolum coffeïnatum Coffeïnjodol. $C_8H_{10}N_4O_2 + C_4J_4NH$	Vermischt man die conc. alkoholischen Lösungen gleicher Moleküle Coffeïn und Jodol, so scheidet sich Coffeïn-Jodol krystallinisch ab.	Hellgraues, krystallinisches, geruch- und geschmackloses Pulver. Es enthält 74,6 pCt. Jodol und 25,4 pCt. Coffeïn. In den meisten Lösungsmitteln ist es wenig oder gar nicht löslich. Vorsichtig aufzubewahren!	An Stelle des Jodols, das sich bei längerem Aufbewahren unter Jodabscheidung zersetzt, zur therapeutischen Anwendung empfohlen. (Konteschweller.)

Name und Formel.	Darstellung.	Eigenschaften.	Anwendung.
Jodophen = Nosophen.			
Jodophenin Trijoddiphenacetin. Jodphenacetin. $C_{20}H_{25}J_3N_2O_4$	Entsteht beim Fällen einer mit Salzsäure angesäuerten wässerigen Phenacetinlösung mit einer Lösung von Jodjodkalium.	Chocoladenbraunes, fein nadelig krystallinisches Pulver, das bei 130—131° schmilzt. Jodophenin ist löslich in 20 T. kalten Eisessigs, leicht in heissem Eisessig, schwer löslich in Chloroform, fast unlöslich in Wasser. Beim Erhitzen mit genannten Lösungsmitteln findet leicht Jodabspaltung statt. Vorsichtig aufzubewahren!	Bei Gelenkrheumatismus empfohlen. Dosis 0,5 g. Äusserlich in Collodium gelöst an Stelle des Jodoforms.
Jodo-Pheno-Chloral	Eine Mischung von alkoholischer Jodlösung, Carbolsäure und Chloralhydrat.	Braune Flüssigkeit. Vorsichtig aufzubewahren!	Zum Pinseln. Bei Hauterkrankungen, namentlich parasitären Ursprungs angewendet. (Cutler.)
Jodopyrin Jodantipyrin. $C_{11}H_{11}JN_2O$	Entsteht durch Einwirkung von Chlorjod auf Antipyrin.	Farblose, glänzende, prismatische Nadeln, welche in kaltem Wasser und Alkohol schwer löslich sind, von heissem Wasser leichter gelöst werden. Schmelzp. 160°. Vorsichtig aufzubewahren!	Bei tertiärer Lues und Bronchialasthma in Dosen von 0,5 bis 1,5 g. Münzer hat J. in gleichen Dosen wie Antipyrin bei Typhus abdominalis und Lungentuberkulose angewendet.
m-Jod-ortho-Oxychinolin-ana-Sulfonsäure = Loretin.			
Jodosin	Eine Jodeiweissverbindung mit 15 pCt. Jodgehalt.	Gelblich-weisses Pulver.	Für die innerliche Joddarreichung an Stelle des Jodkörpers der Schilddrüse.
Jodotheobromin Theobrominjodnatrium.	Ein Präparat, in welchem 40 pCt. Theobromin, 21,6 pCt. Natriumjodid und 38,4 pCt. Natriumsalicylat enthalten sind. (E. Merck.)	Weisses, in heissem Wasser lösliches Pulver. Vorsichtig aufzubewahren!	Bei Aorteninsufficienz. Dosis 0,25—0,5 g 2—6 mal täglich. (Rummo.)
Jodothyrin Thyrojodin. *D. R. P. Bayer No. 86072 und Zusätze 1895.*	Milchzuckerverreibung der wirksamen Jodsubstanz der Schilddrüse. 1 g enthält 0,3 mg Jod.	Weisses Pulver. Vorsichtig aufzubewahren!	Bei parenchymatösen Kröpfen. (Roos, Leichtenstern, Ewald); bei Myxödem (Pierre-Marie, Jolly); bei Psoriasis (Ewald, Hennig, Paschkis, Gross.) Dosis: 1—2 g; für Kinder 0,3—1,0 g. Höchste Tagesdosis 4 g!
Jodoxychinolinsulfosäure = Loretin.			
Jodphenacetin = Jodophenin.			

Jodresorcinsulfonsaures Wismut = Anusol.

Jodsalicylsäure s. Acidum jodosalicylicum u. Natrium dijodosalicylicum.

Jodstärke = Amylum jodatum.

Name und Formel.	Darstellung.	Eigenschaften.	Anwendung.
Kaïrin Aethyl-Kaïrin. Oxychinolinäthylhydrür, chlorwasserstoffsaures. $C_9H_{10}(C_2H_5)NO \cdot HCl =$ [Strukturformel mit H_2, H_2, H_2, H, HO, N, Cl, C_2H_5]	α-Chinolinsulfonsäure wird m. Natriumhydroxyd geschmolzen und dadurch in α-Oxychinolin übergeführt, letzteres mit Zinn und Salzsäure behandelt und das entstehende α-Oxychinolintetrahydrür äthyliert. Das salzsaure Salz der äthylierten Base ist das Kaïrin A.	Farb- und geruchloses Krystallpulver, das von 6 T. Wasser und von 20 T. Weingeist gelöst wird. Vorsichtig aufzubewahren!	Als Antipyreticum in Dosen von 0,5—1 g durch Filehne in den Arzneischatz eingeführt. Als Nebenerscheinungen sind Collaps und Cyanose des öfteren beobachtet worden.
Kaïrolin Kaïrolin A. bez. M. Chinolinäthylhydrür, bez. Chinolinmethylhydrür, saures schwefelsaures. $C_9H_{10}(C_2H_5)N \cdot H_2SO_4$ und $C_9H_{10}(CH_3)N \cdot H_2SO_4$	Vergl. über Darstellung Kaïrin.	Farblose, krystallinische Salze.	Die therapeutische Prüfung dieser Körper ist über das Versuchsstadium nicht hinausgekommen.
Kalium aceticum Kalium, essigsaures. $CH_3 \cdot COOK$	Wird durch Sättigen von Essigsäure mit Kaliumcarbonat und Eindampfen auf dem Wasserbade zur Trockene erhalten.	Weisses, zerfliessliches Salz. Officinell ist ein Liquor Kalii acetici, eine klare, farblose Flüssigkeit, von welcher 3 T. 1 T. Kaliumacetat enthalten.	Als Diureticum. Dosis des Liquor Kalii acetici 1,5—12 g, meist mit Digitalisinfusum. Äusserlich ist Schnupfenlassen von Liquor Kalii acetici bei Schleimpolypen der Nase empfohlen.

Kaliumbitartrat = Tartarus depuratus.

Name und Formel.	Darstellung.	Eigenschaften.	Anwendung.
Kalium cantharidinicum Kaliumcantharidat. $C_{10}H_{14}K_2O_6 + 2H_2O$	Bildet sich beim Erwärmen von Cantharidin mit der äquivalenten Menge Kalilauge und vorsichtigen Abdunsten zur Trockene.	Weisse, alkalisch reagierende, krystallinische Masse, die sich in Wasser löst. Sehr vorsichtig aufzubewahren!	Siehe Cantharidin

Kalium-Natriumtartrat = Tartarus natronatus.

Kalium, neutrales weinsaures = Kalium tartaricum.

Name und Formel.	Darstellung.	Eigenschaften.	Anwendung.
Kalium sozojodolicum Sozojodol, schwerlöslich. $C_6H_2J_2(OH)SO_3K$	Durch Sättigen der Sozojodolsäure mit Kaliumcarbonat und Umkrystallisieren aus Wasser.	Farblose Prismen, die sich in 84 T. Wasser und in 200 T. Alkohol lösen. Vorsichtig aufzubewahren!	Als secretionsbeschränkendes und austrocknendes Mittel bei Eczemen.

Name und Formel.	Darstellung.	Eigenschaften.	Anwendung.
Kalium tartaricum Kalium, neutrales weinsaures. Kaliumtartrat. Tartarus tartarisatus. $\left(C_2H_2(OH)_2{<}^{COOK}_{COOK}\right)_2 + H_2O$	Man sättigt eine heisse Lösung von Weinstein (Kaliumbitartrat) allmälig mit Kaliumcarbonat und dampft zur Krystallisation ein.	Farblose, luftbeständige, monokline Krystalle, die bei 15° in $^3/_4$ T. Wasser, und von der Hälfte kochenden Wassers gelöst werden. In Alkohol nur wenig löslich.	Als Laxans 3—10 g, als Diureticum 1—2 g.
Kalium tartaricum acidulum = Tartarus depuratus.			
Kampher = Camphora.			
Kamphersäure, Rechts- = Acidum camphoricum.			
Kardin	Extrakt aus dem Herzfleisch der Rinder.		
Katharin = Kohlenstofftetrachlorid.			
Katharol	Eine mit aromatischen Zusätzen versehene Wasserstoffsuperoxydlösung.	Nahezu farblose Flüssigkeit.	Als Mundwasser und Desinfectionsmittel für Wunden.
Kelen = Aether chloratus.			
Keratinum liquidum	Ammoniakalische Hornstofflösung.		Zum Ueberziehen von Pillen.
Kochin = Tuberkulin.			
Kohlenstofftetrachlorid Katharin. Phönixin. Tetrach'ormethan. CCl_4	Durch Einleiten von Chlor in dem Sonnenlicht ausgesetztes und mit einer kleinen Menge Jod versetztes siedendes Chloroform.	Farblose ätherisch riechende, in Wasser unlösliche Flüssigkeit, Siedepunkt 77—78°, Spez. Gew. 1,632 bei 0° und 1,599 bei 15°.	Als Anaestheticum von englischen Ärzten empfohlen.
Koseïn = Kosin.			
Kosin Koseïn. Kussin. Kusseïn. $C_{31}H_{38}O_{10}$ (Flückiger und Buri.) $C_{23}H_{30}O_7$ (Leichsenring.)	Der Bitterstoff der Blüten von Hagenia abyssinica Willd., Rosaceae (Kussoblüten), welcher durch Kochen der mit Kalkmilch eingetrockneten Blüten mit Alkohol ausgezogen wird. Die Auszüge werden vom Alkohol durch Destillation befreit und aus dem wässerigen Rückstand das Kosin mit Essigsäure abgeschieden.	Geruch- und geschmacklose, schwefelgelbe, bei 142° schmelzende Krystallnadeln, die in Wasser nicht löslich sind. Leicht gelöst werden sie von heissem Alkohol, von Äther, Chloroform, Benzol.	Als Taenifugum. Dosis 1,5—2,0 g.
Kosotoxin $C_{26}H_{34}O_{10}$	Einer der wirksamen Bestandteile der Kussblüten (Hagenia abyssinica.)	Amorphes, gelbliches Pulver, unlöslich in Wasser, leicht löslich in Alkohol, Äther und Chloroform. Schmelzp. 80°. Vorsichtig aufzubewahren!	Starkes Muskelgift. Die physiologische Prüfung ist noch nicht abgeschlossen.
Krebsserum = Anticancrin.			
Kreosal	Gemisch (oder Verbindung?) aus Tannin und Kreosot hergestellt.	Dunkelbraunes, hygroskopisches, in Wasser, Alkohol, Glycerin und Aceton leicht lösliches, in Äther unlösliches Pulver.	Bei Entzündungszuständen der Schleimhäute des Kehlkopfes, der Luftröbre u. s. w. in wässeriger Lösung oder als Pulver. Mittlere Tagesgabe 3 g (= 1,8 g Kreosot.)

Name und Formel.	Darstellung.	Eigenschaften.	Anwendung.
Kreosol Homobrenzcatechin- monomethyläther. Homoguajacol. $C_6H_3CH_3{<}{}^{O\,.\,CH_3}_{OH}$	Bildet neben Guajacol einen Bestandteil des Buchenteerkreosots und wird daraus auch praktisch gewonnen.	Aromatisch riechende, ölige Flüssigkeit, die bei 220^0 siedet. In Wasser kaum löslich.	Über das Ergebnis der in Angriff genommenen therapeutischen Prüfung ist bisher nichts bekannt geworden.
Kreosot Buchenteerkreosot.	Unter Kreosot wird ein Gemenge phenolartiger Körper (Guajacol, Kreosol, Kresole, Xylenole u. s. w.) verstanden, dass durch Rectification des Buchenholzteeres gewonnen wird.	Farblose bis gelbliche, rauchartig riechende, zwischen 200^0 und 220^0 siedende Flüssigkeit vom spec. Gew. 1,04—1,08. In 100—120 T. Wasser zu einer trüben Flüssigkeit löslich, mit Alkohol, Äther, Chloroform in allen Verhältnissen mischbar. Vorsichtig und vor Licht geschützt aufzubewahren!	Bei Tuberkulose 1 g pro die nach den Hauptmahlzeiten, allmälig steigend bis 4 g pro die. Das Kreosot wird meist mit Tolubalsam in Gelatinekapseln verabreicht. (Sommerbrodt.) Gegen Keuchhusten als Schüttelmixtur. (Almeida.) Gegen Skrophulose 3 mal täglich 1 Tropfen, allmälig ansteigend, so dass man in 8—10 Tagen auf 1 g pro die kommt. (Sommerbrodt.) Gegen Erbrechen Schwangerer, gegen Lungenblutungen, in der Zahnheilkunde, gegen Frostbeulen u. s. w. Grösste Einzelgabe 0,2 g! Grösste Tagesgabe 1 g!
Kreosotal = Kreosotcarbonat.			
Kreosotcarbonat Creosotum carbonicum. Kreosotum carbonicum. Kreosotal. *D.R.P. v. Heyden No. 58129.*	Ein Gemisch der Phenolcarbonate des Kreosots, erhalten durch Einwirkung von Kohlenoxychlorid auf die Phenolnatriumverbindungen des Kreosots.	Gelbliche, zähe, fast geruchlose, schwach bitter schmeckende Flüssigkeit, unlöslich in Wasser, mischbar mit Äther und Alkohol, löslich in fetten Ölen. In der Kälte scheiden sich Krystalle ab.	Bei Lungentuberkulose täglich $^1/_2$ ansteigend bis 5 Theelöffel in mehreren geteilten Dosen, eventuell in 4 T. Lebertran gelöst. Reizwirkungen nicht beobachtet. Bei Kindern 10—20—30 Tropfen 3 mal täglich. (Chaumier, Reiner, Fischer.)
Kreosotgerbsäureester = Tanosal.			
Kreosot-Magnesol	20 g Kaliumhydroxyd werden in 10 g Wasser gelöst, mit der Lösung 800 g Kreosot emulgiert und der Emulsion 170 g Magnesiumoxyd zugesetzt. Nach einigem Stehen ist die Masse so hart, dass sie sich pulverisieren lässt.	$80^0/_0$ Kreosot haltendes Pulver, meist in Pillenform angewendet.	An Stelle des Kreosots angewendet. Es hat vor letzterem den Vorzug, dass es nicht brennend schmeckt und keine Reizwirkung auf den Magen ausübt.
Kreosotöl = Oleokreosot.			
Kreosotphosphat	Aus Kreosot und Phosphorsäureanhydrid bei Gegenwart von Natron. $75^0/_0$ Kreosot enthaltend.	Dicke, sirupartige Flüssigkeit. In Wasser, Glycerin, alkalischen Lösungen und Oel nicht löslich, leicht löslich in Alkohol und einer Mischung von Alkohol und Aether.	Als nicht ätzend wirkendes, ungiftiges Ersatzmittel des Kreosots. (Bayse.)
Kreosotum carbonicum = Kreosotcarbonat. **Kreosotum oleïnicum** = Oleocreosot. **Kreosotum phosphoricum** = Kreosotphosphat. **Kreosotum valerianicum** = Eosot.			

Name und Formel.	Darstellung.	Eigenschaften.	Anwendung.
Kresalol m-Kresolum salicylicum. m-Kresylsalicylat. $C_6H_4(CH_3)O \cdot OC \cdot C_6H_4(OH) =$ (structural formula)	Durch Esterifizierung von Meta-Kresol und Salicylsäure (mit Hilfe von Phosphoroxychlorid) erhalten	In Wasser unlösliche, leicht in Alkohol und Äther lösliche Krystalle vom Schmelzp. 74°. (Die Ortho- und Paraverbindung haben einen niedrigeren Schmelzpunkt — 35° und 39°. — Sie ballen sich leicht zusammen.)	Als Ersatzmittel des Salols empfohlen. Dosis 0,25—2 g täglich (in Oblaten).
Kresapol Kresaprol. Kresosaponat.	Gemenge von Seifenlösungen mit rohen oder reinen Kresolen, zumeist 50%, Kresol und 50% Kaliseifenlösung.		Für Desinfektionszwecke.
Kresin	Eine Flüssigkeit, welche 25 pCt. Kresole, mit Hilfe von kresoxylessigsaurem Natrium gelöst, enthält.	Braune, klare Flüssigkeit, die sich mit Wasser und Alkohol klar mischen lässt. Vorsichtig aufzubewahren!	K. soll 4 mal stärker antiseptisch wirken als Carbolsäure und in ein- bis mehrprozentiger Lösung zur Desinfektion von Nachtgeschirren, zur Reinigung v. chirurgischen Instrumenten, sowie in $^1/_2$ bis 1prozentiger Lösung für die Wundbehandlung sich eignen.
Kresochin	Ein Gemisch aus trikresylsulfonsaurem Chinolin und einer losen Verbindung von Chinolin mit Trikresol.	Bis zu 5 pCt. in Wasser lösliche Flüssigkeit.	Für die grobe Desinfektion.
Kresolinum	Gemisch aus Kresolen und Harzseife.	Dunkelgefärbte Flüssigkeit.	Desinfektionsmittel.

Kresolsaponat = Kresapol.

Name und Formel.	Darstellung.	Eigenschaften.	Anwendung.
Kresolum Kresylol. Kresylsäure. Acidum cresylicum. Meta-Kresol. $C_6H_4CH_3(OH) =$ (structural formula)	Durch fraktionierte Destillation aus den Roh-Kresolen (der sog. rohen Carbolsäure) gewonnen.	Farblose, bei 203° siedende, leicht ätzende, kreosotartig riechende Flüssigkeit, welche von Wasser schwer gelöst wird. In Alkohol leicht löslich. Vorsichtig aufzubewahren!	Als Antisepticum angewendet. Wirkt stärker antiseptisch als Phenol (Carbolsäure) und ist dabei weniger giftig als dieses.
Kresolum pur. liquef. Nördlinger. $C_6H_4(CH_3)OH + H_2O =$ (structural formula) $+ H_2O$	Durch Wasser verflüssigtes Orthokresol.	Farblose Flüssigkeit von durchdringendem Geruch. Vorsichtig aufzubewahren!	Für Desinfektionszwecke wie Creolin und Lysol und als Antisepticum in der Wundbehandlung wie Carbolsäure.

m-Kresolum salicylicum = Kresalol.

p-Kresolum benzoicum = Benzoyl-para-Kresol.

Name und Formel.	Darstellung.	Eigenschaften.	Anwendung.
Kresylol = Kresol.			
Kresylsäure = Kresol.			
m-Kresylsalicylat = Kresalol.			
Kryofin $CH_3OCH_2CO.NH.C_6H_4OC_2H_5$	Kondensationsprodukt aus p-Phenetidin und Methylglykolsäure.	Farblose Nadeln vom Schmelzp. 98—99°. In 600 Teilen kalten Wassers löslich.	An Stelle des Phenacetins. Man erreicht mit 0,5 g den gleichen Erfolg wie mit 1 g Phenacetin. (Eichhorst.)
Kusseïn = Kosin.			
Kussin = Kosin.			
Labordin = Analgen.			
Lactol Lactophenol. β Naphtholmilchsäureester. $C_{10}H_7O.OC.CH(OH)CH_3$ = [naphthalene structure] $O.OC.CH(OH)CH_3$	Auf ein Gemisch von β-Naphtolnatrium u. milchsaurem Natrium lässt man Phosphoroxychlorid bei 120°—130° einwirken, wäscht das Reaktionsprodukt mit Wasser aus u. krystallisiert es aus Alkohol um.	Farblose, in Wasser unlösliche, in Alkohol lösliche Krystalle.	Als Darmantisepticum besonders bei Kindern. Dosis täglich 1 g. (Cocz, Lescacur)
Lactonaphtol = Lactol.			
Lactopeptin	Mischung aus 240 T. Milchzucker, 8 T. Pepsin, 36 T. Pankreatin, 3 T. Diastase, 4 T. Salzsäure, 4 T. Milchsäure.	Weisses Pulver.	In Amerika gebräuchliches Specificum gegen Dyspepsie.
Lactophenin Lactylphenetidin. $C_6H_4(OC_2H_5)NH.CO-CH(OH)-CH_3$ = OC_2H_5 [benzene structure] $N{<}^H_{CO-CH(OH)CH_3}$ D.R.P. Boehringer No. 70250 v. Mai 1892 und Zusätze No. 81539, 85212, 90595.	Durch Erhitzen von milchsaurem p-Phenetidin oder von p-Phenetidin mit Milchsäureanhydrid oder Milchsäure-Äthyläther.	Farb- und geruchloses krystallinisches Pulver von schwach bitterem Geschmack. Schmelzp. 117,5 bis 118°. Löslich in Wasser 1:500 (bei 15°), in siedendem Wasser 1:55, in Weingeist 1:8,5 (bei 15°). Vorsichtig aufzubewahren!	Als Analgeticum und Antineuralgicum, in starken Dosen auch als Hypnoticum. Dosis 3 mal täglich 0,6 g. Bei Typhus abdominalis Dosis 0,5—1 g mehrmals täglich. Grösste Einzelgabe 1 g. Grösste Tagesgabe 6 g. (Proust u. Landowski, Strauss u. a.)
Lactyltropeïn $C_8H_{14}NO.CO.CH(OH)CH_3$	Durch Einwirkung von Milchsäure oder Milchsäureanhydrid auf Tropin erhalten.	Die Base bildet bei 74 bis 75° schmelzende Nadeln. Das Nitrat bildet farblose, in Wasser u Alkohol lösliche Prismen. Vorsichtig aufzubewahren!	In geringen Dosen (?) als Herzmittel empfohlen.
Laevulochloral	Verbindung aus Laevulose und Chloral, conf. Chloralose!		
Laevulose Diabetin. Fruchtzucker. $C_6H_{12}O_6$	Kommt neben Traubenzucker im Safte der meisten süssen Früchte und im Honig vor. Wird neuerdings nach besonderem Verfahren aus der Melasse gewonnen.	Weisse, krümelige Masse von rein süssem Geschmack. Sehr leicht löslich in Wasser und verdünntem Weingeist. Die wässerige Lösung lenkt die Ebene des polarisierten Lichtes nach links ab.	Den Diabetikern als Versüssungsmittel für Speisen u. Getränke, insbesondere zur Bereitung von Fruchtsäften, Fruchtlimonaden und erfrischenden Getränken empfohlen.

Name und Formel.	Darstellung.	Eigenschaften.	Anwendung.
Laifan	Wasserhaltiges, rohes Borneol.	Dicke mit zahlreichen Kryställchen durchsetzte Pasta.	Gegen nervösen Kopfschmerz.
Lanain = Adeps Lanae.			
Lanalin = Lanolin.			
Lanesin = Adeps Lanae.			
Lanichol = Adeps Lanae.			
Laniol = Adeps Lanae.			
Lanolin Wollfett, wasserhaltiges. D. R. P. Jaffé vom 2. Oktober 1882.	Aus Fettsäureäthern des Cholesterins und Isocholesterins bestehend.	Lanolin ist eine 25 pCt. Wasser enthaltende weissliche, fast geruchlose Masse von salbenartiger Konsistenz.	Von Liebreich als Salbengrundlage empfohlen. Dient auch ohne Zusätze zur Einfettung der Haut bei Exanthemen, Eczemen, Psoriasis, Prurigo u. s. w. Als Cosmeticum findet es Verwendung zur Herstellung von Lanolin-Pomaden, -Seifen, -Emulsionen u. s. w.
Lanolinum sulfuratum = Thilanin.			
Laureol	Darstellung und Zusammensetzung unbekannt.		Für Desinfektionszwecke.
Laxol	Ricinusöl mit Saccharin u. Pfefferminzöl versetzt.		Als Abführmittel.
Lépine	Ein nach seinem Autor Lépine benanntes Gemisch antiseptisch. Stoffe: Quecksilberchlorid 0,001, Phenol 0,10, Salicylsäure 0,10, Benzoësäure 0,05, Chlorcalcium 0,05, Brom 0,01, bromwasserstoffsaures Chinin 0,20, Chloroform 0,20, destilliertes Wasser 100,0.		
Leuko-Alizarin = Anthrarobin.			
Lienaden Linadin.	Extract aus der Milz. 1 Teil = 2 Teilen frischer Milz.		Gegen Leukämie, Anämie, Malariacachexie und Milzhypertrophie. Dosis 10—25 g.
Lignosulfit	Nebenprodukt bei der Behandlung der Cellulose mit schwefliger Säure.		Zu Inhalationen bei Tuberkulose empfohlen.
Linadin = Lienaden.			
Lintin	Filziges Gewebe aus entfetteter Baumwolle, das mit Desinfectionsmitteln imprägniert wird.		Zu Verbandzwecken.
Lipanin	Olivenöl, welchem 6 pCt. freie Ölsäure beigemischt sind.	Gelbe, ölige Flüssigkeit.	Ersatzmittel für Leberthran und wie dieser angewendet.
Liquor hollandicus = Aethylenum chloratum.			
Listerin	Gemisch aus Eucalyptusöl, Wintergrünöl, Menthol, Thymol, Borsäure, Alkohol und Wasser.		Desinfektionsmittel.

Name und Formel.	Darstellung.	Eigenschaften.	Anwendung.
Lithio-Piperazin	Aus einem Lithiumsalz u. Piperazin bestehendes Präparat.	Körniges, leichtlösliches Pulver.	Gegen Gicht, Uratsteine u. harnsaure Concremente. Dosis: 1,0—3,0 g pro die.
Lithium benzoïcum Lithium, benzoësaures. $C_6H_5COOLi =$ [Benzolring mit COOLi]	Äquimolekulare Mengen von Lithiumcarbonat und Benzoësäure werden mit Wasser erhitzt und die Lösung im Dampfbade zur Trockene verdunstet.	Weisses Pulver oder dünne glänzende Schüppchen. Löslich in 3 T. kalten, 2 T. siedenden Wassers, 10 T. Alkohol.	Bei Rheumatismus und Gicht. Dosis 0,5—1 g mehrmals täglich.
Lithium dithiosalicylicum I $S-C_6H_3(OH)COOLi$ | $S-C_6H_3(OH)COOLi$	Dithiosalicylsäure I wird mit Lithiumcarbonat gesättigt. Vergl. Natrium dithiosalicylicum I.	Gelbes, in Wasser leicht lösliches, in Alkohol unlösliches Pulver.	Die therapeutische Prüfung des Präparates ist noch nicht abgeschlossen.
Lithium dithiosalicylicum II	Dithiosalicylsäure II wird mit Lithiumcarbonat gesättigt. Vergl. Natrium dithiosalicylicum II.	Graues, hygroskopisches, in Alkohol und Wasser lösliches Pulver.	Innerlich bei Gelenkrheumatismus und Gicht. Dosierung noch nicht festgestellt.
Lithium formicicum Lithium, ameisensaures. $C\begin{smallmatrix}H\\=O+H_2O\\OLi\end{smallmatrix}$	Durch Sättigen von Lithiumcarbonat mit Ameisensäure und Umkrystallisieren dargestellt.	Farblose, krystallinische Nadeln, welche von Wasser leicht gelöst werden.	Bei Rheumatismus und Gicht in 1 proz. Lösung 2 bis 3 stündl. 1 Essl. voll. (Hübner.)
Lithium salicylicum Lithium, salicylsaures. $C_6H_4(OH)COOLi+H_2O =$ [Benzolring mit OH, COOLi+H₂O]	Durch Sättigen äquimolekularer Mengen von Salicylsäure und Lithiumcarbonat.	Weisses, krystallinisches Pulver, welches von Wasser leicht gelöst wird.	Bei akutem und Gelenkrheumatismus, rheumatischen Affektionen der Sehnen etc. Dosis 1 g 3—4 mal täglich in Lösung.
Lithium sulfoichthyolicum	Durch Neutralisieren der Ichthyolsulfonsäure mit Lithiumcarbonat.	Schwarzbraune, teerartige Masse, die von Wasser trübe gelöst wird.	Innerl. bei Rheumatismus. Dosis 0,5 g mehrmals täglich.
Loretin m-Jod-ortho-Oxychinolin-ana-Sulfonsäure.*) $C_9H_4J(OH)SO_3H =$ [Chinolinring mit SO₃H, J, OH] D. R. P. Höchst No. 72924. 1892.	Durch Jodieren der Ortho-Oxychinolin-ana-Sulfonsäure, welche letztere beim Sulfonieren des o-Oxychinolins ausschliesslich und in quantitativer Ausbeute entsteht.	Gelbes, krystallinisches Pulver (dem Jodoform ähnlich, aber geruchlos). In Wasser und in Alkohol nur sehr wenig (bei gewöhnlicher Temperatur noch nicht 0,5 pCt.) löslich, in Äther unlöslich. Beim Erhitzen schmilzt es gegen 270° unter lebhafter Zersetzung und Entwickelung violetter Joddämpfe. Vorsichtig aufzubewahren!	An Stelle und zu gleichem Zweck wie das Jodoform angewendet: in Form von Streupulver (am besten mit Magnesia usta und Rhiz. Iridis florentin. verdünnt) auf Furunkel, Panaritium, progediente Phlegmone, Brandwunden, infizierte Riss- und Quetschwunden; in Form von imprägnierter Gaze bei Kniegelenkresektion, bei cariösen Prozessen, kalten Abscessen; in Form von Loretin-Collodium (Emulsion von 2—4 pCt. Loretin in Collodium) bei Erysipel; in Form von Loretin-Stäbchen als Einlage in eiternde Fistelgänge. (Schinzinger, Trnka.) Bei der Wundbehandlung in der Veterinärpraxis von Metz warm empfohlen.

*) Konstitutionsformel nach Prof. A. Claus.

Name und Formel.	Darstellung.	Eigenschaften.	Anwendung.
Losophan Trijodkresol. Trijodmetakresol. $C_6H\begin{array}{c}J_3\\-OH\\CH_3\end{array}$	Durch Einwirkung von Jod bei Gegenwart von Alkali auf o-Oxy-p-Toluylsäure erhalten. Enthält 78,39 pCt. Jod.	In Wasser unlöslich, schwer löslich in Alkohol, leicht löslich in Äther, Benzol, Chloroform. Bei einer Temperatur von 60° wird Losophan auch von fetten Ölen leicht aufgenommen. Konz. Natronlauge verändert es zu einem grünlich-schwarzen, amorphen Körper, der in Alkohol unlöslich ist. Schmelzp. 121,5°. Vorsichtig aufzubewahren!	Äusserlich bei den durch Pilze bedingten Hautkrankheiten, wie Herpes tonsurans, ferner bei Pityriasis versicolor, bei Prurigo, Acne vulgaris und rosacea in 1—2 proz. alkoholischer Lösung zum Pinseln oder in 1—10 proz. Salbe. (Saalfeld.) Gegen Scabies wirkt eine 10 proz. Salbe günstig. (Descottes.) Bei syphilitischen Schankern, rein in Pulverform aufgestreut, zeigt es gute Erfolge. (Descottes.)
Lupetazin Dimethylpiperazin. Dipropylendiamin. $HN\begin{array}{c}CH_2-CH\\CH_3\\\|\\CH_3\\CH-CH_2\end{array}NH$	Wird in analoger Weise wie das Piperazin gewonnen; an Stelle des Aethylenhaloids wird in diesem Falle das Propylenhaloid benutzt.	Weisses Krystallpulver.	Anwendung und Wirkung wie Piperazin.
Lycetol Dimethylpiperazintartrat.	Das weinsaure Salz des Dimethylpiperazins. Siehe Lupetazin.	Weisses, leicht wasserlösliches Krystallpulver. Schmelzpunkt 243°.	Diureticum. Gegen Gicht. Anwendung wie Piperazin. Dosis 1—2 g täglich.
Lychenin	Das aus Cetraria islandica (Isländisches Moos) gewonnene Stärkemehl.	Gelblichweisses Pulver, das in Wasser aufquillt und sich nach längerer Behandlung mit heissem Wasser darin löst.	
Lysidin Aethylenaethenyldiamin. Methylglyoxalidin. $C_4H_8N_2 =$ $\begin{array}{c}H\\\|\\CH_2-N\\\|\quad\quad\diagdown C.CH_3\\CH_2--N\diagup\end{array}$ D. R. P. Höchst No. 78020. 1894.	Man gewinnt das Chlorhydrat durch trockene Destillation von Natriumacetat m. Aethylendiaminchlorhydrat.	Die freie Basis ist eine stark alkalisch reagierende krystallinische, aber sehr hygroskopische Substanz. Schmelzp. 105°, Siedep. 198°. Leicht löslich in Wasser.	Als harnsäurelösendes Mittel bei Gichtkranken. Es besitzt eine fünfmal stärkere harnsäurelösende Wirkung als Piperazin. Dosis 1—5 g täglich. (Grawitz.)
Lysidinum bitartaricum	Durch Lösen von Lysidin in überschüssiger Weinsäurelösung und Verdampfen zur Krystallisation.	Krystallinisches, wasserlösliches Pulver.	10 g des Bitartrats entsprechen ca. 7,2 g der 50-prozentigen Lysidinlösung.

Name und Formel.	Darstellung.	Eigenschaften.	Anwendung.
Lysol	Ein Gemisch der Roh-Kresole, welche durch neutrale Seife löslich gemacht („aufgeschlossen") sind.	Braune, nach Teerölen riechende Flüssigkeit, die sich in Wasser klar löst. 50 pCt. Kresole enthaltend.	In der Chirurgie und Gynäkologie zur Desinfection der Hände des Operateurs und des Operationsfeldes in $1/2$—1 prozentiger Lösung. Zum Keimfreimachen der Instrumente genügt eine $1/4$prozentige Lösung. Zu Zwecken der Grossdesinfection wird eine 5prozentige Lösung verwendet, in der Veterinär-Medizin eine 1—2prozentige Lösung.
Magnesium benzoicum Magnesium, benzoësaures. $(C_6H_5COO)_2Mg$	Magnesiumhydrocarbonat wird mit Wasser zu einem dünnen Brei angerührt und mit der äquivalenten Menge Benzoësäure zur Trockene verdampft.	Weisses, krystallinisches Pulver, in 20 T. kalten Wassers, leicht in heissem löslich.	Von Klebs gegen Tuberkulose ehemals empfohlen. Ferner bei Gicht, Harngries in Anwendung. Dosis 0,15—0,5—1,0 g.
Magnesium citricum Magnesium, citronensaures. $(C_6H_5O_7)_2Mg_3$	100 g Magnes. usta, 350 g Acid. citric., 50 g Spiritus werden gemischt, die Mischung wird in eine Porzellanbüchse eingedrückt und im Dampfbad erhitzt, bis die Masse geschmolzen ist. Dieselbe wird sodann auf Porzellanplatten ausgebreitet, im Trockenschrank getrocknet und nach dem Erkalten zerrieben. (Nach E. Dieterich.)	Weisses, lockeres Pulver, das in 2 T. Wasser etwas trübe löslich ist.	Als mildes Abführmittel. Dosis 10—15 g.
Magnesium citricum effervescens Brausemagnesia.	Mischung von saurem Magnesiumcitrat, freier Citronensäure, Natriumbicarbonat und Zucker. Zur Bereitung werden 5 T. Magnesiumcarbonat, 15 T. Citronensäure mit 2 T. Wasser gemischt und bei 80° getrocknet; der Rückstand wird gepulvert, mit 17 T. Natriumbicarbonat, 8 T. Citronensäure, 4 T. Zucker gemischt, m. Weingeist angefeuchtet und in eine grobkörnigkrümelige Masse verwandelt.	Weisse, körnige Masse, die sich unter reichlicher Kohlensäureentwickelung langsam zu einer angenehm säuerlich schmeckenden Flüssigkeit löst.	Als mildes Abführmittel. Dosis 10—15—20 g.
Magnesium lacticum Magnesium, milchsaures. $(C_3H_5O_3)_2 Mg + 3 H_2O$	Milchsäure wird mit Wasser verdünnt und mit Magnesiumcarbonat gesättigt, die Lösung sodann zur Krystallisation eingedampft.	Luftbeständige, farblose Krystalle oder krystallinische Krusten, in 30 T. kalten, 3.5 T. heissen Wassers löslich, in Alkohol unlöslich.	Als mildes Abführmittel zu 1—2—3 g 3—4mal pro die in Lösung oder Pulver.

Name und Formel.	Darstellung.	Eigenschaften.	Anwendung.
Magnesium salicylicum Magnesium, salicylsaures. $\left(C_6H_4\!<\!\!{}^{OH}_{COO}\right)_2 Mg + 4\,H_2O =$ $\left[\begin{array}{c}\bigcirc\!<\!\!{}^{OH}_{COO}\end{array}\right]_2 Mg + 4\,H_2O$	Salicylsäure wird in heissem Wasser gelöst und mit Magnesiumcarbonat gesättigt.	Farblose, luftbeständige Krystalle, die von 10 T. Wasser gelöst werden.	Nach Huchard bei Abdominaltyphus angewendet. Dosis 0,5—2,0 g mehrmals täglich.
Malachol Melachol. Natriumcitricophosphat.	Eine Mischung von 100 Teilen krystallisierten Natriumphosphats, 2 T. Natriumcitrat und 13 T. Citronensäure wird durch anhaltendes Reiben verflüssigt und mit destilliertem Wasser zu 100 ccm aufgefüllt. (Westcoff.)	Farblose wässerige Flüssigkeit.	Gegen Leberleiden.
Malakin Orthooxybenzyliden-p-Phenetidin. Salicyliden-p-Phenetidin. $C_6H_4(OC_2H_5)N:CH.C_6H_4(OH)+H_2O=$ OC_2H_5 $\bigcirc$ $N=C\!<\!\!{}^{H}_{\bigcirc\!-\!OH} + H_2O$	Durch Kondensation v. p-Phenetidin und Salicylaldehyd erhalten.	Kleine, hellgelbe, feine Nädelchen vom Schmelzpunkt 92°. Unlöslich in Wasser, schwer löslich in kaltem, ziemlich leicht in heissem Alkohol. Mit gelber Farbe auch in Natronlauge löslich. Schwache Mineralsäuren zersetzen es unter Bildung von Salicylaldehyd und p-Phenetidin.	Bei acutem Gelenkrheumatismus in Dosen von 4—6 g täglich. Auch bei Neuralgieen in gleichen Dosen angewendet. Nebenwirkungen sind bisher nicht beobachtet. (Jaquet.) Besonders gegen Fieber der Phthisiker. Dosis 0,5 g zweistündlich. (O. v. Bauer.)
Malandrin	Aus „Grease" (Schmeerfett) hergestelltes isopathisches Präparat.		Als Prophylakticum gegen Variola. (Burnett.)
Malarin Acetophenonphenetidid. $C_6H_5C(CH_3):N.C_6H_4(OC_2H_5)=$ OC_2H_5 $\bigcirc$ $N=C\!<\!\!{}^{CH_3}_{\bigcirc}$ D. R. P. F. Valentiner. No. 87897. 1895.	Durch Erhitzen äquimolekularer Mengen von Acetophenon u. p-Phenetidin. Wird auch, an Citronensäure gebunden, in den Handel gebracht.	Gelbl. gefärbte, schwach säuerl. schmeckende Krystallnadeln, vom Schmelzpunkt 88°, leicht löslich in heissem Alkohol, Äther oder Essigsäure. In kaltem Wasser unlöslich. Das citronensaure Salz bildet farblose Rhomboëder, die sich in ca. 800 Teilen Wasser lösen.	Bei neuralgischem Kopf- und Zahnschmerz. Dosis 0,5—1,0 g.
Malleïn	Ist ein Stoffwechselproduct der Rotzbacillen. (Nach Adamkiewicz.)		

Mandelsäurephenetidin = Amygdophenin.

Mannazucker = Mannit.

Name und Formel.	Darstellung.	Eigenschaften.	Anwendung.
Mannit Fraxinin. Mannazucker. Syringin. Triticin. $C_6H_8(OH)_6$	Ein sechssäuriger Alkohol, der sehr verbreitet im Pflanzenreich vorkommt, am reichlichsten im Safte der Mannaesche (Fraxinus Ornus L.). In dem eingetrockneten Safte (Manna) sind bis 60 pCt. Mannit enthalten, welcher mit heissem Alkohol extrahiert wird.	Feine, weisse, seidenglänzende, süss schmeckende Nadeln, die bei 165 bis 166° schmelzen. In 6,5 T. Wasser, schwer in kaltem, leicht in heissem Alkohol löslich.	Als Laxativum: 20—30 g für Erwachsene, 5—10 g für Kinder.
Marmorekin = Antistreptococcin.			
Marrol	Ein Gemenge aus Malzextrakt, Ochsenmark und Calciumphosphat.		Diätetisches Mittel.
Medulladen	Extrakt aus dem Knochenmark der Rinder.		Gegen Gicht, Harngries u. perniciöse Anämie. Dosis 5—15 g pro die.
Melachol = Malachol.			
Menthakampher = Menthol.			
Menthol Menthakampher. Pfefferminzkampher. $C_{10}H_{19} \cdot OH$	Das riechende Princip des Pfefferminzöles kann durch Auskrystallisieren in der Kälte von den begleitenden Terpenen getrennt werden. Menthol ist ein sekundärer Alkohol.	Farblose, glänzende, prismatische Krystalle von pfefferminzartigem Geruch und Geschmack. Schmelzpunkt 43°, Siedep. 212°. In Wasser sehr schwer löslich, leicht löslich in Alkohol und Äther.	Epidermatisch in Form der Mentholstifte (Migränestifte) oder in Form der alkoholischen Lösung (1+9), auch in Salbenform (1 mit 3 Ol. Olivar. und 6 Lanolin). Bei Larynxtuberkulose Lösung in Öl (5+95) in den Kehlkopf 1 bis 2mal täglich 2 Monate hindurch appliziert. — In Form von Schnupfpulver bei Katarrhen und Schleimhautschwellung; als Carminativum, bei Cardialgieen, Kolikschmerzen, Erbrechen, Durchfällen, Cholera. Die Anwendung des Menthols in Dampfform geschieht mittelst des sog. Mentholers.
Mentophenol	Eine durch Zusammenschmelzen von 1 Teil Phenol und 3 Teilen Menthol erhaltene Flüssigkeit.	Farblose Flüssigkeit.	Als Antisepticum.
Mercuriphenolat = Hydrargyrum carbolicum.			
Metadioxybenzol = Resorcin.			

Name und Formel.	Darstellung.	Eigenschaften.	Anwendung.
Methacetin Paracetanisidin. Paroxymethylacetanilid. $C_6H_4(OCH_3)NH \cdot COCH_3 =$ OCH_3 ⌬ $N{<}{}^H_{COCH_3}$	Paranitrophenolnatrium wird durch Erhitzen mit Methyljodid im Autoclaven methyliert, das gebildete Nitranisol mit Zinn und Salzsäure reduziert und das erhaltene Anisidin acetyliert.	Farblose, geruch- und fast geschmacklose Blättchen, die bei 127^0 schmelzen und von 526 T. Wasser (bei 15^0) und von 12 T. siedenden Wassers gelöst werden. Vorsichtig aufzubewahren!	Antipyreticum und Antineuralgicum. Die Dosen sind halb so gross zu geben, wie die des Phenacetins: Es entsprechen 0,5 g M. = 1 g Phenacetin als Antipyreticum, 1 g M. = 2 g Phenacetin als Antineuralgicum. In Dosen von 0,2—0,3 g wirkt es bei Kindern antipyretisch.
Methaethyl	Gemisch von Methylchlorid und Aethylchlorid.	Farblose Flüssigkeit.	Als Anaestheticum.
Methonal Dimethylsulfondimethylmethan. $CH_3{>}C{<}^{SO_2CH_3}_{SO_2CH_3}$ CH_3	In analoger Weise wie das Sulfonal, nur dass an Stelle d. Aethylmercaptans das Methylmercaptan verwendet wird.	Farblose Krystalle. Vorsichtig aufzubewahren!	Als Hypnoticum in Dosen wie das Sulfonal.
p-Methoxyphenylsuccinimid CH_2-CO $|{>}N-C_6H_4-OCH_3$ CH_2-CO	Darstellung vergl. p-Aethoxyphenylsuccinimid, bez. Pyrantin.	Farblose oder schwach gelb gefärbte Krystalle.	Als Antipyreticum und Analgeticum zur Anwendung in Aussicht genommen.
Methylacetanilid = Exalgin.			
Methylal Methylendimethyläther. $CH_2{<}^{OCH_3}_{OCH_3}$	Entsteht bei der Oxydation von Methylalkohol mit Braunstein und Schwefelsäure.	Farblose, aromatisch riechende Flüssigkeit, die bei 42^0 siedet. Spec. Gew. 0,855 g bei 15^0. Löslich in 3 T. Wasser, leicht in Alkohol, Äther, fetten und ätherischen Ölen. Vorsichtig aufzubewahren!	Innerlich als Hypnoticum: Dosis 1—5 g. (v. Krafft-Ebing.) Als Antidot des Strychnins. (Personali u. Mutroktin.) Äusserlich als schmerzstillendes Mittel.
Methylchlorid Chlormethyl. Monochlormethan. CH_3Cl	Methylalkohol wird mit Salzsäure, (23^0 Bé) im Autoclaven auf 100^0 einige Stunden erhitzt und durch Waschen mit Wasser, Schwefelsäure, Sodalösung gereinigt.	Farbloses, leicht entzündliches, ätherisch riechendes Gas. Durch Abkühlung auf -25^0 kann es zu einer Flüssigkeit verdichtet werden. Kommt in kleine Bomben aus Metall oder Glas eingeschlossen in den Handel. An einem kühlen Orte aufzubewahren!	Als lokales Anaestheticum bei Ischias, Intercostalneuralgieen und Gelenkrheumatismus. (Hertmanni.)
Methylen	Gemisch aus 1 Vol. Methylalkohol und 4 Vol. Chloroform.	Farblose Flüssigkeit. Vorsichtig aufzubewahren!	Als Anaestheticum an Stelle des Chloroforms.
Methylenbichlorid = Methylenchlorid.			

Name und Formel.	Darstellung.	Eigenschaften.	Anwendung.
Methylenblau Tetramethylthionin, chlorwasserstoffsaures. $C_{16}H_{18}N_3SCl =$ $N \begin{cases} C_6H_3 <^{N(CH_3)_2}_S \\ C_6H_3 <_{N(CH_3)_2} \end{cases}$ $\quad\quad\quad\quad Cl$ D. R. P. Höchst No. 38573. 1885.	Nitrosodimethylanilin wird in einer Lösung von konz. Schwefelsäure mit Schwefelzink in die Leukobase des Methylenblaus übergeführt und letztere oxydiert.	Dunkelblaues oder rotbraunes, bronzeglänzendes Pulver, das sich in Wasser mit blauer Farbe leicht löst und in Alkohol weniger leicht löslich ist.	Als Antimalaricum 5mal täglich 0,1 g in Kapseln. Muss noch 8 bis 10 Tage nach dem Verschwinden des Fiebers fortgereicht werden. (Guttmann u. Ehrlich.) Bei Cystitis, Pyelitis und Carcinom 0,2 g 2—3mal täglich. (Einhorn.) Bei Lungen- und Kehlkopfphthisis intern allein oder mit Magnes. usta an zu 0,1 g am ersten Tage, am zweiten 2mal 0,1 g und steigend bis 1,5 g und zurück. Bei Morbus Bright. 0,1 g dreimal täglich an jedem zweiten Tag. Netschajeff. Die bei der Methylenblaubehandlung auftretende spastische Blasenreizung wird durch Darreichung einiger Messerspitzen Muskatnusspulver gehoben.
Methylenchlorid Dichlormethan. Methylenbichlorid. CH_2Cl_2	Dargestellt durch Einwirkung von naszierendem Wasserstoff (aus Zink und Salzsäure entwickelt) auf Chloroform und Rektifikation des Einwirkungsproduktes.	Farblose, chloroformähnlich riechende Flüssigkeit. Siedepunkt 41—42°, spec. Gew. 1,854 bei 15°. Zur Haltbarkeit des Präparates versetzt man mit 1 pCt. Alkohol. Vorsichtig und vor Licht geschützt aufzubewahren!	An Stelle des Chloroforms zu Narkosen empfohlen.

Methylendiantipyrin = Formopyrin.

Methylendigallussaures Wismut = Bismal.

Methylendimethyläther = Methylal.

Methylenditannin = Tannoform.

Methylglyoxalidin = Lysidin.

Methylketo-Trioxybenzol = Gallacetophenon.

Methyl-Phenacetin $C_6H_4(OC_2H_5)N(CH_3)COCH_3 =$ $\quad OC_2H_5$ $\quad \bigcirc$ $\quad N<^{CH_3}_{COCH_3}$	Man lässt auf eine Lösung von Phenacetin in Xylol metallisches Natrium einwirken und behandelt das Phenacetinnatrium mit Methyljodid.	Farblose, bei 40° schmelzende Krystalle, die nur wenig in Wasser, leicht in Alkohol oder Äther löslich sind. Vorsichtig aufzubewahren!	Soll hypnotisch wirken. Gefährliche Nebenwirkungen sind beobachtet.

Methylpropylphenol = Thymol.

Name und Formel.	Darstellung.	Eigenschaften.	Anwendung.
Methylprotocatechualdehyd = Vanillin.			
Methylviolett = Pyoktaninum caeruleum.			
Metozin = Antipyrin.			
Migränin *D. R. P. Höchst No. 26 429. 1883.*	Ein Gemisch von 85 T. Antipyrin, 9 T. Coffeïn und 6 T. Citronensäure.	Weisses, krystallinisches Pulver. Vorsichtig aufzubewahren!	Nach Overlach in Dosen von 1,1 g (!) in den schwersten Fällen von Migräne wirksam.
Mikrobmort	Aus gleichen Teilen Glycerin und Carbolsäure.		Antisepticum.
Mikrocidin β-Naphtolnatrium. Natrium β-naphtolicum. $C_{10}H_7ONa$ =	β-Naphtol und eine äquimolekulare Menge von Kohlensäure freier Natronlauge werden bei möglichstem Abschluss des Luftsauerstoffs zur Trockene verdunstet.	Weisses, in 3 T. Wasser lösliches Pulver. Vor Licht und Luft geschützt aufzubewahren!	Schon stark verdünnte, wässerige Lösungen sollen sich nach Polaillon sehr gut zu Verbänden v. eiternden Wunden, Geschwüren, sowie in der gynäkologischen Praxis eignen.
Milchsäure = Acidum lacticum.			
Milchsaurer Kalk = Calcium lacticum.			
Milchsaures Silber = Actol.			
Milchzucker = Saccharum Lactis.			
Mildiol	Gemisch aus Mineralölen und Kreosot.	Gelblich gefärbte klare Flüssigkeit.	Desinfectionsmittel.
Mollin	Eine überfettete, Glycerin enthaltende, weiche (Kali-) Seife, als Salbengrundlage dienend.		
Mollisin Mollosin.	Ein Gemenge aus 4 T. Paraffinöl und 1 T. gelben Wachses, als Salbengrundlage dienend.		

Monobromacetanilid = Antisepsin.
Monobromaethan = Aether bromatus.
Monobromantipyrin = Bromopyrin.
Monobromkampher = Camphora monobromata.
p-Monobromphenylacetamid = Antisepsin.
Monochloraethan = Aether chloratus.
Monochloralantipyrin = Hypnal.
Monochloressigsäure = Acidum monochloraceticum.
Monochlormethan = Methylchlorid.
Monochlorphenol = Chlorphenol.
Monojodaethan = Aether jodatus.
Monooxybenzol = Acidum carbolicum.
Monophenetidinum citricum = Apolysin.

Name und Formel.	Darstellung.	Eigenschaften.	Anwendung.
Morphium hydrobromicum Morphium, bromwasserstoffsaures. $C_{17}H_{19}NO_3 \cdot HBr + 2H_2O$	Morphiumsulfat wird mit der äquivalenten Menge Kaliumbromid und mit wenig heissem Wasser verrieben und eingetrocknet. Aus dem Trockenrückstand extrahiert man das Morphiumhydrobromid mit heissem Alkohol.	Farblose, in Wasser gut lösliche Krystallnadeln. Vorsichtig aufzubewahren!	Finny zieht dieses Salz allen anderen Morphiumsalzen vor, weil es bei gleich starker narkotischer Wirkung weder Ekel noch Kopfschmerzen verursacht. Grösste Einzelgabe 0,03 g! Grösste Tagesgabe 0,1 g!
Morphium hydrochloricum Morphium, chlorwasserstoffsaures. $C_{17}H_{19}NO_3 \cdot HCl + 3H_2O$	Reines Morphin wird mit der dreifachen Menge heissen Wassers übergossen und mit soviel 25prozentiger Salzsäure versetzt, als zur genauen Neutralisation erforderlich ist. Die heiss filtrierte Flüssigkeit wird zur Krystallisation bei Seite gestellt.	Weisse, seidenglänzende Krystalle oder weisse, würfelförmige Stücke von mikrokrystallinischer Beschaffenheit. In 25 T. Wasser, 20 T. Glycerin und 50 T. Alkohol löslich. Vorsichtig aufzubewahren!	Wegen der schmerzstillenden, beruhigenden, krampfstillenden und schlafmachenden Wirkung ein vielgebrauchtes Arzneimittel, dessen Anwendung innerlich und subcutan (in wässeriger Lösung 1 + 19) erfolgt. Zum inneren Gebrauche giebt man es in Dosen von 0,005—0,003 g, als Schlafmittel meist 0,01 g pro dosi. Grösste Einzelgabe 0,03 g! Grösste Tagesgabe 0,1 g! Diese Gaben werden bei acquirierter Toleranz oder bei Tetanus und verschiedenen Exaltationszuständen in der Praxis oft überschritten. **Gegengifte des Morphins sind starker Kaffee, Begiessungen und Waschungen, sowie Gaben von Atropin u. Coffeïn.**
Morphium phtalicum Morphium, phtalsaures.	Durch Neutralisation von Orthophtalsäure mit Morphin.	Amorphes, in Wasser leicht lösliches Pulver. Vorsichtig aufzubewahren!	
Morphium stearinicum Morphiumstearat. $C_{17}H_{19}NO_3 \cdot C_{17}H_{35}COOH$	Durch Umsetzen von Natriumstearat mit Morphinhydrochlorid.	Weisse, glänzende Schuppen, Schm. 84—86°. Vorsichtig aufzubewahren!	Äusserl. als Morphinöl: Lösung von 0,5 Morphiumstearat in 50,0 Mandelöl.
Morphium sulfuricum Morphium, schwefelsaures. $(C_{17}H_{19}NO_3)_2 \cdot H_2SO_4 + 5H_2O$	Die Darstellung geschieht in analoger Weise, wie die des salzsauren Salzes.	Farblose, nadelförmige Krystalle, die in 20 T. Wasser löslich sind. Vorsichtig aufzubewahren!	Siehe Morphium hydrochloricum! Grösste Einzelgabe 0,03 g! Grösste Tagesgabe 0,1 g!
Morrhuin $C_{19}H_{27}N_2$	Eine Base des Leberthrans.	Dicke, ölige Flüssigkeit, welche sich in Alkohol und Äther löst und in Wasser nahezu unlöslich ist.	Als verdauungsbeförderndes Mittel empfohlen. Dosis für Kinder 0,5 g pro die, für Erwachsene 1,0 g pro die.
Morrhuol	Alkoholisches Extrakt aus Leberthran.	Gelbliche Flüssigkeit.	Ersatz für Leberthran. Dosis 0,2 g.

Name und Formel.	Darstellung.	Eigenschaften.	Anwendung.
Musin	Aus Tamarinde bereitetes Abführmittel.		
Mydrin	Komposition aus Homatropin und Ephedrin.	Weisses Pulver. Sehr vorsichtig aufzubewahren!	Als Mydriaticum in 10prozentiger Lösung. (Cattaneo.)
Mydrol Jodmethylphenylpyrazolon.	Darstellung u. Zusammensetzung unbekannt.	Weisses, krystallinisches Pulver, leicht in Wasser löslich, unlöslich in Alkohol und Äther. Vorsichtig aufzubewahren!	An Stelle des Atropins als die Pupillen erweiterndes Mittel in 8—10prozentiger Lösung. (Sabattini, Albertoni, Cattaneo.)
Myelen	Aus weissem oder rotem Knochenmark hergestellt.	Sirupartige rötliche Flüssigkeit.	Bei Scrophulose, Rhachitis, Knochenfrass, perniciöser wie einfacher Anämie. (R. Schultze-Herdecke.)
Myronin	Eine Salbengrundlage, welche aus Wachs, Daeglingsöl, Stearinsäure und Kaliumcarbonat bereitet wird und $12^1/_2\%$ Wasser enthält.		
Myrrholin	Eine Lösung von Myrrhenharz in Ricinusöl.	Dickflüssiges Öl.	Als Constituens für Kreosotkapseln empfohlen. Unter Unguentum Myrrhae wird eine salbenartige Mischung von 1 T. Myrrhenharz und 10 T. mit Wachs versetzter fetter Öle verstanden, welche bei Erkrankungen der Nase und des Naseneinganges angewendet wird. (Kahn.)

Myrtenölkampher = Myrtol.

Myrtol	Ein Gemisch, bestehend aus Rechts-Pinen, $C_{10}H_{16}$, Eucalyptol, $C_{10}H_{18}O$ und einem vermutlich nach $C_{10}H_{16}O$ zusammengesetzten Kampher. Das Myrtol wird durch Rectification des Myrtenöls gewonnen.	Farbloses, aromatisch riechendes Liquidum vom Siedepunkt 160—170°. Vor Licht geschützt aufzubewahren!	Bei Lungengangrän, putrider Bronchitis und anderen Erkrankungen der Luftwege als Desinficiens und Desodorans gegeben. Dosis 0,15—0,3 g 2 bis 3stündlich, am besten in Gelatinekapseln zu verabreichen. (Eichhorst.)
Naftalan	Aus den Rückständen der Produkte einer Naphtaquelle im Kaukasus gewonnen.	Braunschwarze, bei 65 bis 70° schmelzende, salbenartige Masse.	Gegen Lepra, bei Verbrennungen und gegen verschiedene Hautkrankheiten angewandt. (Rosenbaum.)

Name und Formel.	Darstellung.	Eigenschaften.	Anwendung.
Naphtalin $C_{10}H_8 =$	Findet sich in den zwischen 180 und 220° destillierenden Anteilen des Steinkohlenteers (dem Schweröl) und wird daraus durch Abkühlen krystallinisch abgeschieden. Durch Behandeln mit Schwefelsäure und Braunstein, mehrmaliges Auswaschen, Sublimieren und Umkrystallisieren aus Alkohol wird das N. rein erhalten.	Farblose, glänzende, eigenartig riechende Krystallblätter vom Schmelzpunkt 79,2°. Siedepunkt 218°. In Wasser unlöslich, schwer löslich in kaltem Alkohol, leicht löslich in heissem Alkohol und Äther.	Innerlich bei Erkrankungen der Luftwege als expectorierendes Mittel. Gegen veraltete Dickdarmkatarrhe, bei Brechdurchfall. Dosis 0,1—0,5—0,8 g. Gegen Spulwürmer bei Kindern: Dosis 0,1 g. Bei Blasenleiden zu vermeiden. (Schwarz.) Äusserlich (mit Zuckerpulver gemischt) zur antiseptischen Wundbehandlung, sowie gegen Scabies und verschiedene Hautkrankheiten in Salbenform oder in Olivenöl (10prozentige Lösung) gelöst.

Naphtalol = Betol.

Naphtasalol = Betol.

α-Naphtol $C_{10}H_7OH =$ OH	Durch Eintragen von α-Naphtalinsulfosäure (s. β-Naphtol) in eine Natronschmelze, Ausziehen des α-Naphtolnatriums mit Wasser, Zerlegen der Natriumverbindung mit Salzsäure und Reinigen durch Sublimation. — Auch durch Erhitzen von Phenylisocrotonsäure erhalten.	Farblose, seidenglänzende Nadeln vom Schmelzpunkt 95°. Siedep. 280°. In Wasser kaum löslich, leicht löslich in Alkohol und in Äther. Vorsichtig und vor Licht geschützt aufzubewahren!	Als Antisepticum dem β-Naphtol mindestens gleichwertig, doch wirkt es giftiger als dieses.

α-Naphtolcarbonsäure = Acidum α-oxynaphtoicum.

α-Naphtholsalol = Alphol.

β-Naphtol Isonaphtol. $C_{10}H_7OH =$ OH	Naphtalin wird durch rauchende Schwefelsäure in ein Gemisch von α- und β-Naphtalinsulfosäure übergeführt, dieselben werden durch das Calciumsalz hindurch getrennt (das β-Salz ist unlöslicher als das α-Salz), oder es wird durch andauerndes Erhitzen mit Schwefelsäure auf 200° auch die α-Naphtalinsulfosäure in die β-Verbindung übergeführt und sodann mit Natriumhydroxyd im Überschuss geschmolzen. Aus der Natronschmelze zieht man das β-Naphtolnatrium mit Wasser aus, zerlegt mit Salzsäure und reinigt das β-Naphtol durch Sublimation.	Farblose, seidenglänzende Krystallblätter vom Schmelzpunkt 123°. Siedepunkt 286°. In 1000 T. kalten, 75 T. siedenden Wassers, leicht in Alkohol, Äther, Chloroform, Ölen löslich. Vor Licht geschützt aufzubewahren!	Bei verschiedenen Hautkrankheiten als Antisepticum äusserlich in Form von Salben oder in alkoholischer Lösung (2—10 pCt. β-Naphtol enthaltend).

β-Naphtol, Jod- = Dijodnaphtol.

Name und Formel.	Darstellung.	Eigenschaften.	Anwendung.

β-Naphtolbenzoat = Benzonaphtol.

β-Naphtollactat = Lactol.

β-Naphtolmonosulfosaures Calcium = Asaprol.

β-Naphtolnatrium = Mikrocidin.

β-Naphtolquecksilber = Hydrargyrum β-naphtolicum.

β-Naphtolsalol = Betol.

β-Naphtolum benzoicum = Benzonaphtol.

Name und Formel.	Darstellung.	Eigenschaften.	Anwendung.
β-Naphtolum camphoratum	Ein Gemisch von 1 T. β-Naphtol und 2 T. Kampher, welches durch Zusammenschmelzen bereitet wird.	Dicke, farblose Flüssigkeit, die in Wasser unlöslich, in Alkohol, fetten und ätherischen Oelen leicht löslich ist.	Als Antisepticum. In Vereinigung mit Cocaïn zum Bestreichen lokal tuberkulöser Affektionen, mit Öl gemischt bei Furunkel, Coryza, Scabies u. s. w.
β-Naphtolum carbonicum β-Naphtolcarbonat. $CO\!<\!^{OC_{10}H_7}_{OC_{10}H_7}$	Durch Einwirkung von Kohlenoxychlorid auf β-Naphtolnatrium und Umkrystallisieren des Reaktionsproduktes aus Alkohol.	Atlasglänzende Blättchen vom Schmelzpunkt 176°. In Wasser unlöslich, in Alkohol schwer löslich.	Das β-Naphtolcarbonat soll an Stelle des β-Naphtols verwendet werden und diesem dadurch bevorzugt sein, dass es nicht kratzend schmeckt und nicht reizend wirkt.

β-Naphtolwismut = Bismutum β-naphtolicum.

Name und Formel.	Darstellung.	Eigenschaften.	Anwendung.
β-Naphtopyrin	Verbindung aequimolekularer Mengen von β-Naphtol und Antipyrin.		
Naphtoresorcin	Beim Erhitzen von Dioxynaphtalinsulfosäure oder ihrer Salze mit verdünnten Mineralsäuren.	Farblose, bei 124° schmelzende Blättchen.	Indication und Dosierung noch nicht festgestellt.
Naphtosalicin	Lösung von β-Naphtol und Salicylsäure in Boraxlösung.		

Narceïnnatrium — Natrium salicylicum = Antispasmin.

Name und Formel.	Darstellung.	Eigenschaften.	Anwendung.
Narceïnum hydrochloricum Narceïn, chlorwasserstoffsaures. $C_{23}H_{29}NO_9 \cdot HCl + 3H_2O$	Narceïn findet sich zu 0,1—0,4 pCt. im Opium. Das salzsaure Salz scheidet sich aus einer Lösung von Narceïn in überschüssiger warmer Salzsäure in Krystallen aus.	Farblose Krystallnadeln, die sich in Wasser und Alkohol leicht lösen. Vorsichtig aufzubewahren!	Als Hypnoticum. Dosis 0,06—0,2 g mehrmals täglich, und 0,03 g subcutan in Lösung.
Narceïnum meconicum Narceïn, mekonsaures $(C_{23}H_{29}NO_9)_2 \cdot C_7H_4O_7 + xH_2O$	Narceïn wird in aequimolekularer Menge an Mekonsäure gebunden.	Weisses, bei 110° schmelzendes Pulver, das sich in kochendem Wasser und schwachem Alkohol löst, in starkem Alkohol wenig löslich ist.	Als Sedativum und Hypnoticum. Dosis 0,006—0,025 g subcutan injiciert. (Laborde.)
Narcotin Anarkotin. $C_{22}H_{23}NO_7$	Ein neben dem Morphin am reichlichsten und im freien Zustande im Opium vorkommendes Alkaloid.	Farblose Krystalle vom Schmelzpunkt 176°. Wird von Wasser, Ammoniak und Kalilauge nicht gelöst, von Alkohol und Aether leicht aufgenommen.	Als Hypnoticum. Gegen Malaria und Folgezustände, z. B. Migräne. Dosis 0,25—1 g. Es bildet den Übergang zu den convulsionserregenden Opiumbasen. (Roberts, Boyle, Chunder Sen, Maynard, Ager.)

Name und Formel.	Darstellung.	Eigenschaften.	Anwendung.
Nasrol = Symphorol.			
Natrium aceticum Natrium, essigsaures. Terra foliata Tartari crystallisata. $CH_3 \cdot COONa + 3 H_2O$	Wird durch Sättigen des rohen Holzessigs mit Natriumcarbonat, Abdampfen zur Trockene, Erhitzen bis 250^0, Aufnehmen in Wasser und Abdampfen zur Krystallisation gewonnen.	Monokline Prismen, die an warmer, trockener Luft verwittern. Löslich in 1 T. Wasser, 23 T. kalten und 1 T. kochenden Weingeistes.	An Stelle des leicht zerfliesslichen Kaliumacetats als Diureticum angewendet, wirkt aber schwächer als jenes. Dosis: 5—10 pCt. haltende Lösungen esslöffelweise. In grösseren Dosen wirkt es purgierend. Bei Darmkatarrhen Dosis 0,5 g.
Natriumaethylat = Natrium aethylicum.			
Natrium aethylicum Natriumaethylat. $CH_3 — CH_2 \cdot ONa$	Durch Auflösen von metallischem Natrium in absolutem Alkohol.	Weissgelbliches Pulver von ätzendem Geschmack. Löslich in Alkohol und in Wasser. Vorsichtig aufzubewahren!	Bei Hautkrankheiten, besonders bei Psoriasis, Lupus erythematosus in Form von 10prozentiger wässeriger Lösung als Einpinselung. Bei torpiden Geschwüren: Rp. Natrii aethylici sicci 10,0 Spiritus saponati 35,0 Spiritus Lavandulae 5,0. D. S. Mit gleichen Teilen Wasser gemischt zu Umschlägen. Bei Psoriasis als Liniment: Rp. Natrii aethylici sicci 20,0 Ol. Olivarum 80,0. (Gamberini u. Monari.)
Natrium anisicum Natrium, anissaures. $C_6H_4(OCH_3)COONa =$ OCH_3 ⬡ $COONa$	Anissäure wird durch Oxydation von Anethol (Hauptbestandteil d. Anisöls) mit Kaliumdichromat und Schwefelsäure erhalten, das Natriumsalz der Anissäure durch Sättigen mit Natriumcarbonat, Abdampfen zur Trockene und Erhitzen bis zum Austreiben des Krystallwassers.	Weisses, mikrokrystallinisches Pulver, das leicht in Wasser löslich ist.	An Stelle von Natriumsalicylat als Antirheumaticum und Antipyreticum empfohlen. Dosis 1 g.
Natrium benzoicum Natrium, benzoësaures. $C_6H_5 \cdot COONa =$ ⬡ $COONa$	In heisse Natriumcarbonatlösung wird Benzoësäure bis zur Sättigung eingetragen und die filtrierte Lösung z. Trockene abgedampft.	Weisses, amorphes Pulver, das in 1,5 Teilen Wasser, weniger in Alkohol löslich ist.	Innerlich gegen Diphtheritis, Lungenphthisis, Polyarthritis rheumatica, phlegmonöse Abscesse, Brechdurchfall kleiner Kinder, äusserlich bei Ophthalmia neonatorum benutzt. Dosis: 0,1—1 g. Zu Inhalationen werden 5 procentige Lösungen verwendet. Resultate unbefriedigend.
Natrium citricophosphoricum = Malachol.			

Name und Formel.	Darstellung.	Eigenschaften.	Anwendung.
Natrium dijodosalicylicum Natrium, dijodosalicylsaures. $(C_6H_2(OH)J_2 \cdot COONa)_2 + 5 H_2O$	Dijodsalicylsäure wird durch Einwirkung von Jod und Jodsäure auf Salicylsäure in alkoholischer Lösung gewonnen, das Natriumsalz durch Neutralisieren der Säure mit Natriumcarbonat erhalten.	Weisse Krystallblättchen, die in 50 Teilen Wasser löslich sind. Vorsichtig aufzubewahren!	Als Analgeticum, Antithermicum und Antisepticum. Dosis: 1,5—4 g pro die.
Natrium dithiosalicylicum I Dithion I. $S—C_6H_3(OH)COONa$ $\vert$ $S—C_6H_3(OH)COONa$ [Strukturformel] D. R. P. v. Heyden No. 46413.	Aequimolekulare Mengen von Salicylsäure und Chlorschwefel werden auf 150° erhitzt (wobei Chlorwasserstoff entweicht) und das Reaktionsprodukt wird mit Sodalösung aufgenommen, durch Filtration geklärt und die Lösung mit Kochsalz versetzt, worauf sich Dithion I abscheidet, während Salz II in Lösung bleibt. Man reinigt das ausgeschiedene Salz durch Krystallisation.	Gelbweisses, amorphes, in Wasser leicht und klar lösliches Pulver.	Bisher nur in der Veterinärpraxis bei Maul- und Klauenseuche angewendet, und zwar meist in Form von Aufpinselungen in 2,5—5 prozent. Lösung. Als Streupulver rein oder in Mischungen mit Amylum (5—50 prozentig), in Salbenform mit Vaselin (5—10 prozentig). Innerlich in Pillenform bei Hunden 0,5—2 g pro dosi et die, bei Pferden 10—30 g pro dosi et die. (L. Hoffmann.)
Natrium dithiosalicylicum II Dithion II. $S—C_6H_3(OH)COONa$ $\vert$ $S—C_6H_3(OH)COONa$ [Strukturformel] D. R. P. v. Heyden No. 46413.	Darstellung siehe Natrium dithiosalicylicum I.	Grauweisses, amorphes, wasserlösliches Pulver.	Gegen Gelenkrheumatismus. Dosis: 0,2—1 g 1—4 mal täglich. (Lindenborn.) Bei Gonitis gonorrhoica morgens und abends je 0,2 g. In der Tierheilkunde werden bei Maul- und Klauenseuche 2,5 bis 5 prozentige Lösungen verwendet. Neuerdings kommt unter dem Namen Dithion ein Gemisch beider Salze in den Handel.
Natrium kakodylicum Dimethylarsensaures Natrium $As \begin{cases} = O \\ — CH_3 \\ — CH_3 \\ — ONa \end{cases}$	Durch Einwirkung von Quecksilberoxyd auf Kakodyloxyd und Sättigen mit Natriumhydroxyd.	Amorphes, weisses, in Wasser lösliches Pulver. Sehr vorsichtig aufzubewahren!	Innerlich bei Psoriasis. Dosis: 0,15 g pro die, 0,1 g pro die subcutan. Gegen Pseudoleukämie: Innerhalb 3 Wochen 10 Injektionen von je 0,15 g. (Danlos.)
Natrium lacticum Natrium, milchsaures. CH_3 $\vert$ $C{<}^H_{OH}$ $\vert$ $COONa$	Durch Sättigen einer Milchsäurelösung mit Natriumcarbonat und Eindampfen bis zur Sirupskonsistenz.	Schwach gelblich gefärbte, mit Wasser und Weingeist mischbare dicke Flüssigkeit.	Als Hypnoticum empfohlen. Dosis: 10,0—15,0 g in Zuckerwasser.

Natrium β-naphtolicum = Mikrocidin.
Natrium oleïnicum = Eunatrol.

Name und Formel.	Darstellung.	Eigenschaften.	Anwendung.
Natrium paracresotinicum Natrium, p-kresotinsaures. $C_6H_3(CH_3)(OH)COONa =$ CH_3–C_6H_3(COONa)(OH)	Parakresotinsäure wird analog der Darstellung der Salicylsäure durch Erhitzen von p-Kresol-Alkali mit Kohlensäure erhalten und mit Salzsäure aus dem entstandenen Alkalisalz abgeschieden.	Weisses krystallinisches Pulver von bitterem Geschmack; löslich in 24 Teilen warmen Wassers.	Als Ersatzmittel des Natriumsalicylats in der Kinderpraxis empfohlen. Dosis nach dem Alter der Kinder 0,1—1 g. Gebraucht ferner bei Polyarthritis rheumatica, Pneumonie und Typhus. Tagesdosis 0,4—4,5 g.
Natrium phenolsulforicinicum	Eine Lösung von 4 Teilen Natriumsulforicinat in 1 Teil Phenol.	Ätzende Flüssigkeit. Vorsichtig aufzubewahren!	Von Berlioz zur Behandlung der Diphtheritis empfohlen.
Natrium salicylicum Natrium, salicylsaures. $C_6H_4(OH)COONa =$ C_6H_4(OH)(COONa)	Salicylsäure wird mit Natriumbicarbonat und wenig Wasser neutralisiert, bei niedriger Temperatur abgedunstet und der Rückstand aus Alkohol umkrystallisiert.	Weisses, krystallinisches Pulver oder kleine, schuppige Krystalle, die sich in der gleichen Gewichtsmenge Wasser und in 5 Teilen Alkohol lösen.	Als Antipyreticum. Gegen Gelenkrheumatismus und Gicht, wirksam bei Migräne. Dosis: 0,5—2 g mehrmals täglich mit viel Wasser.
Natrium santonicum Natrium, santoninsaures. Santoninnatrium. $(C_{15}H_{19}NaO_4)_2 + 7 H_2O$	Man verreibt 10 Teile Santonin mit 8 Teil. krystallisierter Soda und kocht mit einem Gemisch von 120 Teil. Alkohol und 40 Teil. Wasser so lange am Rückflusskühler, bis eine Probe nach Abdunsten des Alkohols sich in Wasser klar löst. Aus der filtrierten Flüssigkeit krystallisiert dann das Natriumsalz aus.	Farblose, rhombische Krystalle, die in 3 Teil. kalten, $^1/_2$ Teil siedenden Wassers und in 12 Teil. Alkohol löslich sind. Vorsichtig aufzubewahren!	Als Anthelminticum. Für Erwachsene: Grösste Einzelgabe 0,5 g! Grösste Tagesgabe 2,0 g! Für Kinder: Einzelgabe 0,05 bis 0,1 g!
Natrium sozojodolicum Sozojodolnatrium. Sozojodol, leicht löslich. $C_6H_2J_2(OH)SO_3Na + 2 H_2O =$ C_6H_2(OH)(J)(J)(SO$_3$Na) $+ 2 H_2O$	Durch Sättigen der Sozojodolsäure mit Natriumcarbonat und Eindampfen der Lösung zur Krystallisation.	Farblose Krystalle, die sich in 13—14 Teilen Wasser und in 10 Teilen Alkohol lösen. Vorsichtig aufzubewahren!	An Stelle des Jodoforms als Antisepticum. In der Wundbehandlung finden 2—3prozentige Lösungen Anwendung. (Langgaard, Nitschmann u. A.)
Natrium sulfoichtyolicum	Durch Sättigen der Ichthyolsulfosäure mit Natronlauge erhalten.	Braunschwarze, teerige Masse, in Wasser zu einer dunkelbraunen, grünschillernden, nahezu neutralen Flüssigkeit löslich. Von Alkohol oder Äther wird es nur teilweise gelöst.	Über Indication s. Ichthyol.

Name und Formel.	Darstellung.	Eigenschaften.	Anwendung.
Natrium sulforicinicum Polysolve. Solvin.	Durch Einwirkung conc. Schwefelsäure auf Triglyceride der Fettsäuren, bez. auf die betreffenden freien Fettsäuren selbst werden Sulfofettsäuren gebildet und letztere mit Natriumhydroxyd gesättigt.	Braune, sirupartige Flüssigkeit, die sich sowohl in Wasser als auch in Alkohol löst.	Findet Anwendung als Lösungsmittel für Jod, Jodoform u. s. w. Nach Kobert gehören die Solvine zu den Blutgiften. Die roten Blutkörperchen werden ausgelaugt und zum Teil zerstört. Für die Schleimhäute und deren isolierte Zellen sind sie Protoplasmagifte.
Natrium sulfosalicylicum Natrium, saures sulfosalicylsaures. $C_6H_3(OH)(COOH)SO_3Na =$ OH COOH SO$_3$Na	Schwefelsäure wird auf Salicylsäure einwirken gelassen und die erhaltene Salicylsulfonsäure mit Natriumcarbonat soweit gesättigt, dass nur die Sulfonsäuregruppe an Natrium gebunden ist.	Weisses, fein krystallinisches Pulver von saurem, etwas zusammenziehenden Geschmack, löslich in 25 Teilen Wasser, fast unlöslich in Alkohol und in Äther.	An Stelle des Natriumsalicylats bei Gelenkrheumatismus empfohlen. Es besitzt nicht den unangenehmen Geschmack und die Nebenwirkungen des Natriumsalicylats, steht demselben aber an Wirkung nach. (Neisse.)
Natrium sulfothiophenicum Natrium, thiophensulfosaures. $C_4H_3S-SO_3Na$	Thiophen (C_4H_4S) wird durch Einwirkung rauchender Schwefelsäure in Thiophensulfosäure übergeführt und diese mit Natriumcarbonat gesättigt.	Weisses, krystallinisches Pulver von schwachem, unangenehmem Geruch. Löslich in Wasser, Schwefelgehalt 33 pCt.	Bei Prurigo in 5—10prozentigen Salben mit Vaselin und Lanolin. (E. Spiegler.)
Natrium sulfotumenolicum = Tumenol.			
Natrium tartaricum Natrium, weinsaures. $C_2H_2(OH)_2{<}{COONa \atop COONa} + 2H_2O$	Durch Neutralisieren einer Weinsäurelösung mit Natriumcarbonat und Eindampfen zur Krystallisation.	Farblose, luftbeständige, rhombische Krystalle, die sich in 5 T. kalten und sehr leicht in heissem Wasser lösen.	Als Laxans 5—10 g, als Diureticum 1—3 g.
Natrium, thiophensulfosaures = Natrium sulfothiophenicum.			
Neuralgin	Mischung von Antifebrin, Natriumsalicylat und Coffeïn.	Weisses, in Wasser schwer lösliches Pulver. Vorsichtig aufzubewahren!	Gegen neuralgische Zustände.
Neurin Trimethyl-Vinyl-Ammoniumhydroxyd. $N{\equiv}{CH=CH_2 \atop (CH_3)_3 \atop -OH}$	Entsteht neben Neuridin ($C_5H_{14}N_2$) bei der Fäulnis von Fleisch. Zur praktischen Darstellung wird Aethylenbromid mit alkoholischer Trimethylaminlösung im Autoclaven auf 50—60° einige Stunden lang erhitzt.	Stark alkalisch reagierende, leicht sich verflüssigende Masse, die in allen Verhältnissen in Wasser löslich ist. Beim Kochen der wässerigen Lösung findet Zersetzung unter Abspaltung von Trimethylamin statt. Sehr vorsichtig aufzubewahren!	Eine 3prozentige, wässerige Lösung ist zur Bepinselung diphtheritischer Beläge empfohlen worden.

Name und Formel.	Darstellung.	Eigenschaften.	Anwendung.
Neurodin p-Oxyphenylaethylurethan, acetyliertes. $C_6H_4(OCOCH_3)NH \cdot COOC_2H_5 =$ O.COCH$_3$ $C_6H_4\!<^{COOC_2H_5}_{\;\;\;H}$ *D. R. P. Merck No. 69328 vom 12. Novemb. 1892 und No. 73285 vom 2. Jan. 1893.*	Bei der Einwirkung v. Chlorkohlensäureäthylester auf p-Amidophenol entsteht p-Oxyphenylurethan, welches mit Hilfe von Natriumacetat und Essigsäureanhydrid acetyliert wird.	Farblose Krystalle vom Schmelzpunkt 87°. Löslich in 1500 Teilen Wasser von 17° C. und 140 Teilen Wasser von 100°. Vorsichtig aufzubewahren!	Als Antineuralgicum. Dosis 0,5—1 g. (v. Mering, Kuthy.)
Neurosin	Präparat, als wirksamen Bestandteil glycerinphosphorsauren Kalk enthaltend.		
Nitroglycerin Angioneurosin. Glonoin. Salpetersäure-Glycerinäther. Sprengöl. Trinitrin. Trinitroglycerin. $C_3H_5(ONO_2)_3$	Zu einem erkalteten Gemisch aus 2 T. konzentrierter Schwefelsäure und 1 T. rauchender Salpetersäure fügt man unter starker Abkühlung und unter stetem Rühren in kleinen Mengen so viel entwässertes Glycerin, als gelöst wird und giesst nach einigem Stehenlassen in kaltes Wasser ein, worin das Nitroglycerin als schweres Öl zu Boden sinkt.	Farblose, ölige Flüssigkeit vom spez. Gew. 1,6. Bei +8° zu einer krystallinischen Masse erstarrend. In Wasser und Glycerin fast unlöslich, in Äther, Chloroform, fetten Ölen leicht, in kaltem Alkohol 1+9 löslich. Sehr vorsichtig aufzubewahren! Im Handel befindet sich eine 1- und eine 10 prozentige alkoholische Lösung.	Bei Migräne, Asthma, Angina pectoris, Ohnmacht. In Pillen- oder Pastillenform oder in wässerig-alkoholischer Lösung verabreicht. Grösste Einzelgabe 0,001 g! Grösste Tagesgabe 0,005 g!
Nortropinon Tropinon. $C_7H_{11}NO$ *D. R. P. R. Willstädter No. 89999 vom 30. Mai 1896.*	Durch vorsichtige Oxydation des entmethylierten Tropins (Tropigenin = $C_7H_{13}NO$).	Bei 69—70° schmelzende farblose Krystalle, die in Form ihrer Salze arzneiliche Verwendung finden sollen.	Physiologische Prüfung noch nicht abgeschlossen.
Nosophen Jodophen. Tetrajodphenolphtaleïn. $C_6H_4\!<^{C<^{C_6H_2J_2OH}_{C_6H_2J_2OH}}_{CO.O}$ *D. R. P. Rhenania No. 85930 vom 27. Mai 1894, 86069 vom 22. Juli 1894 und Zusätze.*	Nach A. Classen und W. Löb durch Einwirkung von Jod auf Lösungen von Phenolphtaleïn erhalten.	Schwach gelb gefärbtes, geruch- und geschmackloses Pulver, unlöslich in Wasser u. Säuren, schwer löslich in Alkohol, leichter in Äther und Chloroform. Schmilzt bei 255° unter Jodabspaltung. Jodgehalt ca. 60%. Vorsichtig aufzubewahren!	Als Trockenantisepticum und Ersatz des Jodoforms. Gute Erfolge bei Rhinitis hypersecretoria und Ulcus molle; bei Darm- und Magenkatarrhen in Dosen von 0,3 bis 0,5 g bei Erwachsenen, zur Nachbehandlung operativer Eingriffe bei Nase und Ohr, bei Brandwunden. (Seifert, Koll, Bintz, Zuntz, Frank, Lieven, Sonnenberger, Noack, Lassar u. a.)

Name und Formel.	Darstellung.	Eigenschaften.	Anwendung.
Nucleïn	Phosphorhaltiger Bestandteil der Zellkerne. Wird aus Hefe oder aus Kälbermilz (Horbazewski) dargestellt.	Gelblich-weisses Pulver, in kaltem Wasser, Alkohol und Äther unlöslich, löslich in verdünnten Alkalien.	In Dosen von 2—3 g innerlich oder subcutan bei gleichzeitiger Anwendung des Tuberkulins. Soll die Zahl der Leucocyten vermehren. Das Blut wirkt daher stärker bacterizid, deshalb Anwendung bei Infektionskrankheiten. (Kossel, Horbaczewski, Hahn u. a.)
Nucleohiston	Aus den Lymph- und Thymusdrüsen von Kälbern hergestellter Eiweisskörper.	Weisses, in Wasser, Mineralsäuren und Alkalien lösliches Pulver.	Dem Körper sind bactericide und antitoxische Eigenschaften eigen. (E. Freund u. Grosz.)
Nutrin	Nährpräparat mit 83,5% Eiweiss, 6,1% Fett, 4,4% Nährsalzen des Fleisches und 5,5% Wasser.		
Nutrol	Ein Stärkemehl und Maltose haltendes Nährpräparat.		
Nutrose Caseïnnatrium. D. R. P. Höchst No. 15 057 1894.	Ein saures Natriumsalz des Caseïns.	Amorphes, weisses, fast geruch- und geschmackloses Pulver, das in kaltem Wasser schwer, in heissem Wasser leicht löslich, in Alkohol und Äther unlöslich ist.	Als leicht verdauliches Nährmittel empfohlen. Kaffeelöffelweise in Suppe, Kaffee, Thee, Milch, Wein. (Salkowsky, Röhmann, Marcuse, Stüve, Bornstein.)
Oelsäurekreosotester = Oleokreosot.			
Oesypus = rohes Wollfett.			
Oleokreosot Kreosotum oleïnicum. Oelsäurekreosotester. Oleocreosotum. D. R. P. von Heyden No. 70483.	Ein Gemisch der Ölsäureester der im Kreosot enthaltenen verschiedenen Phenole. — Zur Darstellung bringt man gleiche Mengen von Ölsäure und Kreosot zusammen und behandelt mit Phosphortrichlorid bei einer Temperatur gegen 135°. Der Ester wird mit Wasser gewaschen und mit Natriumsulfat getrocknet.	Gelbliche Flüssigkeit von kreosotartigem Geschmack. Spez. Gewicht 0,9501 bei 15°. Völlig unlöslich in Wasser, wenig löslich in 90 prozentigem Alkohol, leicht löslich in absolutem Alkohol, in allen Verhältnissen mischbar mit fetten Ölen, Äther, Benzol, Chloroform, Terpentinöl u. s. w. Mit Hilfe von Gummi oder Eigelb leicht emulgierbar.	Findet die gleiche Anwendung bei gleicher Dosierung wie das Kreosot und Guajacol, ist aber, in den Magen gebracht oder unter die Haut gespritzt, nach Prevost selbst in solchen Gaben ungefährlich, in denen Kreosot oder Guajacol in obiger Lösung giftig wirken.
Oleum Sinapis Allylsenföl. Isosulfocyanallyl. Isothiocyanallyl. Senföl, ätherisches. $C\overset{N-CH_2-CH=CH_2}{\underset{S}{\Vert}}$	Senföl wird durch Destillation des schwarzen Senfsamens (Sinapis nigra L.) mit Wasserdämpfen erhalten. Das Senföl entsteht durch Einwirkung eines fermentartigen Eiweifsstoffes, des Myrosins, auf das gleichfalls im Senfsamen enthaltene Glykosid myronsaures Kalium.	Farbloses, bei der Aufbewahrung sich gelb färbendes Öl, das einen scharfen, zu Thränen reizenden Geruch und brennenden Geschmack besitzt und auf der Haut Blasen zieht. Siedepunkt 148°. In Wasser nur wenig lösl., leicht in Alkohol, Äther, Schwefelkohlenstoff. **Vorsichtig aufzubewahren!**	Besonders in alkoholischer Lösung (1+49) als **Senfspiritus** (Spiritus Sinapis) ein bekanntes und viel benutztes Hautreizmittel.

Name und Formel.	Darstellung.	Eigenschaften.	Anwendung.
Odol	Soll bestehen aus 97 T. 80proz. Alkohol, 2,5 T. Salol, 0,004 T. Saccharin, 0,5 Teilen Pfefferminzöl, sowie kleinen Anteilen Nelkenöl u. Kümmelöl. (?)	Farblose Flüssigkeit, die mit Wasser eine trübe Mischung giebt.	Mundreinigungsmittel.
Omal Trichlorphenol. $C_6H_2Cl_3(OH)$ [2, 4, 6]	Durch Substitution von Kern-Wasserstoffatomen des Phenols durch Chlor.	Bei 68° schmelzende Krystalle, Siedep. 244°. Vorsichtig aufzubewahren!	Zu Inhalationen bei entzündlichen Zuständen der Luftwege.
Oophorin	Aus Rinder- u. Schweineovarien hergestelltes Präparat.	Gelangt in Tablettenform à 0,5 g ohne Zusatz eines Constituens von Dr. Freund—Berlin in den Handel.	Bei der Behandlung amenorrhoischer und klimakterischer Frauen verabreichen Landau und Mainzer 3 mal täglich drei Oophorintabletten, später. 3 mal täglich zwei bezw. eine Tablette.
Opiansäure-p-phenetidid	Durch 5 Minuten langes Kochen einer alkoholischen Lösung aequimolekularer Mengen von Opiansäure und p-Phenetidin. (C. Goldschmidt.)	Farblose, glänzende Blättchen vom Schmelzpunkt 175°. Unlöslich in Wasser, löslich in Alkalicarbonaten.	Als Hypnoticum von der Therapie in Aussicht genommen. Blum.)
Opopräparate	Mit Kochsalz eingestellte organotherapeutische Präparate. 1 Teil = 10 Teilen frischer Gewebssubstanz.		
Orchidin	Präparat aus Testikeln, reich an Leukomaïnen.		
Orexin Orexinum basicum. Phenyldihydrochinazolin. $C_{14}H_{12}N_2$ = [Struktur] D. R. P. Kalle No. 51712.	Bei der Einwirkung von Natriumformanilid auf o-Nitrobenzylchlorid entsteht o-Nitrobenzylformanilid, das durch Reduktion mit Zinn und Salzsäure die Amidoverbindung liefert. Beim Eindampfen des salzsauren Salzes wird unter Wasserabspaltung salzsaures Phenyldihydrochinazolin erhalten, aus welchem durch Alkalien die freie Base abgeschieden wird.	Weisses, amorphes Pulver, das in Wasser kaum löslich ist. Vorsichtig aufzubewahren!	Als Stomachicum. Die fast vollständig geschmacklose Base hat die gleiche Wirkung wie das salzsaure Salz (s. dort!) und wird insbesondere gegen Hyperemesis gravidarum empfohlen. Als mittlere Gabe gelten für Erwachsene 0,3—0,4 g täglich einmal, am besten 10 Uhr vormittags darzureichen. (Penzoldt, Holm, Rech u. a.)
Orexinum hydrochloricum Phenyldihydrochinazolin, salzsaures. $C_{14}H_{12}N_2 \cdot HCl + 2H_2O$	Über Darstellung s. Orexin.	Farblose, bei 80° schmelzende Krystallnadeln. Das wasserfreie Salz schmilzt bei 221°. Das wasserhaltige Salz löst sich in 13—15 T. Wasser. Vorsichtig aufzubewahren!	Als Stomachicum bei Appetitlosigkeit. Dosis 0,3—0,5 g 1 bis 2mal täglich in gelatinierten Pillen mit einer Tasse Bouillon. Neuerdings wird die Anwendung der freien Base bevorzugt. Contraindiciert bei Nierenentzündung. (Penzoldt.)
Orphol = Bismutum β-naphtolicum.			

Name und Formel.	Darstellung.	Eigenschaften.	Anwendung.
Orthin Hydrazin-p-Oxybenzoësäure. $C_7H_8N_2 =$ OH ⟨benzene ring⟩ NH—NH₂ COOH	Das Orthin ist ein Abkömmling des Phenylhydrazins, in dessen Benzolkern 1 Wasserstoffatom durch Hydroxyl, ein anderes in Parastellung durch die Carboxylgruppe ersetzt ist.	Das salzsaure Salz bildet farblose, in Wasser lösliche Krystalle. Vorsichtig aufzubewahren!	Wirkt nach Kobert und Unverricht antipyretisch und antiseptisch. Seiner unangenehmen Nebenwirkungen wegen für die Therapie nicht empfohlen.

Ortho-Aethoxy-ana-Monobenzoylamidochinolin = Analgen.
Orthoamidosalicylsäure = Acidum orthoamidosalicylicum.
Orthohydrazin-p-oxybenzoësäure = Orthin.
Orthomonobromphenol = Bromphenol.
Orthomonochlorphenol = Chlorphenol.
Orthooxybenzoësäure = Acidum salicylicum.
Orthooxybenzylalkohol = Saligenin.
Orthooxybenzylidenphenetidin = Malakin.
Orthophenolsulfonsäure = Aseptol.
Orthosulfaminbenzoësäureanhydrid = Saccharin.
Orthosulfocarbolsäure = Aseptol.
Ortho-Tolylacetamid = Acet-Ortho-Toluid.

Ossagen	Aus Rindermark hergestellt. Soll im Wesentlichen aus den Calciumsalzen von Fettsäuren bestehen.		Gegen Rhachitis und Osteomalacie in Dosen bis 6 g pro die.
Ovadin	Jodhaltiges Trockenpräparat aus den Eierstöcken von Schweinen.		
Ovaraden = Ovariin.			
Ovariin Ovaraden.	Aus getrockneter Testikel dargestellt. 1 Teil = 2 Teilen frischer Ovarien.		Soll die nach Exstirpation der Eierstöcke oft auftretenden lästigen Symptome beseitigen. Dosis 3—6 g pro die.
Ovoprotogen D. R. P. a. Höchst.	Durch Erhitzen von Hühnereiweiss mit Formaldehyd.	Gelbes, trockenes Pulver mit ca. 7,1 pCt. Wasser und einem Stickstoffgehalt von ca. 12,7 pCt.	Als Zusatz zur Milch in der Kinderpraxis, sowie zur subcutanen Ernährung. (Blum.)

p-Oxäthylacetanilid = Phenacetin.
Oxybernsteinsäure = Acidum malicum.
Oxychinaseptol = Diaphtherin.
Oxychinolinäthylhydrür, chlorwasserstoffsaures = Kaïrin.
Oxychinolin-Alaun = Chinosol.
Oxychinolinsulfonsaures Silber = Argentol.
Oxydimethylchinizin = Antipyrin.
Oxydiphenylcarbonsäure = Acidum phenylo-salicylicum.
Oxyjodomethylanilid = Jatrol.

Oxykampher $C_8H_{14}\begin{cases}CHOH\\CO\end{cases}$	Durch Oxydation des Kamphers erhalten.	Farblose, wasserlösliche Krystalle.	Gegen Atemnot und Aufregungszustände. Dosis? (R. Heinz.)

Name und Formel.	Darstellung.	Eigenschaften.	Anwendung.
α-Oxynaphtoësäure = Acidum α-oxynaphtoicum.			
p-Oxyphenylaethylurethan = Neurodin.			
Oxyspartëinum hydrochloricum $C_{15}H_{24}N_2O . 2HCl$	Oxyspartëin ist das Oxydationsprodukt des Spartëins.	Das salzsaure Salz bildet grosse, breite, zwischen 48^0 und 50^0 schmelzende Nadeln, die in Wasser leicht löslich sind. Vorsichtig aufzubewahren!	Subcutan bei Herzfehlern. Man beginnt mit 0,04 g und steigt rasch auf 0,1 g pro dosi et die. Das Mittel darf nicht mit Opiaten zugleich gereicht werden. Bei Verwendung des Mittels tritt sehr schnell Gewöhnung ein. (v. Oefele.)
Oxytoluyltropeïn, bromwasserstoffsaures = Homatropinum hydrobromicum.			
Oxytricarballylsäure = Acidum citricum.			
Pankreaden	Aus der Bauchspeicheldrüse hergestellt.		Gegen Diabetes mellitus. Tagesdosis: 10—15 g
Pankreatin	Eingetrockneter, wässeriger Auszug der Bauchspeicheldrüse von Säugetieren.	Gelbliche oder bräunliche Masse, die das peptonisierende Ferment des Pankreas (Trypsin), sowie dessen saccharificierendes Ferment einschliessen. Auch werden Fette durch Pankreatin emulgiert und resorptionsfähig gemacht.	Bei atonischer Dyspepsie in Dosen von 0,1—0,5 g ein geschätztes Arzneimittel. Pankreatin ist auch zur Lösung diphtheritischer Membranen empfohlen worden.
Papain = Papayotin.			
Papaverinum hydrochloricum Papaverin, chlorwasserstoffsaures. $C_{20}H_{21}NO_4 . HCl$	Papaverin ist ein Alkaloid des Opiums und findet sich darin zu 0,5—1 pCt.	Das salzsaure Salz bildet kurze, farblose, rhombische Nadeln, die leicht löslich in heissem Wasser sind, schwieriger in kaltem. Vorsichtig aufzubewahren!	Übt eine beruhigende Wirkung auf die Darmbewegungen aus und wird deshalb bei Diarrhoeen und besonders bei Durchfällen der Kinder gebraucht. Dosis 0,005—0,05 g 3 bis 4mal täglich (z. B. bei 2jährigen Kindern 0,025 g). Das P. wird entweder in Pulverform mit Sacch. Lactis oder in folgender Form angewendet: Rp. Papaverini hydrochl. 0,2 Sirup. Rhoeados 20,0 D.S. 3mal täglich 1 Kaffeelöffel. (Leubuscher.)
Papayotin Papaïn. Pflanzenpepsin.	Das pepsinartig wirkende Ferment des Saftes der Blätter u. grünen Früchte von Carica Papaya L. Zur Gewinnung des P. wird der Saft durch Eindunsten im Vacuum konzentriert und aus der erkalteten Flüssigkeit das Ferment durch Alkohol gefällt.	Gelbliches Pulver, das in Wasser löslich, in Alkohol unlöslich ist. Die wässerige Lösung wird durch Alkohol gefällt.	Bei dyspeptischen oder katarrhalischen Magendarmleiden künstlich ernährter kleiner Kinder, äusserlich zur Beseitigung diphtheritischer Exsudate auf den Mandeln; in 5prozentiger Lösung löst es Diphtheritismembranen schneller als Kalkwasser. Dosis 0,1—0,5 g innerlich in Pulver- oder Pillenform oder Wein.

Name und Formel.	Darstellung.	Eigenschaften.	Anwendung.
Paraacetanisidin = Methacetin. **Paraacetphenetidin** = Phenacetin. **Parachlorphenol** = Chlorphenol. **Paracotoin** $C_9H_{12}O_6$	Kommt neben einer Reihe anderer Körper (Oxyleucotin, Leucotin, Dibenzoylhydrocoton, Hydrocotoin, Piperonylsäure) in der Paracotorinde vor.	Geschmackloses, geiblich gefärbtes Krystallpulver, vom Schmelzpunkt 152⁰. Bei anhaltendem Kochen in 1000 T. Wasser zu einer sehr wenig gelblich gefärbten, neutralen Flüssigkeit löslich. Von Alkohol, Chloroform und Schwefelkohlenstoff wird es ziemlich gut gelöst.	Bei Darmkatarrh, sowie als Antidiarrhoicum. Dosis 0,1—0,5 g bis dreimal täglich.
Para-dioxybenzol = Hydrochinon. **Paraffinum liquidum** Paraffin, flüssiges.	Aus den über 360⁰ siedenden Anteilen des Petroleums gewonnen. Es besteht aus einem Gemenge hochmolekularer Kohlenwasserstoffe.	Farblose, klare, nicht fluoreszierende, ölartige Flüssigkeit, ohne Geruch und Geschmack. Spec. Gew. 0,880.	Durch Zusammenschmelzen von 1 T. festen Paraffins und 4 T. des flüssigen erhält man das Unguentum Paraffini, welches an Stelle des Vaselins zur Bereitung verschiedener Salben Verwendung findet.
Paraffinum solidum Ceresin. — Paraffinum durum. — Paraffin, festes.	Aus gebleichtem Ozokerit gewonnen. Besteht aus einem Gemenge hochmolekularer Kohlenwasserstoffe.	Feste, weisse, mikrokrystallinische, geruchlose Masse, die zwischen 74 bis 80⁰ schmilzt.	Dient zur Bereitung von Salben.
Paraform Triformol Trioxymethylen. H O H |/ | H—C C—H | | O O \\ / C / \\ H H	Polymerisierter Formaldehyd.	Weisse, krystallinische Substanz, unlöslich in Wasser.	Als Darmantisepticum und für Verbandzwecke. (Aronsohn.) Als Abführmittel innerlich. Dosis 3—5 g.
Paraldehyd H_3C O CH_3 |/ | H—C C—H | | O O \\ / C / \\ H_3C H	Lässt man Acetaldehyd bei mittlerer Temperatur m. kleinen Mengen Schwefelsäure oder Salzsäure oder Zinkchlorid stehen, so polymerisiert sich der Acetaldehyd, indem drei Moleküle desselben zu Paraldehyd zusammentreten.	Klare, farblose, neutrale Flüssigkeit von eigentümlich ätherischem Geruch und brennend kühlendem Geschmack. Siedepunkt 123—125⁰. Spec. Gew. 0,998. Löslich in 8,5 T. Wasser zu einer Flüssigkeit, die sich beim Erwärmen trübt. Mit Weingeist und Äther in jedem Verhältnis mischbar. Vorsichtig und vor Licht geschützt aufzubewahren!	Als Sedativum: Dosis: 1—2 g. Als Hypnoticum: Dosis: 3—6—10 g in 3 bis 4prozentiger wässeriger Lösung. Kindern 0,05—0,1 g pro Lebensjahr ½stündlich bis Schlaf eintritt. Grösste Einzelgabe 5,0 g! Grösste Tagesgabe 10,0 g!
Paramethoxybenzoësäure = Acidum anisicum. **Paraoxymethylacetanilid** = Methacetin. **Para-Tolylacetamid** = Acet-Para-Toluid. **Parietinsäure** = Acidum chrysophanicum. **Parodyn** = Antipyrin.			

Name und Formel.	Darstellung.	Eigenschaften.	Anwendung.
Paucin $C_{27}H_{29}N_5O_5+6^{1}/_2H_2O$ (?) *D. R. P. Merck No. 90 068 vom 20. Febr. 1895.*	Alkaloid der Pauçonüsse (Pentaclethra macrophylla). Diese werden mit Weingeist extrahiert, der Rückstand nach Vertreibung des Weingeistes mit Petroleumäther ausgezogen und die saure wässerige Lösung des Rückstandes nach dem Filtrieren neutralisiert. Hierdurch fällt das Paucin aus.	Gelbe Blättchen, die sich beim Erhitzen auf 126^0 zersetzen.	Physiologische Prüfung noch nicht abgeschlossen.
Pelagin	Mischung aus Antipyrin, Cocaïn und Coffeïn in ätherischer Lösung.	Farblose Flüssigkeit.	Als Antipyreticum.
Pelletierinum tannicum Punicinum tannicum.	Pelletierin oder Punicin, $C_8H_{15}NO$, ist ein Alkaloid der Granatwurzelrinde und kommt darin neben Isopelletierin, Pseudopelletierin und Methylpelletierin vor. Die Gerbsäureverbindung wird durch Fällen der Lösung des Pelletierinhydrochlorids mit Gerbsäure erhalten, deren Lösung zuvor mit Ammoniak genau neutralisiert ist.	Gelbbräunliches, amorphes Pulver, das sich schwer in Wasser, leicht in verdünnten Säuren löst.	Als Bandwurmmittel. Dosis 0,3—0,4 g mit 30 g Wasser verteilt.
Pellotin $C_{13}H_{21}NO_3$	Ein aus einer Cactee, Anhalonium Williamsii gewonnenes Alkaloid.	Schwach gelb gefärbte Krystalle. **Vorsichtig aufzubewahren!**	Als Schlafmittel. Dosis 0,04—0,05—0,06 g. (Heffter.)
Pental Amylen. β-Isoamylen. Trimethylaethylen. $\begin{array}{c}H_3C\\H_3C\end{array}\!\!>\!C\!=\!C\!<\!\!\begin{array}{c}CH_3\\H\end{array}$	Man erhitzt Amylenhydrat mit einem Gemisch gleicher Gewichtsteile Wasser und Schwefelsäure unter Druck auf 100^0, destilliert ab, wäscht das Trimethyläthylen mit schwach alkalischem Wasser, trocknet es und rectificiert.	Farblose, bei 38^0 siedende Flüssigkeit. In Wasser nahezu unlöslich, mit Chloroform, Äther, 90 prozentigem Alkohol in jedem Verhältnis klar mischbar. Spec. Gewicht 0,679 bei 0^0. **Vorsichtig aufzubewahren!**	Als Anaestheticum. Zu einer Narkose (bei Zahnextraktionen) sind 10 bis 12 ccm P. erforderlich. **Es sind mehrere Todesfälle bei Pentalnarkosen vorgekommen!**
Pepsin	Pepsin ist das von den Labdrüsen des Magens ausgeschiedene Ferment, welches die Fähigkeit besitzt, unter Mitwirkung von Salzsäure Eiweifsstoffe zu lösen (zu peptonisieren). Man gewinnt das Pepsin aus der Magenschleimhaut des Schweines oder Rindes durch Abschaben, Befreien von den Schleimmassen, Eintrocknen bei einer 40^0 nicht übersteigenden Temperatur u. Verdünnen mit Milchzucker, Traubenzucker, Stärkemehl, Gummi oder anderen Körpern bis auf die gewünschte Stärke.	Das Pepsin des deutschen Arzneibuches ist so eingestellt, dass 1 Teil 100 T. Eiweiss unter gewissen Bedingungen zu peptonisieren vermag.	Als Digestivum zu 0,3 bis 0,6 g kurz vor oder nach der Mahlzeit in Pulverform oder als Pepsinwein. Gleichzeitige Darreichung von Salzsäure empfehlenswert.

Name und Formel.	Darstellung.	Eigenschaften.	Anwendung.
Pepton	Die im Handel erhältlichen Peptonpräparate werden enweder durch Behandeln von Eiweiss (Fibrin) oder Fleisch mit Wasserdampf unter Druck oder durch Verdauung mittelst Pepsin hergestellt.		Peptonpräparate sind Kemmerich's Fleischpepton. Koch's Fleischpepton. Antweiler's Pepton.
Peptonquecksilberlösung = Hydrargyrum peptonatum solutum.			
Periplocin $C_{30}H_{48}O_{12}$	Aus der indischen Hundswinde, Periploca graeca, gewonnenes Glykosid.	Farblose bei 205° schmelzende, in Alkohol leicht, in Äther sehr schwer lösliche Krystalle. In kaltem Wasser leichter löslich als in heissem. Sehr vorsichtig aufzubewahren!	Starkes Herzgift. Die Wirkung hat Ähnlichkeit mit dem Digitalin, Strophanthin und Ouabaïn. Physiologische Prüfung noch nicht abgeschlossen.
Peronin Benzylmorphin, salzsaures. $C_{17}H_{18}NO_2(O-CH_2C_6H_5) \cdot HCl$ *D. R. P. a. Merck.*	Salzsaure Verbindung des Benzyläthers des Morphins.	Voluminöses, weisses Pulver, in Wasser löslich. Vorsichtig aufzubewahren!	An Stelle von Codeïn und Morphin zur Linderung des Hustens von Phthisikern. Es soll ruhigeren Schlaf bewirken als Codeïn. Dosis: 0,02—0,04 g in Wasser oder Thee. (Schröder.) Bei asthmatischen Beschwerden. (v. Mering.)
Pertussin	Gezuckertes Extrakt aus Thymian.		Gegen Keuchhusten.
Petersilienkampher = Apiol.			
Petroleumäther = Aether Petrolei.			
Petroleumbenzin = Aether Petrolei.			
Pfefferminzkampher = Menthol.			
Pflanzenpepsin = Papayotin.			
Pheduretin	Phenolderivat von unbekannter Zusammensetzung.	Farblose, seidenglänzende Nädelchen, in Wasser nur wenig löslich.	Als Antipyreticum und Diureticum. Dosis 0,5—1,0 g.
Phenacetin p-Acetamidophenetol. p-Acetphenetidin. Fenina. p-Oxäthylacetanilid. Phenedin. Phenin. $C_6H_4(OC_2H_5)NHCOCH_3$ = [structure: benzene ring with OC_2H_5 and $N\!<\!^{COCH_3}_{H}$]	Phenol wird nitriert, von den entstandenen Verbindungen Ortho- und Paranitrophenol ersteres mit Wasserdämpfen abgetrieben, das Paranitrophenol mit Natronlauge behandelt, das Paranitrophenolnatrium, mit Bromäthyl oder Jodäthyl im Autoclaven äthyliert, der Äthyläther des p-Nitrophenols mit Zinn und Salzsäure reduziert und das p-Phenetidin acetyliert.	Farblose, glänzende Krystalle oder weisses, krystallinisches Pulver vom Schmelzpunkt 135°. Es löst sich in 1500 T. kalten oder 80 T. siedenden Wassers, in 16 T. kalten oder 2 T. siedenden Alkohols. Vorsichtig aufzubewahren!	Als Antipyreticum, Antineuralgicum (Migräne), bei Gelenkrheumatismus, gegen Kopfschmerzen nach zu reichlichem Alkoholgenuss. Dosis 0,5—1 g mehrmals täglich. Grösste Einzelgabe 1,0 g. Grösste Tagesgabe 5,0 g.
Phenacetincarbonsäure = Benzacetin.			
Phenamin s. Phenocoll.			

Name und Formel.	Darstellung.	Eigenschaften.	Anwendung.
Phenantipyrin	Darstellung und Zusammensetzung unbekannt.		Mittel gegen Rheumatismus und Typhus.
Phenatol	Gemisch aus Acetanilid, Coffeïn, Natriumbicarbonat, Natriumsulfat, -chlorid und Bernsteinsäure.	Weisses Pulver. Vorsichtig aufzubewahren!	
Phenazon = Antipyrin.			
Phenedin = Phenacetin.			
p-Phenetidincitronensäuren $C_3H_5O\begin{cases}(COOH)_2\\CONH.C_6H_4OC_2H_5\end{cases}$ und $C_3H_5O\begin{cases}COOH\\(CONH.C_6H_4OC_2H_5)_2\end{cases}$ Vergl. Apolysin u. Citrophen.	Beim Erhitzen von p-Phenetidin mit Citronensäure (oder Citronensäurechlorid oder -ester) auf 100—200° entsteht je nach den angewandten Gewichtsverhältnissen Mono- oder Diphenetidincitronensäure.	Die Monophenetidincitronensäure (identisch mit Apolysin) bildet ein weisses krystallinisches Pulver oder grosse wasserhelle Krystalle v. Schmp. 72°, ziemlich leicht löslich in heissem Wasser. Die Diphenetidincitronensäure ist ein weisses Pulver vom Schmelzp. 179°, schwer löslich in Wasser, leichter in Alkohol und Natronlauge, besonders beim Erwärmen. Vorsichtig aufzubewahren!	Beide Säuren sind durch eine niederschlagende, antipyretische und analgetische Wirkung und infolge ihres Citronensäuregehaltes zugleich durch ihre belebende und anregende Wirkung auf das Herz ausgezeichnet.
p-Phenetolcarbamid = Dulcin.			
Phenin = Phenacetin.			
Phenocollsalicylat = Salocoll.			
Phenocollum hydrochloricum Amidoacetparaphenetidin, chlorwasserstoffsaures. Glycocollparaphenetidin, chlorwasserstoffsaures. Phenamin. $C_6H_4(OC_2H_5)NH.COCH_2NH_2.HCl =$ OC_2H_5 ⌬ $N<^{COCH_2NH_2.HCl}_H$ D. R. P. Schering No. 59121 vom 13. Dezember 1890.	Man lässt Amidoessigsäuremethyl- oder -äthyläther oder Glycocollamid auf Phenetidin einwirken, oder man behandelt Chloracetylchlorid mit Phenetidin und zersetzt das entstandene Monochloracetparaphenetidin mit Ammoniak. Die Base wird sodann an Salzsäure gebunden.	Weisses, krystallinisches Pulver, in 16 T. kalten Wassers löslich. Vorsichtig aufzubewahren!	Als Antipyreticum. Dosis 0,5—1 g; ferner als Antirheumaticum, Nervinum und Antineuralgicum empfohlen. Cucco und Ribet haben es bei Malaria in Dosen von 2 g bei Erwachsenen und 0,5—0,75 g bei Kindern 5 oder 3 Stunden vor dem Anfalle mit gutem Erfolge angewendet. Grösste Einzelgabe 1,0 g. Grösste Tagesgabe 5,0 g.
Phenocollum salicylicum = Salocoll.			
Phenol = Acidum carbolicum.			
Phenoleïn	Darstellung und Zusammensetzung unbekannt.		Darmantisepticum.

Name und Formel.	Darstellung.	Eigenschaften.	Anwendung.
Phenolid	Besteht aus gleichen Teilen Acetanilid und Natriumbicarbonat (amerikanisches Heilmittel).	Weisses Pulver, in Wasser teilweise löslich. **Vorsichtig aufzubewahren!**	Als Antifebrile und Antineuralgicum. Dosis: 0,3—0,6 g.
Phenolin = Kresapol.			
Phenolquecksilber = Hydrargyrum carbolicum.			
Phenolsulfosaures Calcium = Calcium sulfophenolicum.			
Phenolum Natrio-sulforicinicum Phenolum sulforicinicum.	Aus 20 pCt. Carbolsäure u. 80 pCt. Natriumsulforicinat bestehend.	Gelbliche, mit Wasser mischbare Flüssigkeit.	Bei Angina diphtheritica werden die Pseudomembranen mit dem Präparat 4 mal täglich und 1—2 mal nachts betupft. Dazwischen Gargarismen mit Kalkwasser. (Berlioz, Josias.)
Phenopyrin	Verbindung von Antipyrin und Phenol.		
Phenosalyl	Eine Mischung von Carbolsäure, Salicyl- und Benzoësäure, welche zusammengeschmolzen und dann in Milchsäure gelöst werden.	Klares, dickflüssiges Liquidum, welches in der Kälte teilweise krystallinisch erstarrt, auf Zusatz von Glycerin sich aber wieder verflüssigt. In kaltem Wasser bis zu 7 pCt., in warmem Wasser leicht, in Alkohol und Äther sehr leicht löslich.	Dem Phenosalyl wird eine specifische Wirkung auf entzündete Schleimhäute zugeschrieben und hierbei eine 2 prozentige Lösung verwendet. Bei eczematösem Impetigo 1 prozentige Lösung. Bei verschiedenen Formen von Conjunctivitis 0,2 bis 0,4 proz. wässerige Lösung. (v. Christmas, Fraipont, Berger.)
Phenosuccin = Pyrantin.			
Phenoxacetsäure = Guacetin.			
Phenylacetamid = Acetanilid.			
β-Phenylacrylsäure = Acidum cinnamylicum.			
Phenylborsäure = Acidum phenyloboricum.			
Phenyldihydrochinazolin = Orexin.			
Phenyldimethylpyrazolon = Antipyrin.			
Phenylessigsäure = Acidum phenylo-aceticum.			
Phenylformamid = Formanilid.			
Phenylglycolyl-p-Phenetidin = Amygdophenin.			
Phenylhydrazinlävulinsäure = Antithermin.			
Phenylmethylketon = Hypnon.			
Phenylon = Antipyrin.			
β-Phenylpropionsäure = Acidum phenylopropionicum.			
Phenylsäure = Acidum carbolicum.			
Phenylsalicylat = Salol.			
Phenylurethan = Euphorin.			

Name und Formel.	Darstellung.	Eigenschaften.	Anwendung.
Phenylwasserstoff = Benzol.			
Phönixin = Kohlenstofftetrachlorid.			
Phosphergot	Mischung gleicher Teile Mutterkornpulver und Natriumphosphat.		
Physostigminum salicylicum Eserinum salicylicum. $C_{15}H_{21}N_3O_2 \cdot C_7H_6O_3$	Physostigmin ist ein in den Calabarbohnen (Physostigma venenosum Balfour) vorkommendes Alkaloid. Zur Darstellung des salicylsauren Salzes werden 2 Teile Physostigmin und 1 T. Salicylsäure mit 30 T. kochenden Wassers übergossen und die Lösung vor Licht geschützt der Krystallisation überlassen.	Farblose, nadelförmige Krystalle, die in 150 T. Wasser und in 12 Teilen Alkohol löslich sind. Sehr vorsichtig aufzubewahren!	Bei krankhaften Zuständen des Nervensystems (Tetanus). — Bei Dermatonie m. 0,0005 g zu beginnen. Zu ophthalmiatrischen Zwecken benutzt man $^1/_3$—$^1/_2$ prozentige Lösungen, bei Glaucom 3 bis 4 Tropfen derselben täglich. Grösste Einzelgabe 0,001 g! Grösste Tagesgabe 0,003 g!
Physostigminum sulfuricum Eserinum sulfuricum. $(C_{15}H_{21}N_3O_2)_2 H_2SO_4$	Physostigmin wird in absolutem Alkohol gelöst und mit reiner, zuvor mit absolutem Alkohol verdünnter Schwefelsäure genau neutralisiert.	Weisse, krystallinische, hygroskopische Masse, die sich leicht in Wasser und in Weingeist löst. Sehr vorsichtig und vor Licht u. Feuchtigkeit geschützt aufzubewahren!	S. Physostigmin. salicylicum. Grösste Einzelgabe 0,001 g! Grösste Tagesgabe 0,003 g!
Picrol Dijodresorcinmonosulfosaures Kalium. $C_6HJ_2(OH)_2SO_3K$	Resorcinmonosulfosaures Kalium wird mit einer Lösung von Jodwasserstoff und Jodsäure behandelt.	Farbloses, krystallinisches, geruchloses und sehr bitteres Pulver, löslich in Wasser, Glycerin, Äther und Collodium. Jodgehalt 52 pCt. Vorsichtig aufzubewahren.	Soll dem Sublimat an antiseptischer Wirksamkeit nicht nachstehen. (Darzens u. Dubois.)
Picropyrin	Verbindung von Antipyrin mit Pikrinsäure.		
Picrotoxin Cocculin. Picrotoxinsäure. $C_{30}H_{34}O_{13}$	Picrotoxin ist der wirksame Bestandteil der Kokkelskörner (Menispermum Cocculus L.) und besteht aus den beiden Körpern Pikrotoxinin $C_{15}H_{16}O_6$ und Pikrotin $C_{15}H_{18}O_7$.	Farblose, geruchlose, sehr bitter schmeckende Krystallnadeln v. Schmp. 199 bis 200°. In kaltem Wasser schwer, in siedendem Wasser und Alkohol ziemlich gut, in Chloroform, Eisessig leicht löslich. Sehr vorsichtig aufzubewahren!	Wegen günstiger Einwirkung auf Herz und Atmungsorgane bei Collaps zur Anwendung in Aussicht genommen. (Köppen.) Gegen Nachtschweisse. Dosis: 0,008—0,01 g.
Picrotoxinsäure = Picrotoxin.			
Pikrinsäure = Acidum picronitricum.			
Pikrinsaures Ammon = Ammonium picronitricum.			

Name und Formel.	Darstellung.	Eigenschaften.	Anwendung.
Pilocarpinum hydrochloricum Pilocarpin, chlorwasserstoffsaures. $C_{11}H_{16}N_2O_2 \cdot HCl$	Pilocarpin ist ein neben Pilocarpidin und Jaborin in den Jaborandiblättern (Pilocarpus pinnatifolius Lemaire) vorkommendes Alkaloid. Zur Darstellung des salzsauren Salzes leitet man trockenen Chlorwasserstoff in die ätherische Lösung des Pilocarpins.	Farblose, schwach sauer reagierende, bitter schmekkende Krystallnadeln, die in Wasser und Alkohol leicht, in Äther und Chloroform schwer löslich sind. Vorsichtig aufzubewahren!	Als schweisstreibendes Mittel. Bei Rheumatismen und Fettleibigkeit, bei Nephritis, Urämie, bei Metallvergiftungen als Antidot, ferner bei Keuchhusten, Diabetes, Prurigo. Dient auch zur Beförderung des Haarwuchses und wird an Stelle des Physostigmins in der Augenheilkunde als Myoticum angewendet. Gegen chronisch-nervösen, hysterischen Singultus 0,1 : 10 g Aq. 3—4 mal tägl. 10 Tropfen. (Stiller.) Grösste Einzelgabe 0,02 g! Grösste Tagesgabe 0,05 g!
Pilocarpinum phenylicum $C_{11}H_{16}N_2O_2 \cdot HO \cdot C_6H_5$	Durch Vereinigung von Carbolsäure mit Pilocarpin.	Farblose, ölige Flüssigkeit, in Wasser und Weingeist löslich. Vorsichtig aufzubewahren!	Gegen Phthisis und intermittierendes Fieber. Subcutane Injection einer Lösung von 0,02 g der Verbindung in 100 ccm 2,75 proz. Carbolwassers (= Aseptolin). Dosis 3—5 ccm dieser Lösung. (Edson.)
Pilocarpinum salicylicum Pilocarpin, salicylsaures. $C_{11}H_{16}N_2O_2 \cdot C_7H_6O_3$	Durch Zusammenbringen äquimolekularer Mengen Pilocarpin und Salicylsäure erhalten.	Farblose, blättrige Krystalle oder weisses Krystallpulver, leicht in Wasser, weniger in Alkohol löslich. Vorsichtig aufzubewahren!	Indication wie die des Pilocarpinum hydrochloricum! Grösste Einzelgabe 0,02 g! Grösste Tagesgabe 0,05 g!

Pinguin s. Alantol.

Pinol = Latschenkiefernöl.

Piperazin Aethylenimin. Arthriticin. Diaethylendiamin. $HN{<}{\genfrac{}{}{0pt}{}{CH_2-CH_2}{CH_2-CH_2}}{>}NH$ D. R. P. Schering No. 60547 vom 14. September 1890. D. R. P. Bayer No. 74628 — 1892.	1) Bei der Einwirkung von Ammoniak auf Äthylenchlorid oder -bromid entstehen neben Diaethylenamin Triaethylendiamin u. s. w. Man versetzt das Gemenge mit Natriumnitrit, worauf sich Dinitrosopiperazin krystallinisch abscheidet und mit conc. Säuren oder Alkalien wieder zerlegt werden kann. — 2) Äthylenbromid wird mit Natronlauge und Anilin am Rückflusskühler gekocht; es entsteht Diphenylpiperazin, welches mit conc. Schwefelsäure sulfonisiert oder mit starker Salpetersäure nitriert und hierauf durch Destillation mit Alkali in Piperazin zerlegt wird.	Farblose, in Wasser leicht lösliche, glänzende Tafeln vom Schmelzpunkt 104—107° und Siedepunkt 145°.	Geht mit Harnsäure ein leicht lösliches Salz ein und wird daher bei Gicht in Dosen von 0,2—0,35 g angewendet (subcutan). Innerlich in Dosen von 1 g in Selterswasser gelöst. In 1—2 prozentiger Lösung zum Ausspülen der Blase. Auf gichtige Anschwellungen wird in Form von Umschlägen eine 2 prozentige schwach-alkoholische Lösung verwendet. (Biesenthal u. Schmidt, Nordhorst, van der Kilp u. A.)

Name und Formel.	Darstellung.	Eigenschaften.	Anwendung.
Piperidin $$CH_2\diagup^{CH_2-CH_2}\diagdown_{CH_2-CH_2}\diagup NH$$	Kommt in geringer Menge im Pfeffer vor und wird künstlich erhalten durch Reduktion von Pyridin mit Zinn und Salzsäure oder m. Natrium in alkoholischer Lösung, ferner durch Erhitzen von salzsaurem Pentamethylendiamin.	Farblose, stark alkalisch reagierende, pfefferartig riechende Flüssigkeit vom Siedep. 106°, mit Wasser und Alkohol in jedem Verhältnis mischbar.	Soll als harnsäurelösendes Mittel an Stelle des Piperazins (s. dort!) Verwendung finden. Dosierung noch nicht festgestellt.
Piperidin-Guajacolat $C_5H_{11}N \cdot C_7H_8O_2 =$ $$CH_2\diagup^{CH_2-CH_2}\diagdown_{CH_2-CH_2}\diagup NH_2O\text{—}\bigcirc\text{—}OCH_3$$	Durch Einwirkung von Piperidin auf Guajacol in Benzol- oder petrolätherischer Lösung.	Prismatische Nadeln oder Tafeln, in gegen 3 Teilen Wasser löslich. Durch Mineralsäuren und Alkalien wird es in seine Bestandteile zerlegt. Vorsichtig aufzubewahren!	Gegen Lungenphthise. Dosis 0,2 g steigend bis 1,5 g dreimal täglich. (Chaplin u. Tunniclife.).
Piperin $C_{17}H_{19}NO_3$	Findet sich in den unreifen und reifen Früchten von Piper nigrum L., in dem sog. langen Pfeffer, in den Früchten von Schinus mollis u. s. w. Synthetisch erhält man Piperin durch Erwärmen von Piperidin mit Piperinsäurechlorid in Benzollösung.	Farblose, glänzende, bei 128—129° schmelzende monokline Prismen. In Wasser nur wenig löslich, in 30 T. kalten und in gleichen Teilen siedenden Alkohols löslich. Vorsichtig aufzubewahren!	Gegen Intermittens 0,5 g 2—4mal täglich.
Pixol	Gemisch von 1 T. Kaliseife, 3 T. Fichtenteer und 3 T. Kalilauge.	Dicke, braune, teerige Masse, die sich in Wasser löst.	Für Desinfektionszwecke empfohlen. Zur Behandlung von akuten, medikamentösen Hautentzündungen, Psoriasis und Schanker geeignet. In 10 bis 13prozent. Lösung 2 bis 3mal aufzupinseln. (Doukalsky.)
Plumierid $C_{30}H_{40}O_{18} + H_2O$ (Boorsma.) $C_{57}H_{72}O_{33} + H_2O$ (E. Merck.)	Bitterstoff der Rinde von Plumiera acutifolia (Apocyneae).	Farblose, bei 157 bis 158° schmelzende Krystalle.	Gegen chronische Kolik der Pferde. Dosis noch nicht festgestellt.
Podophyllin	Das aus dem weingeistigen Extrakte der Wurzel von Podophyllum peltatum L. abgeschiedene Podophyllin bildet ein Gemenge verschiedener Körper, von denen Podophyllotoxin und Pikropodophyllin die wichtigsten sind.	Gelbes, amorphes Pulver oder lockere, zerreibliche, amorphe Masse, von gelblicher oder bräunlich grauer Farbe. In Wasser nur teilweise und wenig löslich. Von 10 T. Alkohol wird es zu einer braunen, durch Wasser fällbaren Flüssigkeit gelöst. Vorsichtig aufzubewahren!	Entweder als einmaliges drastisches Purgans oder wiederholt bei habitueller Obstipation zu geben, namentlich bei Störungen der Leberfunktion. Dosis als drastisches Purgans 0,06—0,12 g, bei habitueller Obstipation 0,005 bis 0,08 g alle 12—24 Stunden. Bei Neugeborenen 0,002 bis 0,003 g zulässig.

Polysolve = Natrium sulforicinicum oder Ammonium sulfoleïnicum.
Propionyl-p-Phenetidid = Triphenin.

Name und Formel.	Darstellung.	Eigenschaften.	Anwendung.
Propylamin $CH_3 . CH_2 . CH_2 . NH_2$	Nach den verschiedenen Methoden der Darstellung der primären Monamine der Fettreihe.	Farblose, ammoniakalisch riechende, bei 49 bis 50° schmelzende Krystalle.	Gegen Chorea. Dosis 2—5 g pro die, in Wasser gelöst unter Zusatz von etwas Pfefferminzsirup als Corrigens. (Weiss.)
Prostaden	Extrakt der Prostatadrüse.		Bei Erkrankungen der Prostata angewendet. Dosis 2 g pro die.
Protogen s. Ovoprotogen.			
Pseudoephedrin = Ephedrinum, Pseudo-.			
Pulmonin	Extrakt aus Kalbslungen.	In Form von Tabletten gebraucht.	Gegen Lungenkrankheiten.
Punicinum tannicum = Pelletierinum tannicum.			
Pyoktaninum aureum Auramin. Imidotetramethyldi-p-amidodiphenylmethan, chlorwasserstoffsaures. $C_{17}H_{24}N_3OCl$ *D. R. P. Bad. Anilin- und Sodafabrik No. 29060 vom 11. März 1884.*	Durch Erhitzen von Tetramethyldiamidobenzophenon mit Ammoniumchlorid und Zinkchlorid auf 150—160° dargestellt.	Schwefelgelbes Pulver, das in kaltem Wasser schwer, in heissem Wasser und in Alkohol leicht löslich ist.	Als Antisepticum in Form eines 1—2prozentigen Streupulvers oder 2—10prozentiger Salben, besonders in der Augenheilkunde in Anwendung. (Stilling.) Äusserlich in 10prozentiger Lösung gegen Diphtherie, Scharlach-Diphtherie, Tonsillitis, Soor. (Taube, Jänicke.)
Pyoktaninum caeruleum Methylviolett. $C_{24}H_{28}N_3Cl$ u. $C_{25}H_{30}N_3Cl$	Das Methylviolett des Handels besteht im Wesentlichen aus den salzsauren Salzen des Pentamethyl-p-Rosanilins und Hexamethyl-p-Rosanilins.	Blaues, in Wasser und Alkohol leicht lösliches, krystallinisches Pulver.	Von Stilling als Antisepticum empfohlen; Methylviolett soll selbst noch in grosser Verdünnung dem Löffler'schen Diphtheriebacillus gegenüber antiseptisch wirken; von Neufeld bei Cholera asiatica mit Erfolg angewendet: Dosis 0,1 g intern alle zwei Stunden; von v. Oefele bei Magenkrebs empfohlen: Dosis 0,01 g in Gelatineperlen.
Pyramidon Dimethylamidophenyldimethylpyrazolon. $C_{13}H_{17}N_2O =$ [Strukturformel] *D. R. P. a. Höchst.*	Durch Reduktion des Isonitrosoantipyrins und Methylieren. (?)	Gelblich weisses krystallinisches, fast geschmackloses Pulver, in Wasser etwa 1 + 9 löslich.	Hinsichtlich seiner Wirkung auf das Nervensystem dem Antipyrin ähnlich. Die Wirksamkeit wird aber durch wesentlich kleinere Dosen hervorgebracht und entwickelt sich langsamer und verschwindet wieder langsamer als die des Antipyrins. Dosis: 0,2—0,4—0,5 g für Erwachsene. (Filehne.)

Name und Formel.	Darstellung.	Eigenschaften.	Anwendung.
Pyrantin p-Aethoxyphenylsuccinimid. Phenosuccin. $C_6H_4(OC_2H_5)N(COCH_2)_2 =$ $\begin{array}{c} OC_2H_5 \\ | \\ C_6H_4 \\ | \\ N{<}^{CO-CH_2}_{CO-CH_2} \end{array}$	173,5 Teile salzsaures p-Phenetidin und 118 T. Bernsteinsäure werden auf 180—190° erhitzt und das Produkt wird aus Alkohol umkrystallisiert. An Stelle des salzsauren Salzes kann auch die Acetylverbindung, das Phenacetin, benutzt werden. (Piutti.)	Farblose, prismatische, bei 155° schmelzende, bei 17° in 1317 T. Wasser, bei 100° in 83,6 Teilen lösliche Krystallnadeln.	Antirheumaticum und Antipyreticum. Dosis 1—3 g pro die. (Piutti, Baldi, Gioffredi, Carrescia.)
Pyrazolin = Antipyrin.			
Pyretin	Gemisch aus Acetanilid, Coffeïn, Calciumcarbonat und Natriumbicarbonat.	Weisses Pulver. Vorsichtig aufzubewahren!	
Pyridin C_5H_5N	Entsteht bei der trockenen Destillation vieler stickstoffhaltiger organischer Körper und bildet einen Hauptbestandteil des Dippel'schen Tieröls (Oleum animale aethereum).	Farblose, eigentümlich brenzlich riechende, scharfschmeckende Flüssigkeit vom Siedepunkt 117°. Mit Wasser und Weingeist in jedem Verhältnis klar mischbar.	Gegen Asthma. Inhalationen von Pyridin werden in der Weise vorgenommen, dass 3—5 g auf einem Teller ausgebreitet werden, der in dem Zimmer des Asthmatikers aufgestellt wird. Dreimal täglich eine Sitzung von 30 Minuten Dauer. Neuerdings von de Renzi bei Herzkrankheiten empfohlen. Äusserlich in 10 prozentiger Lösung zu Pinselungen diphtheritischer Beläge.
Pyrodin = Hydracetin.			
Pyrogallol Pyrogallussäure. $C_6H_3(OH)_3 =$ $\begin{array}{c} OH \\ C_6H_3{-}OH \\ OH \end{array}$	Entsteht beim Erhitzen der Gallussäure auf 200 bis 210°. Das Erhitzen wird zweckmässig in einem Kohlensäurestrom vorgenommen.	Farblose, glänzende, bitter schmeckende Krystallnadeln vom Schmelzpunkt 132°. Leicht in Wasser, schwerer in Alkohol und Äther löslich. Vor Licht geschützt aufzubewahren!	Bei Psoriasis, bei Eczema marginatum, bei Lupus und gegen die hypertrophischen Narben bei cauterisiertem Lupus. Als Applikationsform dient vorzugsweise Salbe 1:10—20, bei Ozaena 2 proz. wässerige Lösung. Innerlich bei Lungen- und Magenblutung 0,05 g mehrmals täglich.
Pyrogallolum oxydatum	Man lässt Pyrogallol, das mit Ammoniak angefeuchtet ist, in flachen Holzkästen längere Zeit an der Luft stehen.	Braunschwarzes, beständiges Pulver.	Bei Psoriaris. Soll den gleichen Heileffekt wie das Pyrogallol, aber nicht die schädlichen Nebenwirkungen desselben besitzen. (P. G. Unna.)
Pyrogallopyrin	Verbindung von Antipyrin mit Pyrogallol.		

Name und Formel.	Darstellung.	Eigenschaften.	Anwendung.
Pyrogallussäure = Pyrogallol.			
Pyrozon	Lösung von Wasserstoffsuperoxyd in Äther.		
Quecksilber, carbolsaures = Hydrargyrum carbolicum.			
Quecksilber, imidobernsteinsaures = Hydrargyrum imido-succinicum.			
Quecksilber, ölsaures = Hydrargyrum oleïnicum.			
Quecksilberchlorid-Harnstofflösung = Hydrargyrum bichloratum carbamidatum solutum.			
Quecksilbercyanid = Hydrargyrum cyanatum.			
Quecksilberformamidlösung = Hydrargyrum formamidatum solutum.			
Quecksilberoleat = Hydrargyrum oleïnicum.			
Quecksilberoxyd, benzoësaures = Hydrargyrum benzoicum.			
Quecksilberoxyd, salicylsaures = Hydrargyrum salicylicum.			
Quecksilberoxyd-Asparagin = Hydrargyrum asparaginicum.			
Quecksilberoxydul, essigsaures = Hydrargyrum aceticum.			
Quecksilberoxydul, gerbsaures = Hydrargyrum tannicum oxydulatum.			
Quecksilberzinkcyanid = Hydrargyro-Zincum cyanatum.			
Quickin	Lösung von 1 T. Carbolsäure und 0,02 Quecksilbersublimat in 100 T. verdünnten Weingeistes.		
Rechtsweinsäure = Acidum tartaricum.			
Renaden	Aus den Nieren hergestelltes Extrakt.		Bei Urämie, Nephritis chronica empfohlen. Tagesdosis 6—8 g.
Resacetin =	Natriumsalz der Oxyphenylessigsäure. (?)		
Resalgin β-Resorcylsaures Antipyrin. Resorcylalgin.	Man trägt eine konz. Lösung von β-Resorcylsäure (1 Mol.) in eine konzentrierte wässerige Lösung von Antipyrin (2 Mol.) und krystallisiert das ausfallende und erstarrende Öl aus Alkohol um.	Farb- und geruchlose Krystalle von süsslichsaurem Geschmack; Schmp. 110,5° löslich in 150 T. kalten, 20 T. siedenden Wassers, leicht in Alkohol, Essigäther u. s. w.	Anwendung und Dosierung noch nicht festgestellt. (Pétit u. Fèvre.)
Resol	Holzteer wird mit Ätzkali verseift und in Holzgeist gelöst.		Als Desinfectionsmittel.
Resopyrin Resorcinopyrin. $C_{11}H_{12}N_2O + C_6H_4(OH)_2(?)$	Ein Körper, welcher beim Vermischen einer Lösung von 11 Teilen Resorcin in 33 T. Wasser mit einer solchen von 30 T. Antipyrin in 90 Teilen Wasser entsteht. Der Niederschlag wird aus Alkohol umkrystallisiert.	Farblose, rhombische Krystalle, die unlöslich in Wasser sind. Gelöst wird die Verbindung von 5 T. Weingeist, 100 T. Äther, 30 T. Chloroform.	Über die Art der therapeutischen Wirkung ist bisher nichts bekannt geworden.
Resorbin	Eine Salbengrundlage, die aus Mandelöl und Wachs durch Emulgieren mit Wasser unter Zusatz von Leim und Seife hergestellt wird.		

Name und Formel.	Darstellung.	Eigenschaften.	Anwendung.
Resorcin Metadioxybenzol. $C_6H_4(OH)_2 =$ ⌬OH OH	Wird durch Schmelzen der Metabenzoldisulfosäure mit Natriumhydroxyd gewonnen. Die Schmelze wird mit Salzsäure angesäuert und das Resorcin mit Äther ausgezogen.	Farblose Tafeln oder Prismen vom Schmelzpunkt 118°. Leicht löslich in Wasser, Alkohol, Äther und Glycerin. Vor Licht geschützt aufzubewahren!	Äusserlich zu schmerzlosen Ätzungen, in Form von Salben bei Hautkrankheiten, bei der Wundbehandlung. Innerlich als antifermentatives Mittel bei Magenkatarrhen. Dosis: 0,2—0,5 g. Als Prophylacticum gegen Diphtherie: Ausspülen von Mund und Nase mit 0,5 proz. Lösung. (Bihet.)
Resorcinol	Durch Zusammenschmelzen gleicher Teile Resorcin und Jodoform bei 104—110° erhalten.	Amorphes, braunes, nach Jod riechendes Pulver. Vor Licht geschützt aufzubewahren!	Zur Behandlung von Fussgeschwüren und bei verschiedenen Hautkrankheiten. Als Verdünnungsmittel sind Talk oder Stärkemehl empfohlen, welchen 10—20 pCt. R. beigemischt werden. (Biëlajew.)

Resorcinopyrin = Resopyrin.

Resorcinquecksilber-Quecksilberacetat = Hydrargyrum resorcino-aceticum.

Resorcinwismut = Bismutum resorcinicum.

Resorcylalgin = Resalgin.

Retinol Codöl.	Durch trockene Destillation des Colophoniums erhalten.	Dickes, gelbliches, fluorescierendes Öl vom spez. Gew. 0,90. Siedepunkt 240—280°. Mit Alkohol und fetten Ölen mischbar.	Als Lösungsmittel für Jodol, Aristol, Campher, Cocaïn, Codeïn, Phenol, Phosphor, Salol u. s. w. in Anwendung.

Rheïn = Acidum chrysophanicum.

Rhinalgin	Aus Cacaoöl (1,0 g), Alumnol (0,01 g), Menthol (0,025 g) und Baldrianöl (0,025 g) hergestellte Suppositorien.		Beim Schnupfen in die Nase zu stecken. (Thomalla.)
Rhinosklerin	Wässerig-alkoholischer Glycerinauszug der das Rhinosklerom bedingenden Fritscheschen Bacillen.		Zur Behandlung des Rhinoskleroms.

Rhodallin = Thiosinamin.

Rixolin	Gemisch aus Petroleum und Campheröl.		

Rohrzucker = Saccharum.

Rubrol	Lösung von Borsäure, Thymol in einem Steinkohlenderivat von unbekannter Zusammensetzung.		Gegen Gonorrhöe.

Rumicin = Acidum chrysophanicum.

Name und Formel.	Darstellung.	Eigenschaften.	Anwendung.
Saccharin Agucarina. Benzoësäuresulfinid. Glusidum. Orthosulfaminbenzoë- säureanhydrid. Saccharinol. Saccharinose. Saccharol. Sycose. Toluolsüss. Zuckerin. $C_6H_4{<}{CO \atop SO_2}{>}NH =$ $\text{(benzene ring)}{CO \atop SO_2}{>}NH$ *D. R. P. Fahlberg No. 35211.* *D. R. P. v. Heyden No. 85491.*	Orthotoluolsulfosäure wird durch Einwirkung von Phosphorpentachlorid in Orthotoluolsulfonchlorid und dieses mit Ammoniak in Orthotoluolsulfamid übergeführt. Bei der Oxydation des letzteren mit Kaliumpermanganat bildet sich Orthosulfaminbenzoësäure, die unter Wasserabspaltung leicht in das Benzoësäuresulfinid übergeht. (Fahlberg.)	Das von der Paraverbindung vollkommen freie Benzoësäuresulfinid schmilzt bei 224° und bildet ein weisses Pulver, das die 500 fache Süsskraft des Rohrzuckers besitzen soll. 1 T. ist in etwa 400 T. Wasser löslich. Leicht wird es von Alkalien gelöst. Das Natriumsalz ist als Saccharin leicht löslich im Handel. Dieses besitzt die 450 fache Süsskraft des Rohrzuckers. Das krystallwasserhaltige Saccharin-Natrium führt den Namen Crystallose.	Dient an Stelle des Rohrzuckers zum Versüssen von Nahrungs- und Genussmitteln. Besonders den Diabetikern empfohlen. Auch wird es mit bitter schmeckenden Alkaloiden, wie Chinin, Morphin, Strychnin u. s. w. verbunden und dient in diesen Fällen als Geschmackscorrigens. Gegen Ozaena empfiehlt Felici die Nase mit wässerigen Lösungen (1—1,5:500 g) 2 mal tägl. auszuspülen.
Saccharin-Natrium s. Saccharin.			
Saccharinol = Saccharin.			
Saccharinose = Saccharin.			
Saccharol = Saccharin.			
Saccharose = Saccharum.			
Saccharum Rohrzucker. Saccharose. Zucker. $C_{12}H_{22}O_{11}$	Findet sich fertig gebildet im Safte des Zuckerrohres (Saccharum officinarum L.), der Zuckerrübe (Culturarten von Beta vulgaris L.), des Zuckerahorns (Acer dasycarpum Willd), des Sorghos (Sorghum vulgare Pers.) u. s. w. Für Europa ist nur die Gewinnung aus Rüben von Bedeutung.	Farblose, monokline Prismen oder weisse, krystallinische Masse, die in Wasser zu einer klaren, rein süss schmeckenden Flüssigkeit löslich ist. In 90 proz. Alkohol schwer löslich.	Wichtig als Verdünnungs- bez. Versüssungsmittel für viele Arzneikörper, entweder als Pulver oder in Form einer konzentrierten wässerigen Lösung (Sirupus simplex) angewendet.
Saccharum Lactis Milchzucker. $C_{12}H_{22}O_{11} + H_2O$	Findet sich in der Milch der Säugetiere. Zur Gewinnung werden die Molken im Vacuum zu einem dünnen Sirup eingedunstet und in denselben Holzstäbe eingehängt, an welchen sich die Milchzuckerkrystalle ansetzen. Durch Umkrystallisieren wird der Milchzucker gereinigt.	Gelbliche oder weisse rhombische Krystalle, die sich in 6 T. kalten und 2½ T. siedenden Wassers lösen und von absolutem Alkohol u. von Äther nicht aufgenommen werden.	Als Nährmittel für Säuglinge. Bei Neugeborenen zur Entfernung des Mekonium. Dosis 1,5—2,5 g. Bei Erwachsenen bei habitueller Obstipation. Dosis 9—15 g. Als Diureticum bei Herzkranken: 100 g in ca. 1 Liter gelöst während des Tages zu trinken. Ferner dient Milchzucker als Ersatz für Molken (1 Theelöffel voll auf 1 Tasse Wasser unter Zusatz von Rohrzucker und etwas Kochsalz).

Name und Formel.	Darstellung.	Eigenschaften.	Anwendung.
Sal polychrestum Seignetti = Tartarus natronatus.			
Salacetol Acetolsalicylsäure-äther. Salantol. Salicylacetol. $C_6H_4(OH)CO-OCH_2-CO-CH_3 =$	Wird beim Behandeln von Monochloraceton mit Natriumsalicylat erhalten und aus Alkohol umkrystallisiert.	Krystallisiert aus Alkohol in langen, wolligen Nadeln u. schmilzt bei 71^0. Es ist unlöslich in kaltem, sehr schwer löslich in heissem Wasser, leicht in warmem Alkohol, in Äther, Schwefelkohlenstoff, Chloroform, Benzol, schwer in kaltem Alkohol u. Ligroin. Durch Ammoniak oder verdünnte Natronlauge wird es leicht gespalten.	An Stelle des Salols und zu gleichem Zweck wie dieses angewendet. Zur Bekämpfung von Diarrhöen, zur Desinfection der Harnwege und bei chronisch-gichtischem Rheumatismus. Am besten mit Ricinusöl zu geben. Dosis 2—3 g pro die (die ganze Dosis morgens nüchtern). (Bourget.)
Salactol	Lösung von salicylsaurem und milchsaurem Natrium in 1 prozentiger Wasserstoffsuperoxydlösung.		Gegen Diphtherie zum Pinseln.
Salantol = Salacetol.			
Salazolon = Salipyrin.			
Salbromalid = Antinervin.			
Salhypnon Benzoylmethylsalicylsäureester. $C_6H_4O(COC_6H_5)COOCH_3 =$	Durch Benzoylieren des Salicylsäuremethylesters.	Farblose Nadeln.	Schwaches Antisepticum. Dosierung noch nicht festgestellt.
Salicin $C_{13}H_{18}O_7$	Ein in der Rinde vieler Weiden- und Pappelarten vorkommendes Glykosid, welches durch Emulsin oder Speichel in Glukose und Saligenin, beim Kochen mit verdünnten Mineralsäuren in Glukose und Saliretin zerfällt.	Farblose, bitter schmekende, bei 201^0 schmelzende Krystallnadeln oder Krystallblättchen, die sich in 28 T. Wasser lösen. Das Lösungsverhältnis in Alkohol ist ziemlich das gleiche, wie das in Wasser.	Als Ersatzmittel des Chinins bei Intermittens und als Amarum. Als Antipyreticum. Dosis 8—10 g pro die, als Amarum 0,1—0,3 g pro dosi in Pulver- oder Pillenform.
Salicol	Ein in Frankreich hergestelltes und dort gebräuchliches Gemisch von Salicylsäure, Wintergreenöl, Methylalkohol und Wasser.		Als antiseptisches Cosmeticum.
Salicylacetol = Salacetol.			
Salicylaldehyd-methylphenylhydrazon = Agathin.			
Salicylaldehyd-p-Phenetidin = Malakin.			

Name und Formel.	Darstellung.	Eigenschaften.	Anwendung.
Salicylamid Salicylsäureamid. $C_6H_4(OH)CONH_2 =$ ⟨OH, CONH_2⟩	Wird durch Einwirkung von Ammoniak auf Salicylsäuremethylester gebildet.	Farb-, geruch- und geschmacklose, bei 138° schmelzende Krystalle, welche von Wasser etwas leichter gelöst werden, als Salicylsäure.	Angewendet bei verschiedenen Neuralgieen, bei Gelenkrheumatismus und Amygdalitis follicularis. Dosis: stündlich 0,15 g oder 0,25 g dreistündlich. (Nesbitt.)
Salicylanilid = Salifebrin.			
Salicyl-α-Methylphenylhydrazon = Agathin.			
Salicyl-p-Phenetidin = Saliphenin.			
Salicyliden-p-Phenetidin = Malakin.			
Salicylsäure = Acidum salicylicum.			
Salicylsäure-Acetparamidophenylester = Salophen.			
Salicylsäureamid = Salicylamid.			
Salicylsäurechlorphenylester = Chlorsalol.			
Salicylsäure-Kresylester = Kresalol.			
Salicylsäure-β-Naphtylester = Betol.			
Salicylsäurephenylester = Salol.			
Salicylsäurethymylester = Salithymol.			
Salifebrin Salicylanilid.	Angeblich ein Kondensationsprodukt, thatsächlich aber nur eine Mischung von Salicylsäure und Acetanilid.	Weisses Krystallpulver.	Soll als Ersatzmittel des Salipyrins dienen.
Saliformin Hexamethylentetramin, salicylsaures. Urotropinum salicylicum. $(CH_2)_6N_4.C_6H_4(OH)COOH$	Durch Zusammenbringen äquimolekularer Mengen v. Hexamethylentetramin und Salicylsäure.	Weisses krystallinisches Pulver, in Wasser und Alkohol leicht löslich.	Als harnsäurelösendes Mittel. Dosis: 1—2 g.
Saligenin o-Oxybenzylalkohol. $C_6H_4(OH)CH_2OH =$ ⟨OH, CH_2OH⟩	Spaltungsprodukt des Salicins, jetzt synthetisch dargestellt aus Formaldehyd und Phenol.	Farblose Blättchen oder flache Nadeln, ziemlich leicht in kaltem, leichter löslich in heissem Wasser und in Alkohol. Schmelzpunkt 86°.	An Stelle des Salicins bei Malaria, Rheumatismus, Typhus, Katarrhen, sowie als Stomachicum empfohlen. Dosis 0,5—1,0 g zweistündlich bis stündlich. (P. Walter.)
Salinaphtol = Betol.			
Saliphenin Salicyl-p-Phenetidin. $C_6H_4(OC_2H_5)NH.COC_6H_4(OH) =$ OC_2H_5 ⟨N<H, CO, OH⟩	Man lässt auf ein Gemisch äquimolekularer Mengen p-Phenetidin und Salicylsäure oder auf salicylsaures p-Phenetidin Phosphortrichlorid oder Phosphoroxychlorid bei erhöhter Temperatur einwirken.	Nahezu farblose, bei 139,5° schmelzende Krystalle, welche nahezu unlöslich in Wasser sind. Leicht löslich in Alkohol, Aceton, heissem Eisessig und siedendem Chloroform, weniger leicht in Äther.	Hat sehr geringe antifebrile Wirkung. Eine Einführung in den Arzneischatz hat bisher nicht stattgefunden.

Name und Formel.	Darstellung.	Eigenschaften.	Anwendung.
Salipyrazolin = Salipyrin.			
Salipyrin Antipyrinsalicylat. Salazolon. Salipyrazolin. $C_{11}H_{12}N_2O \cdot C_7H_6O_3 =$	Äquimolekulare Mengen von Antipyrin und Salicylsäure werden mit wenig Wasser zusammengeschmolzen und das Salz aus Alkohol umkrystallisiert.	Farbloses, herbsüsslich schmeckendes Krystallpulver vom Schmelzpunkt 91—92°. In 200 T. kalten und 25 T. siedenden Wassers löslich. Leicht löslich in Alkohol und Essigäther.	Antipyreticum, bei fieberhaften Krankheiten, acutem und chronischem Gelenkrheumatismus in Anwendung. Dosis 1—2 g, pro die bis 8 g. Als Mittel gegen Influenza gerühmt, sowie bei Menstrualbeschwerden von Vorteil. (Mosengeil, Hennig, Zurhelle.) Bei Gebärmutterblutungen. Dosis 1 g 3mal täglich. (Kayser, Bigelow, Orthmann.)
Salithymol Salicylsäurethymylester. Thymylsalicylat. $C_6H_3(CH_3)(C_3H_7)O \cdot COC_6H_4(OH) =$	Auf ein Gemisch äquimolekularer Mengen der Natriumsalze von Salicylsäure und Thymol lässt man Phosphortrichlorid bei 120—130° einwirken, wäscht das Reaktionsprodukt mit Wasser und krystallisiert es aus Alkohol um.	Weisses, krystallinisches Pulver von schwach süsslichem Geschmack, in Wasser nur wenig, in Alkohol und Äther reichlich und sehr leicht löslich.	Als Antisepticum empfohlen. Dosierung wie Salol.
Salocoll Phenocollsalicylat. Phenocollum salicylicum. $C_6H_4(OC_2H_5)NH \cdot CO \cdot CH_2 \cdot NH_2 \cdot HO \cdot OC \cdot C_6H_4OH =$	Beim Zusammenbringen von Phenocoll mit Salicylsäure und Umkrystallisieren aus Alkohol.	Weisses, süsslich schmeckendes, in Wasser schwer lösliches Pulver, oder lange farblose Nadeln.	Als Antipyreticum, Antineuralgicum und Antirheumaticum. Dosis für Erwachsene 1—2 g mehrmals täglich in Pulverform. Wird auch gegen Influenza als spezifisch wirkendes Mittel gerühmt.
Salol Phenylsalicylat. Salicylsäurephenylester. $C_6H_5O \cdot OCC_6H_4(OH) =$ *D. R. P. v. Heyden No. 38973. D. R. P. Knoll No. 62276. 1891.*	Auf ein Gemisch äquimolekularer Mengen von Phenol (Carbolsäure) und Salicylsäure, beziehentlich deren Natriumsalze, lässt man bei höherer Temperatur Phosphoroxychlorid oder Chlorkohlenoxyd einwirken. Das Reaktionsprodukt wird mit Wasser gewaschen und aus Alkohol umkrystallisiert.	Weisses, krystallinisches, bei 42° schmelzendes Pulver, fast unlöslich in Wasser, löslich in 10 T. Weingeist und 0,3 T. Äther, sowie in Chloroform.	Als Antirheumaticum: Dosis: 1—2 g mehrmals täglich. Bei Blasenkatarrh 1 bis 2 g 3mal täglich bis 3stündlich. (Arnold.) Als Streupulver bei chronischen Unterschenkelgeschwüren: Rp. Saloli 5,0 Amyli 45,0. M. f. p. (Grätzer.) Bei Dysenterie in der Kinderpraxis pro dosi 0,15 g 3stündlich. (McCall.) Bei Gonorrhöe 0,6 bis 1,2 g 3mal täglich. (Lane.) Bei Cholera. Dosis 0,5 g.

Name und Formel.	Darstellung.	Eigenschaften.	Anwendung.
Salolcampher	Mischung aus 3 Teilen Salol und 2 T. Kampher.	Weisses, krystallinisches Pulver, welches in Wasser kaum, in Alkohol ziemlich leicht löslich ist.	Als Antisepticum bei Hautkrankheiten im Gebrauch.
Salophen Acetparamidophenylsalicylsäureester. Acetparamidosalol. Salicylsäure-Acetparamidophenylester. $C_6H_4(NHCOCH_3)O.OC.C_6H_4(OH) =$ D. R. P. Bayer No. 62533. 1891.	Durch Reduktion des Salicylsäure-p-Nitrophenylesters und Acetylierung des entstandenen Salicylsäureamidophenylesters (Amidosalol).	In Wasser unlösliche, in Alkohol und Äther leicht lösliche, farblose Krystalle vom Schmelzpunkt 187—188°.	In Dosen von 4—6 g pr. die gegen acuten Gelenkrheumatismus gegeben. (Guttmann.) Wirksam bei nervösen Affectionen in Dosen vo: 0,75—2 g. Von üblen Nebenwirkungen frei erwies sich S in Dosen von 3—5 pro die (E. Koch.) Bei Cephalalgie, Trigeminus Neuralgie u. s. w. pro dos 1 g, pro die 4—6 g. (Caminer, Hitschmann Lutze.) Als Mittel gegen Influenz: empfohlen.

Salpetergeist, versüsster = Spiritus Aetheris nitrosi.

Salpetersäure-Glycerinäther = Nitroglycerin.

Salpetrigsäure-Amyläther = Amylium nitrosum.

Salpetrigsäure-Isoamyläther = Amylium nitrosum.

Salubrin	Mischung aus 25 pCt. Essigäther, 2 pCt. Essigsäure, 50 pCt. Alkohol und 23 pCt. Wasser.		Als Blutstillungsmittel empfohlen.
Salubrol Tetrabrommethylendiantipyrin.	Tetrabromderivat des Formopyrins (Kondensationsproduktes von 2 Mol. Antipyrin und 1 Mol. Formaldehyd.)	Fast geruchloses, gelbliches Pulver. Vorsichtig aufzubewahren!	Als Antisepticum an Stelle des Jodoforms. (Silber.)
Salumin. insolubile Aluminiumsalicylat. $\left(C_6H_4<^{OH}_{COO}\right)_6 Al_2 + 3H_2O$	Durch Fällen einer Thonerdesalzlösung mit salicylsaurem Salz.	Weisses oder rötlichweisses, in Wasser unlösliches Pulver.	Äusserlich als Streupulver bei katarrhalischen Affectionen der Nase und des Kehlkopfes besonders bei Ozaena. (Heymann.)
Salumin. solubile Aluminium-Ammoniumsalicylat. $\left(C_6H_4<^{ONH_4}_{COO}\right)_6 Al_2 + 2H_2O$	Durch Behandeln des vorstehenden Salzes mit Ammoniak erhalten.	Weisses, in Wasser lösliches Pulver.	Indication die gleiche wie die des Salumin. insolubile.

Salzäther, schwerer = Spiritus Aetheris chlorati.

Salzgeist, versüsster = Spiritus Aetheris chlorati.

Sanatol = Creolin.

Name und Formel.	Darstellung.	Eigenschaften.	Anwendung.
Sanguinal	Ein aus Tierblut hergestelltes Präparat.	Kommt in Form von Pillen in den Handel. 1 Pille enthält die wirksamen Bestandteile von 5 g frischen Blutes.	Bei Chlorose mehrere Pillen täglich.
Sanoform Dijodsalicylsäuremethylester. $C_6H_2\begin{smallmatrix}COOCH_3\\ OH\\ J_2\end{smallmatrix}$	Durch Einwirkung von Jod auf Salicylsäuremethylester.	Farb-, geruch- und geschmacklose, bei 110^0 schmelzende Krystallnadeln, leicht löslich in Alkohol und Äther. Vorsichtig aufzubewahren!	Bei Ulcus molle und durum und als Austrocknungsmittel bei frischen und eiterigen Wunden. (Arnheim, Langgaard.) In der Augenheilkunde. (Radziejewski.)
Santonin $C_{15}H_{18}O_3$	Kommt zu 2—3 pCt. in den vor der vollständigen Entwickelung gesammelten Blütenköpfchen von Artemisia maritima L. vor.	Farblose, glänzende, bitter schmeckende, bei 170^0 schmelzende Krystallblättchen, welche am Lichte eine gelbe Farbe annehmen. Löst sich in 5000 T. Wasser, 44 T. Weingeist, 4 T. Chloroform. Vorsichtig und vor Licht geschützt aufzubewahren!	Als wurmtreibendes Mittel, besonders in der Kinderpraxis: Dosis 0,03—0,05—0,1 g. Grösste Einzelgabe 0,1 g! Grösste Tagesgabe 0,5 g!
Santoninnatrium = Natrium santonicum.			
Santoninoxim $C_{15}H_{18}O_2 . NOH$	Durch mehrstündiges Kochen von 5 T. Santonin mit 4 T. chlorwasserstoffsauren Hydroxylamins, 50 T. Alkohol und 3 bis 4 T. Calciumcarbonat.	Farblose, nadelförmige Krystalle vom Schmelzpunkt $216—217^0$. In Wasser unlöslich, ziemlich gut löslich in Alkohol, auch in Fetten und fetten Ölen löslich. Vorsichtig und vor Licht geschützt aufzubewahren!	Gegen Askariden, ebenso wirksam wie Santonin, seiner geringeren Löslichkeit halber aber weniger giftig als dieses. Dosis für Kinder im Alter von 2—3 Jahren 0,05 g. Bis zum Alter von 9 Jahren steigt die Dosis allmälig auf 0,15 g. Erwachsene erhalten 0,3 g.
Sapocarbol	Gemisch von rohen Kresolen und Kohlenwasserstoffen.	Dunkelbraune Flüssigkeit, welche sich mit Wasser klar mischen lässt und gegen 50 pCt. Kresol enthält.	Zu Desinfectionszwecken wie Creolin.
Saprol	Gemisch von rohen Kresolen mit Kohlenwasserstoffen, welche letztere vermutlich der Petroleumraffinerie entstammen. Durch Zusatz der letzteren ist das spez. Gewicht der im Wasser untersinkenden Kresole so weit erniedrigt, dass das Gemisch auf Wasser schwimmt.	Dunkelbraune, auf Wasser schwimmende Flüssigkeit. Kresolgehalt 40 pCt.	Für Desinfectionszwecke, wie Creolin. Wird Saprol in dicke oder dünne wasserhaltige Flüssigkeiten gegossen, so überzieht es deren ganze Oberfläche mit einer gleichmässigen, etwaige Unterbrechungen sofort wieder ausgleichenden Decke, und seine wasserlöslichen Bestandteile werden allmälig von den darunter befindlichen Schichten ausgezogen. (A. Schneider, Scheurlen.)

Name und Formel.	Darstellung.	Eigenschaften.	Anwendung.
Schwefeläther = Aether.			
Schwefellanolin = Thilanin.			
Sclerokrystallin Podwyssotzki = Ergotinin Tanret.			
Sclerotinsäure = Acidum ergotinicum.			
Scopolaminum hydrobromicum Hyoscinum hydrobromicum Scopolamin, bromwasserstoffsaures. $C_{17}H_{21}NO_4 \cdot HBr$	Das Scopolamin ist ein in der Wurzel von Scopolia atropoides Schult. vorkommendes Alkaloid und nach E. Schmidt mit dem bisherigen Hyoscin des Handels identisch.	Das bromwasserstoffsaure Salz bildet farblose Krystalle, die in Wasser und Alkohol löslich sind. Sehr vorsichtig aufzubewahren!	Mydriaticum. Bei eitrigen Entzündungen, bei Iritis, bei chronischer Entzündung, bei secundärem Glaukom. Es wirkt 5 mal so stark wie Atropin. Scopolam. hydrobr. ist anzuwenden in Lösungen von 1—2 pro Mille ($1/10$—$1/5$ pCt.). Von einer Lösung 2 pro Mille ($1/5$ pCt.) können bei Erwachsenen 6—7 Tropfen pro die erteilt werden. Innerlich als Hypnoticum, besonders bei Aufregungszuständen Geisteskranker und Tobsüchtiger. Es wird meist subcutan angewendet: Dosis 0,0001—0,0005 g! Der Schlaf tritt in der Regel nach 10—12 Minuten ein und dauert bis gegen 8 Stunden. Grösste Einzelgabe 0,0005 g! Grösste Tagesgabe 0,002 g!
Sedatin p-Valeryl-Phenetidin. $C_6H_4(OC_2H_5)NH-CO-C_4H_9 =$ OC_2H_5 — Ring — $N\underset{H}{<}CO-C_4H_9$	Beim Erhitzen von Baldriansäure mit p-Phenetidin.	In Alkohol lösliche Nadeln. Vorsichtig aufzubewahren!	Als Sedativum. Dosis?
Seignettesalz = Tartarus natronatus.			
Senföl, aetherisches = Oleum Sinapis.			
Senfspiritus s. Oleum Sinapis.			
Septentrionalin $C_{31}H_{48}N_2O_9$	Alkaloid des Aconitum septentrionale.	Amorpher, bei 129° schmelzender, bitter schmeckender Körper, löslich in 58 Teilen Wasser, leicht in Alkohol und Äther. Sehr vorsichtig aufzubewahren!	Als Gegengift bei Strychninvergiftungen, gegen Hundswut und Starrkrampf. (Kobert)
Sequardin	Extrakt aus Stierhoden.		Als Tonicum benutzt.
Serum antidiphthericum = Diphtherie-Heilserum.			
Serumpaste	Gemisch aus sterilisiertem Rinderblutserum mit Zinkoxyd.		Zu Wundverbänden.

Name und Formel.	Darstellung.	Eigenschaften.	Anwendung.
Silberlactat = Actol.			
Sirupus simplex s. Saccharum.			
Solutol D.R.P.v.Heyden No. 57842.	Kresol, durch Kresolnatrium löslich gemacht. Es enthält in 100 ccm 60,4 g Kresol, davon $1/4$ als freies Kresol, $3/4$ als Kresolnatrium gebunden.	Dunkelbraune, stark alkalisch reagierende Flüssigkeit. Spez. Gew. 1,17. In 100 ccm 60,4 g Kresole enthaltend.	Für Desinfectionszwecke (Aborte, Ställe u. s. w.). Anwendung: Man rührt zu 10 Liter (einer Giesskanne voll Wasser) $1/4$ Liter (circa 300 g) Solutol und übergiesst damit wiederholt die zu desinfizierenden Wand- und Bodenflächen, Stallstreu u. s.w.
Solveol D.R.P.v.Heyden No. 57842.	Kresol, durch kresotinsaures Natrium löslich gemacht. In 37 ccm (= 42,4 g) S. sind 10 g freies Kresol enthalten.	Klare und neutrale Lösung eines Gemisches von Ortho-, Meta-, Parakresol. Spez. Gewicht 1,153 bis 1,158.	0,5 proz. Solveollösungen wirken nach Hammer auf pathogene Bacterien energischer als 2—5 proz. Carbolsäurelösungen. Für chirurgische Zwecke verwendet Hammer Lösungen von 37 ccm S. in 2000 ccm Wasser, zum Zerstäuben in Krankenzimmern 37 ccm S. auf 480 ccm Wasser.
Solvin = Polysolve.			
Somatose	Ein aus Fleisch hergestelltes, die Eiweissstoffe desselben in leicht löslicher Form, sowie die Nährsalze des Fleisches enthaltendes Albumosenpräparat. 5 g Somatose sind gleichwertig 30 g Ochsenfleisch. Somatose besteht aus 88,37 bezw. 90,49 pCt. Albumosen, 7,46 pCt. Salzen und 0,24 pCt. Peptonen.	Schwach gelb gefärbtes, etwas körniges Pulver, welches sich in Wasser und wässerigen Flüssigkeiten leicht und vollkommen löst. Die Lösungen sind geruch- und nahezu geschmacklos.	Als Ernährungsmittel bei Magenkrankheiten, Syphilis u. Merkurialkachexie, Phthisis, überhaupt bei allen Krankheiten, die, von Fieber begleitet, den Organismus schwächen. Dosis bei Kindern bis zu 15 g, bei Erwachsenen bis zu 30 g den Tag über. (Eichhoff.)
Somnal	Lösung von Chloralhydrat und Urethan in Alkohol.	Farblose Flüssigkeit. Vorsichtig aufzubewahren!	Als Hypnoticum. Dosis 1—2 g.
Sozal Aluminium, paraphenolsulfosaures. $(C_6H_4(OH)SO_3)_3 Al$	Dargestellt durch Auflösen von Aluminiumhydroxyd in Paraphenolsulfosäure oder durch Wechselzersetzung von paraphenolsulfosaurem Baryum mit Aluminiumsulfat.	Krystallinischer Körper, der sich leicht in Wasser und Glycerin, auch in Alkohol löst. Er schmeckt stark zusammenziehend u. besitzt einen schwachen Phenolgeruch. In der wässerigen Lösung ruft Eisenchloridlösung violette Färbung und Ammoniak einen Niederschlag von Aluminiumhydroxyd hervor.	Angewendet zu Injectionen in 1 prozentiger Lösung bei Eiterungen, tuberkulösen Geschwüren und bei Fällen von Cystitis. (Girard u. Lüscher.)
Sozalbumose = Antiphthisin.			

Name und Formel.	Darstellung.	Eigenschaften.	Anwendung.
Sozoboral	Mischung aus Aristol, Sozojodol- und Borsalzen.		Als Mittel gegen Schnupfen.
Sozojodol = Acidum sozojodolicum.			
Sozojodol, leichtlöslich = Natrium sozojodolicum.			
Sozojodol, schwerlöslich = Kalium sozojodolicum.			
Sozojodolnatrium = Natrium sozojodolicum.			
Sozojodolquecksilber = Hydrargyrum sozojodolicum.			
Sozojodolsäure = Acidum sozojodolicum.			
Sozolsäure = Aseptol.			
Sparteïnum sulfuricum Sparteïn, schwefelsaures. $C_{15}H_{26}N_2 \cdot H_2SO_4 + 8H_2O$	Sparteïn ist ein in sehr geringer Menge im Besenginster (Spartium scoparium L.) vorkommendes, sauerstofffreies Alkaloid.	Das schwefelsaure Salz bildet farblose, sauer reagierende Krystalle, die von Wasser leicht gelöst werden. Vorsichtig aufzubewahren!	Bei Affektionen des Herzmuskels empfohlen. Dosis 0,02—0,1 g mehrmals täglich bis 0,5 g pro die. (Germain Sée.)
Spasmotin Chrysotoxin (?). Sphacelotoxin. $C_{20}H_{21}O_9$	Das Mutterkorn wird mit Äther extrahiert und aus dem eingeengten Ätherextrakt durch Zusatz von Petroleumäther das Spasmotin gefällt.	Gelbes amorphes Pulver, welches in Wasser, verdünnten Säuren, Petroläther unlöslich, leicht löslich in Äther, Alkohol, Essigäther, Benzol ist. Spasmotin bildet mit Alkalien Salze, aus welchen es schon durch Kohlensäure wieder abgeschieden wird. Vorsichtig aufzubewahren!	Spasmotin übt auf den schwangeren Uterus eine anregende Wirkung aus, wie Secale cornutum. Dosis 0,04—0,08 g. Grösste Tagesgabe 0,1 g.
Spermin	Wirksames Princip der Brown-Séquard'schen Sperma-Emulsion. In 2 prozentiger spirituöser Lösung.	Farblose Flüssigkeit.	Tonicum und Antineurasthenicum. Injectionsdosis 1—6 ccm.
Sphacelinsäure = Acidum sphacelinicum.			
Sphacelotoxin = Spasmotin.			
Sphygmogenin D. R. P. v. Heyden No. 89698.	Von Fränkel aus den Nebennieren abgeschiedener Körper. Vergl. Suprarenaden. Man extrahiert die Nebenniere mit Wasser oder Alkohol und scheidet aus dem eingeengten Extrakte die wertlosen Substanzen durch aufeinanderfolgende Behandlung mit Wasser oder Alkohol und Aceton ab.		Als Antidot bei Nikotinvergiftung.

Name und Formel.	Darstellung.	Eigenschaften.	Anwendung.
Spinol	Aus Spinatblättern hergestelltes Extrakt. (E. Stroschein.)		An Stelle der von manchen Ärzten in der Kinderpraxis empfohlenen Spinatkur.
Spiritus Aethylalkohol. Alkohol. Spiritus Vini. Weingeist. $$\begin{array}{c}CH_3\\|\\CH_2\\|\\OH\end{array}$$	Entsteht bei der geistigen Gährung verschiedener Zuckerarten. Durch die Lebensthätigkeit niederer pflanzlicher Organismen (Hefe) zerfallen Glukose und Fruktose in Alkohol und Kohlendioxyd. Wichtiges Material für die Alkoholgewinnung sind die Kartoffeln, deren Stärkemehl durch Behandeln mit 5 pCt. Malz bei 60° zunächst verzuckert wird. Der Zucker wird sodann in Alkohol übergeführt.	Farblose, klare, flüchtige, leicht entzündliche Flüssigkeit. Spez. Gew. 0,830—0,840, einem Alkoholgehalt von 91,2 bis 90 Raumteilen oder 87,2 bis 85,6 Gewichtsteilen in 100 Teilen entsprechend.	Zur Herstellung von Tinkturen, Extrakten, als Lösungsmittel für ätherische Öle, Jod, zur Bereitung von Spiritus aethereus (Hoffmannstropfen) u. s. w.
Spiritus aethereus s. Aether.			
Spiritus Aetheris chlorati Salzäther, schwerer. Salzgeist, versüsster. Spiritus salis dulcis.	Eine durch Destillation von Braunstein, Salzsäure und Alkohol erhaltene Flüssigkeit, welche im Wesentlichen ein Gemisch aus Chloralhydrat, Chloralalkoholat, Äthylchlorid, Acetaldehyd, Acetal, höheren Chlorsubstitutionsprodukten d. Aethans und Acetals darstellt.	Farblose, flüchtige Flüssigkeit von eigentümlichem, ätherischem Geruch und brennendem Geschmack.	Als Excitans. Dosis 0,5—2 g mehrmals täglich.
Spiritus Aetheris nitrosi Salpetergeist, versüsster. Spiritus nitri dulcis. Spiritus nitrico-aethereus.	Man überschichtet 3 T. 25prozentiger Salpetersäure mit 5 T. Alkohol, überlässt ohne Umschütteln zwei Tage der Ruhe und destilliert in eine Vorlage, welche 5 T. Weingeist enthält. Das Destillat wird mit gebrannter Magnesia neutralisiert und nach 24 Stunden aus dem Wasserbade bei anfänglich sehr gelinder Erwärmung rectifiziert, bis 8 T. übergegangen sind. Besteht im Wesentlichen aus Äthylnitrit $C_2H_5NO_2$.	Klare, farblose oder gelbliche Flüssigkeit von angenehmem, ätherischem Geruch und süsslichem, brennendem Geschmack. Mit Wasser klar mischbar. Spez. Gewicht 0,840 bis 0,850.	Als Diureticum, Carminativum oder Excitans, auch als Geschmackscorrigens für bittere Tinkturen. Dosis 10—40 Tropfen mehrmals täglich auf Zucker.
Spiritus camphoratus s. Camphora.			
Spiritus formicarum s. Acidum formicicum.			
Spiritus nitri dulcis = Spiritus Aetheris nitrosi.			
Spiritus nitrico-aethereus = Spiritus Aetheris nitrosi.			
Spiritus salis dulcis = Spiritus Aetheris chlorati.			

Name und Formel.	Darstellung.	Eigenschaften.	Anwendung.
Spiritus Sinapis s. Oleum Sinapis. **Spirsäure** = Acidum salicylicum. **Sprengöl** = Nitroglycerin. **Stärkegummi** = Dextrin. **Steinkohlenbenzin** = Benzol.			
Steresol	Ein Gemisch von 270 T. Lacca in tabulis (völlig löslich in Alkohol), 10 T. Benzoë, 10 T. Balsam. tolutan., 100 T. Acid carbol. crystall., 6 T. Ol. Cinnamomi, 6 T. Saccharin, ad 1 Liter Alkohol.	Bräunlich gefärbtes, dickes Liquidum, das beim Verdünnen mit Wasser sich milchig trübt.	Von Berlioz empfohlen als antiseptischer Firnis bei diphtheritischer Angina, tuberkulösen Geschwüren der Haut und der Zunge, bei Eczemen u. s. w.
Steriform	Gemisch aus 5% Formaldehydlösung, 10% Ammoniumchlorid, 20% Pepsin und 65% Milchzucker. (Rosenberg.)		
Sterisol	Eine mit Formaldehyd versetzte Milchzuckerlösung (Konzentration unbekannt).	Farblose Flüssigkeit, mit Wasser mischbar.	Zu innerlichem Gebrauch bei Tuberkulose, Erysipel, Diphtherie. Dosis 0,015—0,06 g. (Rosenberg.)
Stibio-Kalium tartaricum = Tartarus stibiatus.			
Stomatol	Mischung aus 4 Teilen Terpineol, 2 Teilen Seife, 45 Teilen Alkohol, 2 T. aromatischer Stoffe, 5 T. Glycerin, 42 T. Wasser.		Als antiseptisches und konservierendes Mittel. (A. Leuhardthson.)
Strontium lacticum Strontium, milchsaures. $(C_3H_5O_3)_2 Sr + 3 H_2O$	Strontiumcarbonat wird mit verdünnter Milchsäure neutralisiert und die Lösung zur Krystallisation eingedampft.	Weisses, körniges Pulver, welches sich in 4 T. kalten und in der Hälfte seines Gewichtes siedenden Wassers löst.	Bei verschiedenen Nierenkrankheiten (Nephritis parenchymatosa, -rheumatica, -scrophulosa und -arthritica). Es erzeugt keine Diurese und drückt den Eiweissgehalt des Harnes wesentlich herab. Dosis; 6—10 g pro die. (C. Paul, Laborde.)
Strontium salicylicum $(C_7H_6O_3)_2Sr =$ OH HO COO—Sr—OOC	Strontiumcarbonat wird mit Salicylsäure und Wasser im Wasserbade eingetrocknet.	Schwerlösliche, farblose Krystallnadeln.	Darmantisepticum. Dosis 0,3 g. Bei chronischen Fällen von Rheumatismus und Gicht. Dosis 0,6—1.0.
Strophanthin $C_{20}H_{34}O_{10}$ (Fraser) oder $C_{51}H_{48}O_{12}$ (Arnaud)	Der wirksame Bestandteil der Samen von Strophanthus hispidus D. C. und Str. Kombé Oliver.	Weisses, krystallinisches Pulver vom Schmelzpunkt 185°. In 40 T. Wasser von 18° C. löslich. In Alkohol leicht löslich, in Äther, Schwefelkohlenstoff, Benzol unlöslich. Sehr vorsichtig aufzubewahren!	Als Ersatzmittel der Digitalispräparate angewendet. Als Diureticum wirkt es bei Herzkranken nach geeigneten Dosen schneller als Digitalis. Dosis 0,0002—0,0004 g in Kapseln oder Lösung. Auch subcutan angewendet. Die Präparate des Handels sind meist sehr verschieden und daher unsicher in der Wirkung.

Name und Formel.	Darstellung.	Eigenschaften.	Anwendung.
Strychninum nitricum Strychnin, salpetersaures. $C_{21}H_{22}N_2O_2 \cdot HNO_3$	Strychnin und Brucin kommen gemeinsam in den verschiedenen Pflanzenteilen der Strychnosarten vor. Zur Gewinnung der Alkaloide dienen besonders die Samen von Strychnos nux vomica. Salpetersaures Strychnin stellt man dar, indem man gepulvertes Strychnin mit Wasser übergiesst und so viel verdünnte Salpetersäure hinzufügt, dass die Flüssigkeit neutral reagiert.	Farblose, seidenglänzende, sehr bitter schmeckende Krystallnadeln, die in 80—90 T. kalten und in 3 T. siedenden Wassers, in 70 T. kalten und 5 T. siedenden Alkohols löslich sind. Sehr vorsichtig aufzubewahren!	Bei atonischer Dyspepsie und chronischen Magenkatarrhen, bei Diarrhoeen u. s. w. Gegen Alkoholismus chronicus bis 0,01 pro die (Cumulation tritt nicht ein). (Beldau.). Grösste Einzelgabe 0,01 g! Grösste Tagesgabe 0,02 g!
Stypticin Cotarninhydrochlorid. $C_{12}H_{15}NO_4 \cdot HCl + H_2O$	Oxydationsprodukt des Narkotins.	Farblose, wasserlösliche Krystalle. Vorsichtig aufzubewahren!	Ersatzmittel für das Hydrastinin bei Haemorrhagien. Dosis: 0,025—0,05 g 4 bis 5mal täglich. (Gottschalk, Gärtig.)
Styracol Cinnamyl-Guajacol. Guajacolum cinnamylicum. Zimtsäure-Guajacoläther. $C_6H_4(OCH_3)O \cdot OCCH=CH \cdot C_6H_5 =$ OCH₃ / O—OC—CH=CH	Man lässt auf Guajacolnatrium Cinnamylchlorid einwirken, wäscht das Reaktionsprodukt mit Wasser aus und krystallisiert das Cinnamylguajacol aus Alkohol um.	Lange, farblose, bei 130⁰ schmelzende Nadeln. In Wasser nahezu unlöslich, in Alkohol, Chloroform, Aceton löslich.	Innerlich bei Lungentuberkulose. Ferner bei Magen- und Darmkatarrh zur Hemmung von Gährungs- und Fäulnisprozessen, zur Förderung der Heilung von Wunden und Geschwüren, bei chronischem Blasenkatarrh u. s. w. Dosis 1 g mehrmals täglich.
Styron β-Phenylallylalkohol. Zimtalkohol. $C_9H_9OH =$ CH=CH—CH₂OH	Durch Destillation von Styracin mit Kalilauge oder durch Erhitzen von Zimtaldehyd mit alkoholischer Kalilauge.	Farblose, seidenglänzende, hyacinthartig riechende Nadeln vom Schmelzpunkt 33⁰ und Siedepunkt 250⁰.	Als Antisepticum.
Sublimophenol	Gemisch aus gleichen Molekularmengen Calomel und Phenolquecksilber.		
Succinimid-Quecksilber = Hydrargyrum imido-succinicum.			
Sucrol = Dulcin.			
Sulfaminol Thiooxydiphenylamin. $C_{12}H_7(OH)S_2 \cdot NH =$ S—S / N / OH H	Metaoxydiphenylamin wird mit Natronlauge und Schwefel gekocht und die filtrierte Lösung mit Ammoniumchlorid versetzt, worauf sich Sulfaminol abscheidet.	Gelbes, geruch- und geschmackloses Pulver vom Schmelzp, 155⁰. In Wasser unlöslich, löslich in Alkohol und Essigsäure, leicht löslich in Alkalien. Vorsichtig aufzubewahren!	Antisepticum, Ersatzmittel des Jodoforms. Angewendet zu Insufflationen bei Kehlkopfphthisis, Eiterungen der Kieferhöhle, ferner als Streupulver bei Wunden, syphilitischen und anderen Geschwüren. Innerlich b. Cystitis. Dosis 0,25 g 4mal täglich. (M. Schmidt, Rabow, Kobert.)

Name und Formel.	Darstellung.	Eigenschaften.	Anwendung.
Sulfanilsäure = Acidum sulfanilicum.			
Sulfinidum absolut. = Saccharin.			
Sulfonal Diaethylsulfondimethylmethan. $\begin{array}{c}H_3C\\H_3C\end{array}\!>\!C\!<\!\begin{array}{c}SO_2\,.\,C_2H_5\\SO_2\,.\,C_2H_5\end{array}$	Äthyl-Mercaptan und Aceton werden zusammengebracht und die Condensation beider Körper durch Einleiten von trockenem Salzsäuregas beschleunigt. Das entstandene Mercaptol (Dithioäthyldimethylmethan) liefert bei der Oxydation mit Kaliumpermanganat Sulfonal.	Farblose, luftbeständige, prismatische Krystalle v. Schmelzpunkt 125—126°. Löslich in 500 T. kalten, 15 T. siedenden Wassers, in 65 T. kalten und 2 T. siedenden Alkohols. Vorsichtig aufzubewahren!	Als Hypnoticum, am besten in Form eines feinen Pulvers oder in heissem Wasser gelöst (die heisse Lösung wird mit soviel kaltem Wasser verdünnt, dass sie trinkbar ist). Dosis 1—2 g.
Supradin	Jodhaltiges Trockenpräparat aus den Nebennieren der Rinder.		
Suprarenaden	Aus den Nebennieren gewonnenes Extrakt.		Gegen Diabetes insipidus, Morbus Addisonii, Neurasthenie. Tagesdosis: 1,0—1,5 g.
Sycose = Saccharin.			
Symphorole 1) **Symphorol N** Coffeïnsulfosaures Natrium. $C_8H_9N_4O_2\,.\,SO_3Na$ 2) **Symphorol L** Coffeïnsulfosaures Lithium $C_8H_9N_4O_2\,.\,SO_3Li$ 3) **Symphorol S** Coffeïnsulfosaures Strontium $(C_8H_9N_4O_2\,.\,SO_3)_2Sr$	Salze der Coffeïnsulfosäure. Durch Einwirkung konz. Schwefelsäure auf Coffeïn und Sättigen der Sulfosäure mit Natrium-, Lithium- oder Strontiumcarbonat.	Weisse, wasserlösliche Krystallpulver, von welchen das Lithium- und Strontiumsalz leicht, das Natriumsalz schwerer in Wasser löslich ist.	Wirken diuretisch, ohne den Blutdruck zu beeinflussen oder die Herzkraft zu schädigen. Dosis 1 g 4 bis 6 mal täglich. (Heinz.)
Syringin = Mannit.			
Tannalbin *D. R. P. Knoll No. 88029 — 1895.*	Eine Tannineiweissverbindung, welche durch Erhitzen des mit Tannin gefällten Eiweiss auf 110 bis 120° erhalten wird.	Schwach gelbliches Pulver, das völlig geschmacklos ist. Es enthält gegen 50 % Tannin.	Bei akuten Durchfällen, chronischen Darmcatarrhen, Diarrhoeen der Phthisiker. Dosis 1 g mehrmals täglich. (R. Gottlieb, Vierort, Lewin u. Heinz, v. Engel, Goliner, Holzapfel, Rey u. a.)
Tannalum insolubile Aluminium, basischgerbsaures. $Al_2(OH)_4\,(C_{14}H_9O_9)_2 + 10\,H_2O$	Durch Fällen einer Aluminiumsalzlösung mit Tannin bei Gegenwart von Alkali.	Bräunlichgelbes Pulver, das in Wasser unlöslich ist.	Als Adstringens bei chronischen Katarrhen der Atmungsorgane. (Heymann.)
Tannalum solubile Aluminium tannicotartaricum. — Aluminium, gerbweinsaures. $Al_2(C_4H_6O_6)_2\,(C_{14}H_9O_9)_2 + 6\,H_2O$	Durch Behandeln des Tannal. insolubile mit Weinsäure.	Bräunlichgelbes Pulver, das sich in Wasser löst.	Indication wie die des Tannal. insolubile.

Name und Formel.	Darstellung.	Eigenschaften.	Anwendung.
Tannigen Acetyltannin. Diacetyltannin. $C_{14}H_8(COCH_3)_2O_9$ *D. R. P. Bayer. No. 78879. 1894.*	Bei der Einwirkung von Essigsäureanhydrid oder Acetylchlorid auf Tannin.	Gelblichgraues, geruch- und geschmackloses Pulver, welches zwischen 187—190° schmilzt, unter Wasser aber bereits bei 50° zu einer fadenziehenden Masse erweicht. Weder in Wasser noch in verdünnten Säuren löslich.	Bei chronischen Diarrhöen. Dosis 0,2—0,5 g bis zu 3 g täglich. Zu 3 pCt. in einer 5 proz. Natriumphosphatlösung gelöst bei chronischer Pharyngitis eingepinselt. (H. Meyer, F. Müller, Drews, Bachus, Harteker u. a.)
Tannin = Acidum tannicum.			
Tannoform Methylenditannin. $CH_2{<}^{C_{14}H_9O_9}_{C_{14}H_9O_9}$ *D. R. P. Merck No. 88082 vom 13. Juni 1895 und No. 88841 vom 10. Aug. 1895.*	Aus einem Gemisch von Tannin mit Formaldehyd auf Zusatz eines Condensationsmittels, z. B. Salzsäure abgeschieden.	Schwach rosa gefärbtes leichtes Pulver, löslich in Weingeist; wird von verdünnter Ammoniakflüssigkeit mit gelber, von Natronlauge mit braunroter Farbe gelöst. Zersetzt sich bei etwa 230°.	Bei innerlicher Verabreichung gegen Darmkatarrh, bei äusserlicher Anwendung gegen übermässige Schweissabsonderung (Schweissfüsse), nässende Ausschläge, übelriechende Wunden, sowie als antiseptisch wirkendes, desinficierendes und trocknendes Mittel. (v. Mering.)
Tanosal Creosal. Kreosotgerbsäureester.	Gerbsäureester des Kreosots.	Braunes, amorphes, leicht zerfliessliches Pulver, welches in Wasser, Alkohol und Glycerin leicht löslich ist.	An Stelle des Kreosots therapeutisch verwendet. Es zersetzt sich im Darmkanal in Tannin und Kreosot. Es kommt in Form einer Lösung, von welcher 1 Esslöffel 1 g Tanosal enthält und in Form von Pillen zu 0,33 g Tanosal in den Handel. (Kestner, Balland, Dejace.)
Tartarus depuratus Cremor tartari. Crystalli tartari. Kaliumbitartrat. Kalium tartaricum acidulum. $\begin{array}{l}CH(OH)-COOH\\ |\\ CH(OH)-COOK\end{array}$	Durch Umkrystallisieren des rohen Weinsteins aus kochendem Wasser unter Beifügung von Tierkohle und Eiweiss.	Weisses, krystallinisches Pulver, in 192 T. kalten und in 20 T. siedenden Wassers, nicht in Alkohol löslich.	Als Purgans (Dosis 4 bis 8 g), als Diureticum und durstlöschendes Mittel (Dosis 1—2 g). Dient auch zur Bereitung der sauren Molken, sowie in Gemisch mit Salpeter und Zucker als niederschlagendes Pulver (Pulvis temperans) theelöffelweise.
Tartarus emeticus = Tartarus stibiatus.			
Tartarus natronatus Kalium-Natriumtartrat. Sal polychrestum Seignetti. Seignettesalz. $\begin{array}{l}CH(OH)-COONa\\ |\qquad\qquad +4H_2O\\ CH(OH)-COOK\end{array}$	Gereinigter, kalkfreier Weinstein wird in heissem Wasser gelöst, mit Natriumcarbonat neutralisiert und die Lösung zur Krystallisation abgedampft.	Grosse, farblose, rhombische Säulen. In 1,4 T. Wasser zu einer neutralen Flüssigkeit löslich.	Als Abführmittel (Dosis 15—30 g). In kleinen Dosen als Diureticum.

Name und Formel.	Darstellung.	Eigenschaften.	Anwendung.
Tartarus stibiatus Antimonylkaliumtartrat. Brechweinstein. Stibio-Kalium tartaricum. Tartarus emeticus. $\left(\begin{array}{l}CH(OH.COOK \\ | \\ CH(OH)COO-SbO\end{array}\right)_2 + H_2O$	Man erwärmt 4 T. Antimonoxyd und 5 T. reinen Weinsteins in einer Porzellanschale mit 40 T. destillierten Wassers unter öfterem Ergänzen des verdampfenden Wassers, bis fast alles gelöst ist. Das Filtrat wird zur Krystallisation eingedampft.	Farblose, leicht verwitternde, rhombische Oktaëder, die sich in 17 T. kalten und 3 T. siedenden Wassers lösen und in Alkohol unlöslich sind. Vorsichtig aufzubewahren!	Um entfernte Wirkungen zu erzielen (Expectoration und Diaphorese), giebt man 0,005 bis 0,02 g mehrmals täglich. Um Nausea ohne Erbrechen zu erzeugen, giebt man 0,01 bis 0,02 g stündlich oder zweistündlich. Als Emeticum 0,02 bis 0,03 g alle 10—15 Minuten. Stark brechenerregende Dosen (0,1—0,2 g) bringt man bei Vergiftungen mit narkotischen Substanzen in Anwendung. Grösste Einzelgabe 0,2 g! Grösste Tagesgabe 0,5 g!
Tartarus tartarisatus = Kalium tartaricum.			
Tereben $C_{10}H_{16}$	Terpentinöl wird nach und nach mit 5 pCt. konz. Schwefelsäure versetzt, das Reaktionsprodukt nach längerem Stehenlassen mit Wasserdämpfen destilliert, das ölige Destillat mit Natriumcarbonat gewaschen und rectificiert. Die zwischen 150—160° siedenden Anteile werden gesammelt.	Gelbliche, ätherisch riechende Flüssigkeit, welche von Wasser wenig, leichter von Alkohol, sehr leicht von Äther gelöst wird. Spez. Gew. 0,860. Vor Licht geschützt aufzubewahren!	Angewendet zu Verbänden bei brandigen Wunden. Rp. Terebeni 5,0 g Aq. destill. 95,0 g. Misce. Innerlich zu Inhalationen, bei Bronchialkatarrh, foetider Bronchitis u. s. w.
Terpineol s. Terpinol.			
Terpinol	Bei der Destillation von Terpinhydrat mit verdünnter Schwefelsäure erhalten. Nach Wallach besteht das Terpinol aus Terpineol ($C_{10}H_{18}O$) und drei Terpenen $C_{10}H_{16}$ (Terpinen, Terpinolen, Dipenten).	Hyacinthartig riechendes, bei 168° siedendes Öl, welches in Wasser kaum, in Alkohol und Äther leicht löslich ist.	Als Geruchverdeckungsmittel für Jodoform empfohlen. — Bei Bronchialkatarrhen zur Erleichterung der Hustenanfälle. Dosis 0,5—1,0 g pro die.
Terpinjodhydrat = Chroatol.			
Terpinum hydratum Terpinhydrat. $C_{10}H_{16} . 2H_2O + H_2O$	Entsteht beim Stehenlassen eines Gemisches von 4 T. rectificierten Terpentinöls, 3 T. Alkohol und 1 T. Salpetersäure in flachen Porzellangefässen.	Farb- und geruchlose, rhombische Krystalle vom Schmelzpunkt 116—117°. Löslich in 250 Teilen kalten, 32 T. siedenden Wassers, in 10 Teilen Alkohol, 100 T. Äther, 200 T. Chloroform.	Als Expectorans bei Bronchitis und bei chronischer Nephritis. Dosis 0,2—0,4 g. Rp. Terpini hydrati Sacchari Gummi arabici ān 1,0. M. f. pilul. No. 30. D. S. 3mal täglich 1 bis 4 Pillen.
Terra foliata Tartari crystallisata = Natrium aceticum.			
Terrol	Ersatz für Leberthran. Herkunft und Zusammensetzung unbekannt.		

Name und Formel.	Darstellung.	Eigenschaften.	Anwendung.
Testaden	Aus den Hoden dargestelltes Extrakt. 1 g = 2 g Hodeninhalt.		Bei Rückenmarks- und Nervenleiden. Tagesdosis 6—8 g.
Testidin	Alkoholisches Extrakt aus Testin.		
Testin	Aus Rinderhoden hergestelltes Präparat in Form von Tabletten à 0,4 g im Handel.		
Tetanusantitoxin	Ein aseptisches, antitenanisches Serum in getrocknetem Zustande, welches von G. Tizzoni u. G. Cattani in Bologna u. von Behring u. Knorr in Höchst aus dem Blut von Pferden und Hunden dargestellt wird.	In Pulverform und in gelöster Form.	Gegen Tetanus. Zur Anwendung lässt man destilliertes Wasser einige Minuten aufkochen, abkühlen und löst 1 Teil des getrockneten Serums in 10 T. dieses Wassers. Die einzuspritzenden Mengen des Antitoxins schwanken je nach der Schwere des Falles und dem Zeitpunkte, an welchem die Behandlung vorgenommen werden kann.
Tetraaethylammoniumhydrat $N(C_2H_5)_4OH$	Nach den verschiedenen Methoden der Darstellung der Tetraalkylammoniumbasen.	Farblose, zerfliessliche Nadeln von stark alkalischer Reaktion, verseifen Fette und machen die Haut schlüpfrig. In 10 proz. Lösung im Handel.	Als harnsäurelösendes Mittel empfohlen. Bei harnsaurer Diathese und Gelenkrheumatismus in 1 proz. Lösung 5—20 Tropfen 3 mal täglich. (Peterson.)

Tetrabrommethylenbisantipyrin = Salubrol.

Tetrachlormethan = Kohlenstofftetrachlorid.

Tetrahydro-β-Naphtylamin = Thermin.

Tetrahydroparachinanisol = Thallin.

Tetrajodaethylen = Dijodoform.

Tetrajodphenolphtaleïn = Nosophen.

Tetrajodpyrrol = Jodol.

Tetramethylthionin, chlorwasserstoffsaures = Methylenblau.

Tetrathiodichlordisalicylsäure = Acidum tetrathiodichlorsalicylicum.

Tetronal Diaethylsulfondiaethylmethan. $\begin{matrix}C_2H_5\\C_2H_5\end{matrix}>C<\begin{matrix}SO_2.C_2H_5\\SO_2.C_2H_5\end{matrix}$ D. R. P. Bayer No. 49366. 1888.	Diäthylketon wird mit Äthylmercaptan condensiert und das entstehende Dithioäthyldiäthylmethan mit Kaliumpermanganat oxydiert.	Farblose, glänzende Krystallblätter vom Schmelzpunkt 89°. Löslich in 450 Teilen kalten Wassers, leichter in siedendem, sehr leicht löslich in Alkohol. Vorsichtig aufzubewahren!	Wirkt als Hypnoticum ähnlich wie das Sulfonal. Dosis 1—2 g.
Teucrin	Wässeriges Extrakt aus dem getrockneten Kraute von Teucrium scordium, das sterilisiert in Glasröhrchen von 3 ccm Inhalt in den Handel kommt.		Bei kalten Abscessen, fungösen Adenitiden, Aktinomykosis und Lupus in subcutaner Injektion. Dosis 3 ccm. (Mosetig, Moorhof.)

Name und Formel.	Darstellung.	Eigenschaften.	Anwendung.
Thallinum sulfuricum Tetrahydroparachinanisol, schwefelsaures. $(C_{10}H_{13}NO)_2 \cdot H_2SO_4 + 2 H_2O =$ (Formel der freien Base.) *D. R. P. Merck No. 30 426 vom 18. Juni 1884 und No. 42 871 vom 5. März 1887.*	Ein Gemenge von Paraamidoanisol, Paranitroanisol, Glycerin und Schwefelsäure wird längere Zeit auf 150° erhitzt, das Reaktionsprodukt alkalisch gemacht und Parachinanisol abdestillirt. Letzteres wird durch Reduktion mit Zinn und Salzsäure in Tetrahydroparachinanisol, das freie Thallin, übergeführt. Man sättigt mit Schwefelsäure und dunstet zur Krystallisation ein.	Gelblich-weisses, krystallinisches Pulver, das sich in 7 T. kalten und 0,5 T. siedenden Wassers, sowie in 100 T. Alkohol löst. In Äther ist es fast unlöslich. Vorsichtig und vor Licht geschützt aufzubewahren!	Als Antipyreticum innerlich in Dosen von 0,125 bis 0,5 g. Äusserlich als Antisepticum, bei Gonorrhöe besonders in Form von Bougies (Antrophore) gebraucht. Grösste Einzelgabe 0,5 g! Grösste Tagesgabe 1,5 g! (Kreis, von Goll, Ehrlich, Steffen, Kohts.)
Thallinum tartaricum Tetrahydroparachinanisol, weinsaures $C_{10}H_{13}NO \cdot C_4H_6O_6$	Durch Zusammenbringen gleicher Moleküle Thallin (s. Thallinum sulfuricum) und Weinsäure in wässeriger Lösung.	Weisses, krystallinisches Pulver, welches von 10 T. Wasser gelöst wird. In Alkohol schwer, in Äther und Chloroform fast unlöslich. Vorsichtig und vor Licht geschützt aufzubewahren!	Verwendungsform siehe Thallinum sulfuricum!

Thanatol = Ajakol.

Theïn = Coffeïn.

Theobrominjodnatrium = Jodotheobromin.

Theobrominlithium-Lithiumsalicylat = Uropherin.

Theobrominnatrium-Natriumsalicylat = Diuretin.

Theobrominum salicylicum $C_7H_8N_4O_2 \cdot C_6H_4(OH)COOH$ *D. R. P. Merck No. 84 987 vom 25. Dez. 1894.*	Das salicylsaure Salz des Theobromins.	Weisses Krystallpulver. Vorsichtig aufzubewahren!	Als Diureticum.
Thermifugin Methyltrihydrooxychinolincarbonsaures Natrium. $C_9H_7N(CH_3)(OH)COONa$	Von Nencki zuerst dargestellt.	Nahezu farblose Krystalle, die sich leicht in Wasser lösen. Die wässerige Lösung bräunt sich schnell. Vorsichtig aufzubewahren!	Als Antipyreticum. Dosis 0,1—0,25 g.
Thermin Tetrahydro-β-Naphtylamin. $C_{10}H_{11} \cdot NH_2$	Durch Einwirkung von metallischem Natrium auf β-Naphtylamin in amylalkoholischer Lösung dargestellt.	Farblose, piperidinähnlich riechende Flüssigkeit. Das salzsaure Salz bildet farblose Krystalle vom Schmelzp. 237°. Leicht in Wasser löslich. Vorsichtig aufzubewahren!	Filehne erkannte den Körper als Mydriaticum. Thermin erhöht die Körpertemperatur.

Name und Formel.	Darstellung.	Eigenschaften.	Anwendung.
Thermodin Acetylaethoxyphenyl-urethan. p-Aethoxyphenyl-aethylurethan, acetyliertes. $C_6H_4(OC_2H_5)N(COCH_3)COOC_2H_5 =$ $\begin{array}{c}OC_2H_5\\ |\\ C_6H_4\\ |\\ N<^{COCH_3}_{COOC_2H_5}\end{array}$ *D. R. P. Merck No. 69328 vom 12. Nov. 1892 und No. 73285 vom 2. Juni 1893.*	Bei der Einwirkung von Chlorkohlensäure-äthylester auf p-Phenetidin entsteht p-Äthoxyphenyl-urethan, welches mit Hilfe von Natriumacetat und Essigsäureanhydrid acetyliert wird.	Farblose Krystallblätt-chen vom Schmp. 86 bis 88°. 1 Teil löst sich in 2600 Teilen Wasser von 20° C. und in ca. 450 T. Wasser von 100°. Vorsichtig aufzubewahren!	Als Antipyreticum und Antineuralgicum. Dosis 0,5—1,0 g. Bei Phthisikern beginnt man zweckmässig mit 0,3 g. (v. Mering.)
Thilanin Schwefellanolin. Lanolinum sulfuratum.	Besitzt keine gleich-mässige Zusammensetzung. — Wird erhalten durch Erhitzen von Lanolin mit Schwefel auf 230° und Verreiben des Schwefellanolins mit Wasser.	Braune, salbenartige Masse mit circa 3 pCt. Schwefelgehalt.	Thilanin wird besonders in der „geschmeidigen Form" (Saalfeld) bei nässendem und crustösem Ekzem des Kopfes, Gesichtes, Halses, ferner bei Impetigo contagiosa, bei Prurigo u. s. w. angewendet.
Thioform Wismut, basisch-dithiosalicylsaures. $\begin{array}{c}S-C_6H_3(OH)COO\\ |>BiO-Bi<^{O-BiO}_{O-BiO}+H_2O\\S-C_6H_3(OH)COO\end{array}$ Menge Wismut-nitratlösung	Zur Darstellung wird Natriumdithiosalicylat I und II mit der äquivalenten Menge Wismut-nitratlösung versetzt unter Beifügung einer solchen Menge Natronlauge, dass die freie Salpetersäure gebunden wird.	Gelblichgraues, geruch-loses Pulver, das in Wasser unlöslich ist. Wird durch Kochen mit Alkalien zerlegt.	Als Desinficiens bei der Wundbehandlung, besonders in der Tierheilkunde angewendet. Es wirkt austrocknend und schmerzstillend. (L. Hoffmann.) Zur Anwendung ferner empfohlen bei tuberkulösen Gelenkkrankheiten, in Fällen von Conjunctivitis und Keratitis bei Hunden, bei chronischem Magen- und Darmkatarrh mit hochgradiger Abmagerung u. s. w. (Jul. Schmidt, From.)
Thiolin = Acidum thiolinicum. **Thiolinsäure** = Acidum thiolinicum. **Thiol** *D. R. P. Riedel No. 38416 vom 9. Januar 1886 und No. 78835 vom 10. Novemb. 1893.*	Braunkohlenteeröl wird mit Schwefel gekocht, das solcherart erhaltene Thiolrohöl bei niedriger Temperatur mit konz. Schwefelsäure behandelt, mit Wasser verdünnt, worauf sich das Thiol unlöslich abscheidet. Man wäscht es mit Wasser aus, bis es sich wieder zu lösen beginnt, neutralisiert mit Ammoniak und entfernt durch Dialyse das Ammoniumsulfat. Das Thiol wird sodann zur dicken Flüssigkeit oder zur Trockne eingedunstet. (E. Jacobsen.)	Fast geruchlose, braun-schwarze, dicke Flüssigkeit (mit circa 25 pCt. Trockengehalt) oder braun-schwarzes Pulver, das sich leicht in Wasser löst, auch von Alkohol gelöst, aber von Äther-Alkohol nur teilweise aufgenommen wird. Aus der wässerigen Lösung wird durch Mineralsäure, Metallsalze oder alkalische Erden das Thiol gefällt.	Thiol wirkt reduzierend, austrocknend, gefässverengernd, verhornend, schmerzstillend, hemmt das Wachstum gewisser infizierender Organismen, hauptsächlich der verschiedenen Streptoccusarten und dient daher als Heilmittel bei Erythemformen, Ekzemen, Erysipel, Pemphigus, Dermatitis herpetiformis, Herpes zoster u. s. w. (Buzzi, Schwimmer, Reeps u. A.) Auch in der gynäkologischen Praxis angewendet. Bei Verbrennungen wird flüssiges Th. mit gleichen Teilen Wasser verdünnt und aufgepinselt. (Binder.)

10*

Name und Formel.	Darstellung.	Eigenschaften.	Anwendung.
Thiooxydiphenylamin = Sulfaminol.			
Thiophendijodid Thiophenum bijodatum. $C_4H_2J_2S$	Auf Thiophen werden Jod und Jodsäure oder besser Jod und Quecksilberoxyd in den Verhältnissen einwirken gelassen, dass Thiophendijodid entsteht.	In Wasser unlösliche Krystalle, leicht löslich in Chloroform, Äther und in warmem Alkohol. Schmelzpunkt 40,5°. Th. enthält 75,5 pCt. Jod und 9,5 pCt. Schwefel. Vorsichtig aufzubewahren!	An Stelle des Jodoforms als Wundmittel in Form von Stäbchen, Streupulver und 10—20prozentiger Gaze. Als Wundstreupulver in folgender Form empfohlen: Rp. Thiopheni bijodati 5,0 Dermatoli 10,0. M. D. S. Äusserlich. (Spiegler, Hock, Zuckerkandl.)
Thioresorcin	Durch Erhitzen von 1 Molekül Resorcin mit 2 Molekülen Schwefel oder durch Einwirkung von 1 Molekül Schwefeldichlorid auf 1 Molekül Resorcin.	Weisses Pulver, das von Wasser nicht gelöst wird.	Für die dermatologische Praxis in Aussicht genommenes Schwefelpräparat.
Thiosapol D. R. P. Riedel No. 71190 vom 6. Mai 1892.	Natron-Schwefelseife, die den Schwefel in chemisch gebundener Form enthält.	In die übliche Seifenform gebracht.	Bei Hautkrankheiten.
Thiosavonale D. R. P. Riedel No. 71190 vom 6. Mai 1892.	Kali-Schwefelseife, die den Schwefel in chemisch gebundener Form enthält.	Man unterscheidet eine weiche Schwefelseife und eine flüssige Form.	Bei Hautkrankheiten.
Thiosinamin Allylsulfcarbamid. Allylthioharnstoff. Rhodallin. $C{=}S{<}^{NH.CH_2-CH=CH_2}_{NH_2}$	Entsteht beim Zusammenbringen von Allylsenföl mit Ammoniak.	Farblose, schwach lauchartig riechende, bitter schmeckende, bei 74° schmelzende Prismen, die in Wasser, Alkohol und Äther leicht löslich sind. Vorsichtig aufzubewahren!	Gegen Lupus, chronische Drüsentumoren und ähnliche Erkrankungen. Von Hebra in 15 bis 20prozentiger Lösung subcutan verwendet. Vorsicht! Bei chronischen entzündlichen Zuständen der weiblichen Genitalien. (Latzko, Kalinczuk.)
Thiuret $C_8H_7N_3S_2$ =	Wird durch Oxydation von Phenyldithiobiuret erhalten.	Leichtes, geruchloses, krystallinisches Pulver, welches schwach basische Eigenschaften besitzt, in Wasser fast unlöslich ist und sich in Alkohol und Äther ziemlich leicht löst. Schon bei der Berührung mit Alkalien bei mittlerer Temperatur giebt Thiuret leicht Schwefel ab.	Wegen seiner bakterientötenden Wirkung als Trockenantisepticum zur Anwendung empfohlen. (Blum.)
Thymacetin $^{CH_3}_{C_3H_7}{>}C_6H_2{<}^{OC_2H_5}_{NHCOCH_3}$	Thymol wird nitriert, das Nitrothymol an Natrium gebunden, das Nitrothymolnatrium mit Aethylbromid oder Aethylchlorid im Autoclaven unter Druck behandelt, der Nitrothymolaethyläther m. Zinn und Salzsäure reduziert und der Amidothymolaethyläther acetyliert.	Weisses, krystallinisches Pulver, das in Wasser schwer löslich ist. Schmelzpunkt 136°. Vorsichtig aufzubewahren!	Steht in seiner Wirkung dem Phenacetin nahe, doch sind unangenehme Nebenwirkungen beobachtet worden. Als Nervinum und Antipyreticum zu 0,2—1,0 g pro die. (Jolly.)

Name und Formel.	Darstellung.	Eigenschaften.	Anwendung.
Thymiankampher = Thymol.			
Thymiansäure = Thymol.			
Thymol Acidum thymicum. Methyl-Isopropylphenol. Thymiankampher. Thymiansäure. $C_6H_3(CH_3)(C_3H_7)OH =$ [structural formula]	Thymol kommt neben Cymol ($C_{10}H_{14}$) u. Thymen ($C_{10}H_{16}$) im ätherischen Öl des Thymians (Thymus vulgaris L.), von Monarda punctata L., Ptychotis Ajowan Dec. u. a. vor.	Farblose, hexagonale Krystalle vom Schmelzpunkt 50—51°, Siedepunkt 230°. In 1200 T. Wasser, leicht in Alkohol, Äther, Chloroform löslich.	Zum Verbande von Geschwüren und bei Verbrennungen: Lösungen von 0,1 pCt. in Wasser oder von 0,1 pCt. in Leinöl. Zu Gargarismen bei Anginen dient wässerige Lösung von 0,5 bis 1:1000 g. Gegen Askariden in Dosen von 0,5 g. (Caldconne.)
Thymolacetquecksilber = Hydrargyrum thymolo-aceticum.			
Thymotol = Aristol.			
Thymylacetquecksilber = Hydrargyrum thymolo-aceticum.			
Thymylsalicylat = Salithymol.			
Thyraden	Das gereinigte Schilddrüsenextrakt, in welchem nach Knoll das Thyreoantitoxin Fränkel's wie das Thyrojodin Baumann's enthalten sind.	50 Teile Thyraden entsprechen 100 T. frischer Drüse. In einem Gramm Thyraden sind 0,7 mg Jod enthalten.	Dosis 1—1,5—5 g pro die. (Haaf.)
Thyreïn D. R. P. Bayer No. 86072 u. Zusätze 1895. Vergl. Jodothyrin.	Der wirksame Bestandteil der Schilddrüsen. Überlässt man die Schilddrüse der künstlichen Verdauung mit Magensaft, so bleibt ein grossflockiger Niederschlag ungelöst, der neben Fett fast die Gesamtmenge des Jodothyrins enthält.		
Thyreo-Antitoxin	Wirksames Prinzip der Schilddrüse.		
Thyreoïdinum siccatum	Wird aus den Schilddrüsen des Schafes bereitet. Die Drüsen werden den frisch geschlachteten Tieren entnommen, bei niederer Temperatur getrocknet und pulverisiert.	Grobes, graugelbes Pulver von eigentümlichem Geruch. 0,6 g des Pulvers entsprechen den wirksamen Bestandteilen einer ganzen, frischen Schilddrüse mittlerer Grösse.	Die subcutane und innerliche Anwendung der Schilddrüse wird besonders von englischen Ärzten bei Myxödem empfohlen. (Hossley, Murray, Bettencourt u. a.) Dosis 0,1—0,3 g pro die in Pillen- oder Pastillenform.
Thyrojodin = Jodothyrin und Thyreïn.			
Toluolsüss = Saccharin.			
α-Toluylsäure = Acidum phenylo-aceticum.			
Tolylantipyrin = Tolypyrin.			
p-Tolyldimethylpyrazolon = Tolypyrin.			
Tolylhypnal = Tolypyrin-Chloralhydrat.			

Name und Formel.	Darstellung.	Eigenschaften.	Anwendung.
Tolypyrin Tolylantipyrin. p-Tolyldimethylpyrazolon. $C_{12}H_{14}N_2O =$ *[Strukturformel]* D. R. P. Höchst No. 26 429. 1883.	p-Tolylhydrazin u. Acetessigester werden in äquimolekularen Mengen zusammengebracht, nach Abspaltung des Wassers im Dampfbad bis zur völligen Abspaltung von Alkohol, bez. bis zur Pyrazolonringschliessung erwärmt und das entstandene p-Tolylmethylpyrazolon im Autoklaven mit Hülfe von Methyljodid und Methylalkohol methyliert.	Farblose Krystalle von sehr bitterem Geschmack, in 14 T. Wasser von 15° löslich, leicht in Alkohol, Chloroform, Essigäther, sehr schwer löslich in Äther. Schmelzpunkt 136—137°.	Als Antipyreticum, Antineuralgicum und Antirheumaticum in den Dosen des Antipyrins. Nach P. Guttmann' Untersuchungen haben 4 Tolypyrin dieselbe antipyretische Wirkung wie 5—6 Antipyrin.
Tolysal p-Tolyldimethylpyrazolon, salicylsaures. $C_{12}H_{14}N_2O \cdot C_7H_6O_3 =$ *[Strukturformel]*	Durch Zusammenschmelzen äquimolekularer Mengen von Tolypyrin und Salicylsäure und Umkrystallisieren aus Alkohol.	Farblose Krystalle vom Schmelzpunkt 101—102°, schwer löslich in Wasser, leicht löslich in Alkohol und Essigäther.	Bei acutem Gelenkrheumatismus empfohlen Dosis: 3—6 g in 1/2 bis 1 stündlichen Zwischenräumen (2 + 1 + 1). Als kräftig wirkendes Anodynum: Dosis: 1—3 g. Als Antifebrile: Dosis: 4—8 g (2 + 1 + 1 in kurzen 1/2—1 stündlicher Intervallen sowohl bei remittierenden als auch bei continuierlichen Fiebern. (Hennig.)
Tonkabohnenkampher = Cumarin.			
Tonquinol Moschus, künstlicher. Trinitroisobutyltoluol. $C_6H \begin{cases} CH_3 \\ C_4H_9 \\ (NO_2)_3 \end{cases}$ D. R. P. Baur No. 47 599 vom 3. Juli 1888.	Durch Einwirkung von tertiärem Butylchlorid auf Toluol bei Gegenwart von Aluminiumchlorid erhält man tertiäres Butyltoluol, das mit einem Gemisch von 1 T. Salpetersäure vom spez. Gew. 1,5 und 2 Teilen rauchender Schwefelsäure in der Wärme nitriert wird.	Aus Alkohol krystallisiert gelbliche, bei 96 bis 97° C. schmelzende Nadeln von starkem Moschusgeruch.	An Stelle des Moschus zum Parfümieren.
Traumatol Jodkresol.	Entsteht bei der Einwirkung von Jodkaliumlösung auf eine Emulsion von Kresol mit Wasser.	Rötlich-violettes, geruchloses Pulver, löslich in Weingeist. **Vorsichtig aufzubewahren!**	An Stelle des Jodoforms empfohlen.
Trefusia	Durch Eintrocknen von defibriniertem Ochsenblut erhalten.	Körniges, dunkelrotbraunes, schwach glänzendes, in Wasser leicht lösliches Pulver.	Als natürliches Eisenalbuminat bei chlorotischen Zuständen empfohlen.

Tribromaldehyd-Hydrat = Bromalhydrat.
Tribromanilin, bromwasserstoffsaures = Bromamid.
Tribromhydrin = Allylum tribromatum.
Tribrommethan = Bromoform.
Tribromphenol = Bromol.

Name und Formel.	Darstellung.	Eigenschaften.	Anwendung.
Tribromphenolquecksilber-Quecksilberacetat = Hydrargyrum tribromphenolaceticum.			
Tribromphenolwismut — Xeroform.			
Tribromsalol Cordol. $C_6H_4{<}^{OH}_{COO}$. $C_6H_2Br_3$	Durch Einwirkung von Salicylsäure auf Tribromphenol bei Gegenwart wasserentziehender Mittel.	Farblose, alkohollösliche Krystalle.	Als Darmantisepticum. Wird nach Fajans durch schwache Alkalien in Tribromphenol und Salicylsäure gespalten.
Trichloraldehyd-Hydrat = Chloralhydrat.			
Trichloraldehyd-Phenyldimethylpyrazolon = Hypnal.			
Trichloressigsäure = Acidum trichloraceticum.			
Trichlormethan = Chloroform.			
Trichlorphenol = Omal.			
Triformol = Paraform.			
Trijoddiphenacetin — Jodophenin.			
Trijodkresol = Losophan.			
Trijodmetakresol = Losophan.			
Trijodmethan = Jodoform.			
Trikresol	Ein aus Steinkohlenteeröl hergestelltes, von Verunreinigungen befreites Gemisch aus Meta-, Ortho- und Para-Kresol.	Farbloses, klares, kreosotähnlich riechendes Liquidum vom spez. Gew. 1,042—1,049 bei 20°. Siedepunkt 185—205°. Von Wasser werden 2,2—2,55 pCt. Trikresol gelöst. Vorsichtig aufzubewahren!	Als Desinfektionsmittel bei der Wundbehandlung in 1 proz. wässeriger Lösung. Das Trikresol besitzt den dreifachen Desinfektionswert der Carbolsäure.
Trikresolamin Aethylendiamin-Trikresol.	Gemisch aus je 10 T. Äthylendiamin u. Trikresol mit 500 Teilen Wasser.	Klare, farblose Flüssigkeit, welche sich in 2 T. Wasser löst.	Antisepticum bei der Wundbehandlung in $^1/_{10}$—1 proz. Lösung, besonders bei Extremitätenlupus. Bei Gonorrhöe, bei Ekzem und Psoriasis unwirksam. (Baer, Schäfer.)
Trimethylaethylen = Pental.			
Trimethyl-Vinyl-Ammoniumhydroxyd = Neurin.			
Trimethylxanthin = Coffeïn.			
Trinitrin = Nitroglycerin.			
Trinitroglycerin = Nitroglycerin.			
Trinitroisobutyltoluol = Tonquinol.			
Trinitrophenol = Acidum picronitricum.			
Trional Diaethylsulfonmethylaethylmethan. $^{CH_3}_{C_2H_5}{>}C{<}^{SO_2 . C_2H_5}_{SO_2 . C_2H_5}$ D. R. P. Bayer No. 49073. 1888.	Methyläthylketon wird mit Äthylmercaptan condensiert (s. Sufonal) und das entstehende Dithioäthylmethyläthylmethan mit Kaliumpermanganat oxydiert.	Farblose, glänzende, bei 76° schmelzende Krystalltafeln, die in 320 Teilen kalten Wassers, leichter in heissem Wasser, leicht in Alkohol und in Äther löslich sind. Vorsichtig aufzubewahren!	Wirkt als Hypnoticum ähnlich wie das Sulfonal. Dosis 1—2 g. Als Anidroticum 0,25 bis 0,5 g. (Kast, Mattison, Collaz, Beyer.) Contraindiciert nach Koppers bei Herzkranken mit Compensationsstörungen.
Trioxybenzoësäure = Acidum gallicum.			
Trioxymethylen = Paraform.			

Name und Formel.	Darstellung.	Eigenschaften.	Anwendung.
Triphenamin	Gemisch von reinem (2,6 Teilen), essigsaurem (0,4 T.) und salicylsaurem Phenocoll (1 T.).		
Triphenetidincitrat = Citrophen.			
Triphenin Propionyl-p-Phenetidin. $C_6H_4(OC_2H_5)NH.CO.CH_2.CH_3 =$ $\begin{array}{c}OC_2H_5\\ \bigcirc \\ NH.CO-CH_2-CH_3\end{array}$	Entsteht beim Erhitzen von p-Phenetidin und Propionsäure.	Farblose, bei 120° schmelzende Krystalle, in 2000 T. kalten Wassers löslich.	Antipyreticum und Antineuralgicum. Dosis: 0,3—0,6—1,0 g. (v. Mering.)
Triticin = Mannit.			
Tropacocaïnum hydrochloricum Benzoyl-Pseudotropeïnhydrochlorid. Tropein. $C_8H_{14}NO.(C_6H_5CO).HCl.$	Tropacocaïn findet sich neben Cocaïn in den javanischen Cocablättern. Synthetisch neuerdings aus dem Ecgonin und aus Tropasäure dargestellt.	Farblose Nadeln, die bei 271° schmelzen und von Wasser leicht gelöst werden. **Vorsichtig aufzubewahren!**	Wirkt weniger giftig als das Cocaïn und erzeugt rascher Anästhesie als dieses. Die damit erzielte Empfindungslosigkeit des Auges dauert aber kürzere Zeit. Rp. Tropacocaïn. hydrochlor. 0,3 Natrii chlorati 0,06 Aq. destill. 10,0. D. S. Zu Einträufelungen. (Chadbourne, Pinet u. Vinau, Hugenschmidt u. a.)
Tropein = Tropacocaïnum.			
Tropinon s. Nortropinon *D. R. P. Merck No. 89597 vom 2. Februar 1896 und No. 89999 vom 30. Mai 1896.*			
Tuberkulin Kochiin.	Extrakt aus Tuberkelbacillenkultur, mit wenig Carbolsäure versetzt.	Bräunliche, klare Flüssigkeit.	Zum Nachweis der Tuberkulose bei Rindvieh.
Tuberkulocidin = Antiphtisin.			
Tuberkulotoxin	Aus dem Wismutniederschlage des Tuberkulins von Klebs dargestellt.		0,1 bei 1 ccm subcutan. (Klebs.)
Tumenol Acidum sulfotumenolicum et Natrium sulfotumenolicum. *D.R.P. Gewerkschaft Messel No. 56401 1891.*	Mineralöle vom spez. Gew. 0,860 bis 0,890 werden bei 80° mit rauchender Schwefelsäure sulfonisiert, das Reaktionsprodukt in Wasser gelöst und mit Kochsalz abgeschieden. Die so erhaltene Tumenolsulfosäure wird entweder für sich oder an Natrium gebunden therapeutisch verwendet.	Braune, zähe, teerartige Masse, die sich mit Wasser in Lösung bringen lässt.	T. wird bei nässendem Ekzem, bei Erosionen, Excoriationen, oberflächlichen Ulcerationen und bei Pruritus angewendet. Es wird zu 10 pCt. in Ätheralkohol, Wasser oder Glycerin gelöst aufgepinselt oder in Form 5—10 proz. Tumenol-Zinkamylumpasten und dünner 2,5—5 prozent. Tumenolsalben benutzt. (Neisser.)

Name und Formel.	Darstellung.	Eigenschaften.	Anwendung.

Tussol
Antipyrinamygdalat.
Antipyrin, mandelsaures.
$C_{11}H_{12}N_2O \cdot C_6H_5CH(OH)COOH =$
	Äquimolekulare Mengen von Antipyrin und Mandelsäure werden zusammengeschmolzen und das Salz aus Alkohol umkrystallisiert.	Farblose, bitter schmeckende, wasser- und alkohollösliche Krystalle, die bei 52—53° schmelzen.	Gegen Keuchhusten.
			Für Kinder unter 1 Jahr:
			  Einzelgabe 0,05—0,10 g
			  Tagesgabe 0,15—0,30 g;
			Für Kinder im 2. u. 3. Jahr:
			  Einzelgabe 0.10—0,25 g
			  Tagesgabe 0,40—0,75
			  bis 1,00 g;
			Für Kinder vom 3.—5. Jahr:
			  Einzelgabe 0,25—0,50 g
			  Tagesgabe 1,00—1,50 g.
			Das Mittel darf nicht mit Milch oder in der Nähe von Milchmahlzeiten gegeben werden, da hierdurch das Präparat zersetzt wird.
			(Rehn.)

Ulyptol = Eulyptol.			
Uraline = Uralium.			
Uralium Chloralurethan. Uraline. $CCl_3-C\begin{smallmatrix}OH\\H\\NHCOOC_2H_5\end{smallmatrix}$	Man fügt zu einer Lösung von Urethan in Chloral konz. Salzsäure, behandelt die nach Verlauf mehrerer Stunden erstarrte Masse zunächst mit konz. Schwefelsäure, wäscht dann mit Wasser und lässt das zurückbleibende Öl erstarren.	Weisses, bei 103° unter Zersetzung schmelzendes Pulver, das in kaltem Wasser unlöslich, in kochendem unter Zersetzung in Chloral und Urethan löslich ist. Von Alkohol und Äther wird Chloralurethan leicht gelöst. Vorsichtig aufzubewahren!	Als Hypnoticum. Dosis 2—3 g.
Urea Harnstoff $CO\begin{smallmatrix}NH_2\\NH_2\end{smallmatrix}$	Synthetisch durch Umlagerung des cyansauren Ammons.	Farb- u. geruchlose Prismen von kühlendem, salpeterartigem Geschmack. In der gleichen Gewichtsmenge Wasser löslich. Schmelzpunkt 132°.	Als harnsäurelösendes Mittel und als Diureticum an Stelle des Piperazin, Lysidin u. a. in Lösung von 1+19 bis 1+9. (Klemperer, Friedrich, v. Mering.)
Urethan (Aethyl-) Carbaminsäureaethyläther. $C\begin{smallmatrix}NH_2\\=O\\OC_2H_5\end{smallmatrix}$	Harnstoff bez. Harnstoffsalz wird mit Äthylalkohol bei höherer Temperatur unter Druck behandelt, wobei unter Ammoniak- bez. Ammoniumsalzabspaltung die Bildung des Urethans erfolgt.	Farblose, säulenförmige Krystalle oder Blättchen vom Schmelzp. 50—51°. Löslich in 1 T. Wasser, 0,6 T. Alkohol, 1 T. Äther, 1,5 T. Chloroform. Vorsichtig aufzubewahren!	Als Hypnoticum. Dosis 1—2 g bei Erwachsenen. (Sticker, Hübner, Huchard.)
Uricedin Stroschein	Gemisch aus 27,5 T. Natriumsulfat, 1,6 Teilen Natriumchlorid, 67 T. Natriumcitrat und kleinen Mengen Lithiumcitrat.		Gegen Gicht empfohlen. (Mendelsohn.)
Urisolvin	Gemisch aus Lithiumcitrat und Harnstoff.	Weisses Pulver, in Wasser löslich.	Als harnsäurelösendes Mittel.

Name und Formel.	Darstellung.	Eigenschaften.	Anwendung.
Uropherin Theobrominlithium — Lithiumsalicylat.*) $C_7H_7N_4O_2Li + C_6H_4(OH)COOLi$	Theobromin wird mit Lithiumhydroxyd und der äquimolekularen Menge Lithiumsalicylat und Wasser zusammengerieben und eingetrocknet.	Weisses, in 5 Teilen Wasser lösliches Pulver. Vor Luft geschützt aufzubewahren!	Als Diureticum bei cardialem Hydrops augewendet. Dosis: 4 mal täglich 1 g. (Gram.)
Urotropin Formin. Hexamethylentetramin. $(CH_2)_6N_4$	Kondensationsprodukt von Formaldehyd und Ammoniak.	Farblose, in Wasser leicht lösliche, alkalisch reagierende Krystalle, in Alkohol wenig löslich, in Äther fast unlöslich. Die wässerige Lösung mit verdünnter Schwefelsäure erwärmt liefert Formaldehyd.	Als Diureticum und bei Cystitis. Nach Darreichung des Mittels erhält der Harn harnsäurelösende Eigenschaften. Dosis 1,0—1,5 g pro die. (Nicolaier.)

Urotropinum salicylicum = Saliformin.
Valeriansäure = Acidum valerianicum.
Valeriansaures Ammon = Ammonium valerianicum.

Name und Formel.	Darstellung.	Eigenschaften.	Anwendung.
Valsol	Neue Salbengrundlage von unbekannter Zusammensetzung.		
Vanillin Methylprotocatechualdehyd. $C_6H_3(OCH_3)(OH)CHO$ = OH ◯—OCH₃ CHO *D. R. P. von Heyden No. 72600.* *D.R.P.Boehringer No.65937 vom Dezember 1891 und Zusatz 86789.*	Vanillin ist ein Bestandteil der Vanilleschoten und wird auf künstlichem Wege aus dem Coniferin gewonnen, einem in dem Cambialsafte der Nadelhölzer vorkommenden Glykoside. Dasselbe zerfällt bei der Einwirkung verdünnter Säuren in Glukose und Coniferylalkohol, und letzterer geht bei der Oxydation mit Kaliumdichromat und Schwefelsäure bei gleichzeitiger Bildung von Acetaldehyd in Vanillin über. Auch bei der Oxydation von Isoeugenol mit Kaliumpermanganat wird Vanillin erhalten und dient daher das Eugenol, bez. das Nelkenöl in ausgedehntem Maasse zur synthetisch. Darstellung des V.	Vanilleartig riechende und schmeckende, bei 80 bis 81° schmelzende Krystallnadeln, die sich schwer in kaltem, leicht in heissem Wasser, desgleichen in Alkohol und Äther lösen.	An Stelle der Vanille als Gewürz. In grösseren Dosen als Aphrodisiacum und Emmenagogum wirkend. Wird hauptsächlich als Geschmacksverbesserungsmittel in der Receptur benutzt.
Vanillin-p-Phenetidid $C_6H_3\begin{array}{l}\text{—OH}\\\text{—OCH}_3\\\text{—CH=N.C}_6H_4.OC_2H_5\end{array}$ *D. R. P. C. Goldschmidt No. 91171 vom 24. Mai 1896.*	Vanillin wird mit p-Phenetidin auf 140° erhitzt und das Reaktionsprodukt in verd. Salzsäure gegossen, wobei sich das Vanillin-p-Phenetidid als gelbes Pulver abscheidet.	Aus Wasser krystallisiert es in Form gelber verfilzter Nadeln mit 3 Mol. Wasser und schmilzt bei 97°. Vorsichtig aufzubewahren!	Soll als Antineuralgicum und Hypnoticum therapeutische Verwendung finden. Dosis: 1,5—2 g.
Vaselin Cosmolin Fossilin.	Das aus den Rückständen der Erdöldestillation gewonnene Weichparaffin heisst Vaselin.	Blassgelbe Masse von weicher Salbenkonsistenz, bei ungefähr 35° zu einer klaren, schillernden, geruch- und geschmacklosen Flüssigkeit schmelzend.	Als Salbenkörper vielfach angewendet.

*) An Stelle des Salicylats bringt E. Merck auch ein Benzoat unter dem Namen Uropherin in den Handel.

Name und Formel.	Darstellung.	Eigenschaften.	Anwendung.
Vaselinum oxygenatum = Vasogen.			
Vaselon	Lösung der Produkte der trockenen Destillation von Rinderfett mit Kalk in Vaselinöl.	Salbenartige Masse.	Ersatzmittel für Vaselin.
Vasicinum tartaricum Vasicin, weinsaures.	Vasicin ist das Alkaloid aus den Blättern der ostindischen Acanthacee Adhatoda vasica.	Das weinsaure Salz bildet farblose Krystalle, in Wasser und Weingeist schwer löslich. Vorsichtig aufzubewahren!	Sedativum bei asthmatischen Anfällen. Dosis noch nicht festgestellt.
Vasogen Vaselinum oxygenatum	Mit Sauerstoff (?) imprägniertes Vaselin.	Dicke, schwach alkalische Flüssigkeit. Es giebt Jodoform-, Kreosot-, Menthol-, Pyoktanin-Vasogene, salbenartige Körper, die je nach dem Zusatz verschieden gefärbt sind.	Die Vasogene emulgieren mit Wasser und sollen in dieser Form die beigefügten Arzneistoffe besser zur Resorption gelangen lassen.
Vasol	Lösung von Ammoniumoleat in Vaselinöl.	Gelbliche Salbenmasse.	Für dermatologische Zwecke.
Veratrin $C_{32}H_{49}NO_9$ (Schmidt) od. $C_{32}H_{52}N_2O_8$ (Merck)	In dem Sabadillsamen (Sabadilla officinalis Nees s. Veratrum officinale Schlechtend.) kommt das Veratrin neben anderen Basen (Sabadillin, Cevadillin, Sabatrin) vor. Es besteht aus zwei isomeren Verbindungen, dem Cevadin und Veratridin.	Weisses, lockeres Pulver oder weisse, amorphe Masse, deren Staub heftig zum Niesen reizt. In siedendem Wasser nur wenig löslich, wird von 4 T. Alkohol und 2 T. Chloroform gelöst. Sehr vorsichtig aufzubewahren!	Als Antipyreticum in Pillen mit einem bitteren Extrakt zu 0,005 bis 0,008 g in stündlichen Zwischenräumen. Zur Hervorrufung örtlicher Wirkungen dient meist die Salbenform (0,2—0,5 g auf 25 g Fett. Grösste Einzelgabe 0,005 g! Grösste Tagesgabe 0,02 g!
Veratrol Brenzcatechindimethyläther. $C_6H_4(OCH_3)_2$ = ⎡OCH₃ ⎣OCH₃	Bildet sich beim Erhitzen von Veratrumsäure mit Ätzbaryt, ferner durch Einwirkung von Jodmethyl auf die Natriumguajakolverbindung.	Löslich in Alkohol, Äther und fetten Ölen.	In 1 prozentiger Lösung als Antisepticum.
Vernolith	Gemisch aus 1 T. Gasteer und 4 T. gelöschtem Kalk.		Desinfektionsmasse für Aborte.
Virol	Ersatzmittel für Leberthran, welches Eisen und freie Fettsäure enthalten soll.		Als Kindernährmittel.
Vitalin	Lösung von Borax in Glycerin.		

Weingeist = Spiritus.
Weinsäure = Acidum tartaricum.
Weinsteinsäure = Acidum tartaricum.
Wismut, basisch-gallussaures = Dermatol.
Wismut, chrysophansaures = Dermol.

Name und Formel.	Darstellung.	Eigenschaften.	Anwendung.
Wismut, dithiosalicylsaures = Thioform.			
Wollfett, wasserhaltiges = Lanolin.			
Xeroform Bismutum tribromphenylicum. Tribromphenolwismut. $(C_6H_2Br_3O)_2 BiOH + Bi_2O_3$ *D.R.P.v. Heyden No. 78889.*	Durch Fällen einer Lösung von Tribromphenol in Natronlauge mit Wismutnitrat.	Gelbes, neutrales, geruch- und geschmackloses, in den gebräuchlichen Lösungsmitteln unlösliches Pulver mit ca. 50% Wismutoxyd.	Als Darminficiens. Von Hüppe gegen Cholera empfohlen. Dosis 5—7 g pro die bei Erwachsenen. Als Wundantisepticum. (Heuss, Beyer.)
Xylenolsalole $C_6H_4\!\!<\!\!{{COOC_6H_3(CH_3)_2}\atop{OH}}$	Man lässt wasserentziehende Mittel, wie Phosphorpentachlorid od. saure Alkalisulfate auf das Gemisch von 1 Molekül Salicylsäure und 1 Molekül Xylenol (Ortho-, Meta- oder Para-) einwirken.	Salicylsaures o-Xylenol. Schmelzp. 36°. Salicylsaures m-Xylenol. Schmelzp. 41°. Salicylsaures p-Xylenol. Schmelzp. 37°. Die Xylenolsalole sind unlöslich in Wasser, löslich in Alkohol und Äther. Natronlauge spaltet sie in der Wärme.	In gleicher Weise wie das Salol sind auch die Xylenolsalole für die innerliche Desinfektion bestimmt.
Xylochloral	Verbindung von Xylose mit Chloral. Vergl. Chloralose.	Vorsichtig aufzubewahren!	Als Hypnoticum in gleichen Dosen, wie Chloralose.
Xylol Dimethylbenzol. $C_6H_4(CH_3)_2$	Bei der fraktionierten Destillation des Steinkohlenteers gewonnen. Die Xylole (Ortho-, Meta-, Paraxylol) befinden sich neben Benzol und Toluol in dem bis 180° übergehenden Anteile, dem Leichtöle.	Farblose, eigentümlich riechende Flüssigkeit, welche zwischen 135 und 145° siedet. Spez. Gew. 0,870.	Als Antisepticum und Antipyreticum. Von Zuelzer bei Pocken empfohlen. Dosis: 15—20 Tropfen ein bis dreistündlich in Kapseln, Wein oder Emulsion.
Zimtalkohol = Styron.			
Zimtsäure = Acidum cinnamylicum.			
Zimtsäure-Eugenolester = Cinnamyl-Eugenol.			
Zimtsäure-Guajacolester = Styracol.			
Zincum aceticum Zink, essigsaures. $(CH_3.COO)_2 Zn + 2 H_2O$	Durch Lösen von Zinkoxyd in warmer, verdünnter Essigsäure oder durch Wechselzersetzung von Zinksulfat mit Bleiacetat erhalten.	Farblose, glänzende Blättchen, die in 3 T. kalten, 2 T. heissen Wassers und in 36 T. Alkohol löslich sind. Vorsichtig aufzubewahren!	Äusserlich zu Injektionen bei Tripper und Nachtripper, zu Collyrien bei Augenentzündungen, zu Waschungen und Salben bei Flechten. Als Brechmittel: Dosis 0,5—1 g. Bei Delirien und Neurosen: Dosis 0,1—0,4 g.
Zincum lacticum Zink, milchsaures. ${CH_3.CH(OH)COO\atop CH_3.CH(OH)COO}\!\!>\!\!Zn + 3 H_2O$	Dargestellt entweder durch Kochen von basischem Zinkcarbonat mit verdünnter Milchsäure oder direkt durch Milchsäuregährung des Zuckers, Absättigen mit Kalkmilch und Umsetzen des Calciumlactats mit Zinksulfat.	Farblose, luftbeständige, rhombische Säulen, die in 60 T. kalten und 6 T. siedenden Wassers löslich sind und von Alkohol nur wenig gelöst werden. Vorsichtig aufzubewahren!	Als Nervinum, besonders als Antiepilepticum in Fällen, wo sexuelle Aufregung besteht. Äusserlich zu Augenwässern, Einspritzungen, Waschungen etc. Dosis: 0,03—0,06 g mehrmals täglich innerlich. Grösste Einzelgabe 0,06 g! Grösste Tagesgabe 0,3 g!

Name und Formel.	Darstellung.	Eigenschaften.	Anwendung.
Zincum salicylicum Zink, salicylsaures. $(C_6H_4(OH)COO)_2Zn + H_2O =$ $\left[\begin{array}{c}OH\\COO\end{array}\right]_2 Zn + H_2O$	34 T. Natriumsalicylat und 29 T. krystallisierten Zinksulfats werden mit 125 T. Wasser kurze Zeit gekocht. Der nach dem Abkühlen entstehende Krystallbrei wird auf dem Filter abgewaschen und aus heissem Wasser umkrystallisiert.	Farblose Krystalle, die in 25,2 T. kalten Wassers, leicht in heissem, in 36 T. Äther und in 3,5 Teilen Alkohol löslich sind. Vorsichtig aufzubewahren!	Äusserlich, wo Zinksalze und die antiseptische Wirkung der Salicylsäure angezeigt sind.
Zincum sozojodolicum Zink, sozojodolsaures. $(C_6H_2J_2(OH)SO_3)_2Zn + 6H_2O =$ $\left[\begin{array}{c}OH\\J\quad J\\SO_3\end{array}\right]_2 Zn + 6H_2O$	Sozojodolsäure (s. Acidum sozojodolicum) wird mit Zinkoxyd und Wasser zusammengebracht und das Salz aus Wasser umkrystallisiert.	Farblose Nadeln, die sich in 20 T. Wasser und in 2 T. Alkohol lösen. Vorsichtig aufzubewahren!	Besonders gegen Gonorrhöe empfohlen. Anwendung in 2—3 proz. wässeriger Lösung. Bei katarrhalischen Affektionen der Nase mit 10 bis 15 Teilen Talk vermischt.
Zincum sulfocarbolicum Zink, paraphenolsulfosaures. $(C_6H_4(OH)SO_3)_2Zn + 8H_2O =$ $\left[\begin{array}{c}OH\\SO_3\end{array}\right]_2 Zn + 8H_2O$	Lässt man auf Phenol konz. Schwefelsäure bei gegen 90° einwirken, so wird im Wesentlichen Paraphenolsulfosäure gebildet. Man behandelt mit Baryumcarbonat, fällt dadurch die freie Schwefelsäure aus und zersetzt das paraphenolsulfosaure Baryum mit der berechneten Menge Zinksulfat.	Farblose, rhombische Prismen oder Tafeln, welche von 2 T. Alkohol gelöst werden. Vorsichtig aufzubewahren!	In gleicher Weise wie Zinksulfat äusserlich zu Umschlägen, Einspritzungen, Waschungen. Auch als Ersatzmittel der Carbolsäure bei Behandlung von Wunden und Abscessen zur Verhütung von Septicämie, sowie zum Verbande syphilitischer Geschwüre. Zu Injectionen in 1 proz. Lösung.
Zincum valerianicum Zink, baldriansaures. Zink, valeriansaures. $(C_5H_9O_2)_2Zn + 2H_2O$	1 T. Zinkoxyd wird mit Alkohol zu einem dünnen, gleichmässigen Brei angerieben und mit 3 T. Baldriansäure (Isovaleriansäure) gemischt. Nach einigem Stehen wird die krystallinische Abscheidung aus verdünntem Alkohol umkrystallisiert.	Kleine, farblose, glänzende, fettig anzufühlende, nach Baldriansäure riechende Krystallschuppen, die in 90 T. Wasser und in 40 T. Alkohol löslich sind. Vorsichtig aufzubewahren!	In gleichen Fällen indiziert, wo Zincum aceticum und andere Zinksalze in Frage kommen. Grösste Einzelgabe 0,06 g! Grösste Tagesgabe 0,3 g!
Zinkhaemol = Haemol.			
Zucker = Saccharum.			
Zuckerin = Saccharin.			
Zymoidin Rosenberg	Ein Geheimmittel, das aus nicht weniger als 17 mehr oder weniger antiseptisch wirkenden Pulvern bestehen soll.		Bei Gonorrhöe, mittelst Insufflationen verwendet.

Kgl. Universitäts-Druckerei von H. Stürtz in Würzburg.

If you have any concerns about our products,
you can contact us on
ProductSafety@springernature.com

In case Publisher is established outside the EU,
the EU authorized representative is:
**Springer Nature Customer Service Center GmbH
Europaplatz 3, 69115 Heidelberg, Germany**

Printed by Libri Plureos GmbH
in Hamburg, Germany